AF524948

Reinhard Schlüter

DER HAIFISCH

Aufstieg und Fall
des Camillo Castiglioni

Paul Zsolnay Verlag

2. Auflage 2020

ISBN 978-3-552-05741-8

Satz: Eva Kaltenbrunner-Dorfinger, Wien
Druck und Bindung: Friedrich Pustet, Regensburg
Printed in Germany

INHALT

4. »KRIEGSGEWINNLER« UND »INFLATIONSKÖNIG«

5. CAMILLO CASTIGLIONIS PRACHT UND HERRLICHKEIT

6. DER ANGRIFF AUF DIE FRANZÖSISCHE WÄHRUNG

7. CRASH IN RATEN

8. DER TIEFE FALL DES KÖNIGS – EIN KULTURHISTORISCHES LEHRSTÜCK

9. DAS SCHLEICHENDE ENDE

ANHANG

EINLEITUNG

In kaum einem Werk, das sich mit der Finanz- und Wirtschaftsgeschichte Mitteleuropas in der ersten Hälfte des 20. Jahrhunderts befasst, fehlt der Name jenes Mannes, unter dessen Ägide BMW zum Automobil- und Motorradproduzenten wurde und dessen Beteiligungskonsortium zu Beginn der 1920er Jahre nur wenige Großunternehmen und Banken in Österreich, Italien und Deutschland unberührt ließ: Camillo Castiglioni. Doch dem Italiener haften vor allem zwei Attribute an: erstens »pescecane« (Haifisch) und zweitens »Inflationsgewinnler«. Schlimmer: Permanent schimmert bei dem in Triest geborenen »Sohn eines Oberrabbiners« – so der immer wieder kolportierte Abstammungshinweis – das nationalsozialistisch geprägte Zerrbild des »Finanzjuden« als Untermalung durch.

Höchste Zeit also, mit den Klischees aufzuräumen.

Schon was seine Geburt betrifft, gilt es, die gängige Lesart zu revidieren. Als Camillo Castiglioni am 22. Oktober 1879 in Triest zur Welt kommt, ist sein Vater Vittorio nicht Oberrabbiner, sondern lehrt Mathematik an einer Handelsschule der Hafenstadt. Erst fünfundzwanzig Jahre später wird er Oberhaupt der israelitischen Gemeinde Italiens. Zu diesem Zeitpunkt hat sich sein Sohn Camillo längst als »Geschäftsmann« in Wien niedergelassen. Anstatt wie sein älterer Bruder Arturo eine akademische Laufbahn anzustreben, hat Camillo Castiglioni eine Lehre in einer Wechselstube Triests absolviert und den Umgang mit internationaler Klientel, mit Wertpapieren und Devisen gelernt. Daneben begeistert sich der Heranwachsende für alles, was rollt und fährt und fliegt. Um die Wende vom 19. zum 20. Jahrhundert geht er als Vertreter der Österreichisch-

Amerikanischen Gummiwerke (heute: Semperit) nach Konstantinopel. Zwei Jahre später folgt er dem Ruf in die Haupt- und Residenzstadt Wien, um dort die Exportabteilung der Gummiwerke zu leiten. 1907 ist er deren Direktor, zwei Jahre später bestimmt er auch die Geschicke des Automobil- und Flugmotorenherstellers Österreichische Daimler Motoren Gesellschaft, kurz: Austro-Daimler. Einem sicheren Gespür für Inszenierung folgend, lässt Castiglioni in seinen Gummiwerken eine Lenkballonhülle und bei Austro-Daimler einen passenden Motor bauen, um gemeinsam mit Chefkonstrukteur Ferdinand Porsche im November 1909 zu einem spektakulären Lenkballon-Rundflug um den Wiener Stephansdom zu starten. Obwohl die Technologie nur begrenzt militärtauglich ist, zieht Castiglioni mit der Aktion die Aufmerksamkeit Kaiser Franz Josephs I. auf sich, der den Dreißigjährigen denn auch umgehend zum Kommerzialrat ernennt.

Das Prinzip, sich die Mächtigen durch Gefälligkeiten zu verpflichten, wird zum Treibsatz für den raschen Aufstieg. Durch die großzügige Unterstützung des Österreichischen Aero-Clubs, zu dem Mitglieder der kaiserlichen Familie, hohe Militärs und prominente Wirtschaftstreibende gehören, gelingt es Castiglioni, sich in eine derart privilegierte Position zu bringen, dass er frühzeitig von der geplanten massiven Aufrüstung der Gemeinsamen Armee der Doppelmonarchie mit Militärflugzeugen erfährt. Castiglioni gründet eine Luftfahrzeug-Handelsfirma und erwirbt die Mehrheit an zwei Flugzeugwerken. Chefkonstrukteur soll der bei den Hansa und Brandenburgischen Flugzeugwerken GmbH tätige Ernst Heinkel werden. Als dieser das Angebot ablehnt, erwirbt Castiglioni als Kopf eines Konsortiums die Hansa-Brandenburg – einschließlich Heinkel – kurzerhand und bringt sich bis zum Kriegsausbruch 1914 als Großlieferant der k. u. k. Luftfahrtruppen in Position. Fast jeder Fahrzeug- und jeder Flugmotor stammt von Austro-Daimler, jedes zweite Kampfflugzeug aus Castiglionis Fabriken. Eines der erfolgreichsten Jagdflugboote – die Hansa-Brandenburg CC – führt sogar Castiglionis Initialen.

Bereits 1917 begreift Castiglioni, dass der Krieg für die deutsch-österreichische Allianz nicht zu gewinnen ist. Ahnend, dass die Luftfahrtindustrie in den Verlierer-Ländern nach dem Krieg längerfristig zum Erliegen kommen wird, stößt Castiglioni seine Flugzeugfabriken ab und parkt die Erlöse in Dollar auf Schweizer Konten. Zur Abwicklung künftiger Geschäfte erwirbt er die kleine, aber feine Allgemeine Depositenbank in Wien. Vor allem aber nutzt er nach Kriegsende die durch den Friedensvertrag gegebene Möglichkeit, die italienische Staatsbürgerschaft anzunehmen, und erhält damit – als einer »Siegermacht« zugehöriger Ausländer – gleichsam freie Hand für künftige geschäftliche Aktivitäten.

Nahtlos gelingt Camillo Castiglioni der Übergang vom Protegé des österreichisch-ungarischen Monarchen zur wirtschaftlichen Zentralfigur der Ersten Republik. Inmitten von ökonomischem Chaos, veralteten Strukturen, schwächelnder Industrie, unstabilen Finanzsystemen und um sich greifender Inflation steht Castiglioni mit seinen Dollarreserven (wie ein Zeitgenosse bemerkt) »gleich einer Krake bereit, seine Tentakel auszustrecken, um die Beute an sich zu reißen«. Mit »Beute« gemeint sind Industriebetriebe in Bayern und auf dem Balkan sowie die »Leckerbissen« unter den Industriebetrieben der ehemaligen Monarchie – darunter fast alle österreichischen Automobilhersteller und ein Großteil der österreichischen Papierindustrie.

Innerhalb von sechs Jahren kauft Castiglioni durch geschicktes Ausnutzen der in den verschiedenen Ländern zu unterschiedlichen Zeitpunkten in unterschiedlicher Stärke wirksamen Inflation ein aus Dutzenden Aktiengesellschaften bestehendes Firmenimperium zusammen und häuft dabei neben einem stattlichen Vermögen einen nicht minder stattlichen Schuldenberg an. Wie bei seinem Kooperationspartner Hugo Stinnes ist auch bei Castiglioni das erste Prinzip die Vermögensmehrung: Kaufe jetzt und zahle später in inflationsentwerteter Währung. Und wie Stinnes gilt damit von nun an auch

Camillo Castiglioni in der öffentlichen Wahrnehmung als »Kriegsgewinnler« und »Inflationskönig«.

Castiglioni hält dagegen, indem er eine imagefördernde Presse finanziert und als Kunst- und Kulturmäzen in Erscheinung tritt. 1916 hat er in zweiter Ehe die um sechzehn Jahre jüngere Schauspielerin Iphigenie Buchmann geheiratet, deren Auftritt in Arthur Schnitzlers Bühnenstück *Das weite Land* auch in der *New York Times* Erwähnung fand. 1923 finanziert Castiglioni zugunsten Max Reinhardts Umbau und Neuausstattung des Wiener Theaters in der Josefstadt im Stil des venezianischen Teatro La Fenice. Vor allem aber stattet er sein mit Inflationsgeldern erworbenes Palais nahe dem Schloss Belvedere mit Schätzen des europäischen Kunsterbes aus, lässt Decken aus italienischen Palazzi importieren und hält in der Manier italienischer Renaissancefürsten Hof. Längst reist der rundliche Triester im Salonwagen des letzten österreichischen Kaisers durch die Lande. Bevorzugtes Ziel an den Wochenenden ist seine 1920 erworbene Villa am Grundlsee. Hier sind die engeren Freunde zu Gast, darunter Hugo von Hofmannsthal und Anton Rintelen, Landeshauptmann der Steiermark, hier feiert er mit großer Geste den Geburtstag seiner Frau, zu dem er die damals berühmteste Gesangsgruppe der Welt – die Revelers – engagiert. Dass Castiglionis Grundlseer Villa kaum zwei Jahrzehnte später den Großteil der geplanten »Führerbibliothek« beherbergen wird, ist zu diesem Zeitpunkt ebenso wenig vorstellbar wie der Zusammenbruch seines gewaltigen Finanzimperiums.

Etwa fünf Jahre lang wird Camillo Castiglioni von Wirtschaft, Politik und einem Teil der Presse wie ein Monarch hofiert, während er zugleich geschickt die Rolle eines diplomatischen Mittlers in Europa übernimmt. Besonders Benito Mussolini schätzt seinen Landsmann, der erkennbar italienische Interessen in Österreich vertritt und zu Beginn der 1920er Jahre eine erste US-Anleihe für Italien vermittelt. Ungeachtet der in hauseigenen Blättern platzierten »Homestorys«

und Lobgesänge sind ab 1922 sowohl in der rechts- als auch in der linksgerichteten Presse zunehmend kritische bis aggressive Stimmen zu vernehmen. Vor allem der Satiriker Karl Kraus feuert in seiner *Fackel* publizistische Breitseiten gegen Castiglionis »Triumphzug des Raubes auf der Stätte des Menschenmords«, während er zugleich einräumt, dass Castiglioni »mit allen Poren seines Körpers die Zusammenhänge jeglichen Geschehens« begreift.

Bis 1924 gilt diese Einschätzung nahezu uneingeschränkt, doch dann, mit dem Zusammenbruch der Depositenbank, beginnt sich das Blatt für Castiglioni zu wenden. Zwar hatte sich Castiglioni bereits 1922 von Anteilen und Aufsichtsratsmandat getrennt, dennoch richtet sich das Interesse von Staatsanwaltschaft und Presse vor allem auf seine Person. Eine Woche lang beherrscht der Fall die Schlagzeilen von New York über Rom bis Wien, bevor Justizminister Leopold Waber und Bundeskanzler Ignaz Seipel die Justiz zurückpfeifen, was auch die Tagespresse verstummen lässt.

Dem »Inflationskönig« bleibt es damit vorbehalten, seinen Sturz selbst zu inszenieren. Seitdem sich – nach dem Stopp der deutschen Hyperinflation im November 1923 – Schulden nicht mehr inflationsbedingt »von selbst« bereinigen, sondern in harten Devisen beglichen werden müssen, hat sich die Situation für Camillo Castiglioni geändert. Zins- und Tilgungsfälligkeiten drohen, und Castiglioni, der seit 1918 unablässig expandierte, ohne je die Kunst der Konsolidierung geübt zu haben, steht erstmals vor Liquiditätsproblemen. Rettung verspricht da unversehens die seit Ende 1923 gegen den französischen Franc gerichtete weltweite Spekulation. Ihr schließt sich Castiglioni im Januar 1924 in der Hoffnung an, binnen weniger Wochen das benötigte »große« Geld zu verdienen. Doch der »pescecane« hat seine Rechnung ohne den noch größeren »Hai« J. P. Morgan, Jr. gemacht. Während Castiglioni den Franc-Niedergang publizistisch unterstützt, bereitet der New Yorker Bankier heimlich einen Coup besonderer Art vor. Im März 1924 lässt er die Bombe platzen, als ein von ihm angeführtes US-Bankenkonsortium den Franc unversehens stützt und die Spekulation schlagartig zu Fall bringt. Morgan ist nun um mehrere Millionen Dollar reicher, Castiglioni so gut wie zahlungsunfähig. Doch anders als die Mehrzahl der teils ruinierten Fehlspekulanten zeigt sich Castiglioni nicht nur regressfähig, sondern auch regresswillig.

Konsequent trennt er sich von den meisten Firmenbeteiligungen, lässt seine Kunstsammlung versteigern (darunter Werke von Tiepolo, Rubens und Donatello) und nimmt den Kampf gegen die – angesichts des Kursverfalls seiner Börsenwerte – stetig nachwachsenden Verbindlichkeiten auf. Doch sein Imperium ist Geschichte, sein Privatbesitz zusammengeschrumpft, das Wiener Palais hoch belastet. Und auch bei BMW hat man Castiglioni 1929 im Zusammenspiel zwischen Deutscher Bank und den Berliner Ministerien endgültig ausgeschaltet. Nachdem er 1926 Anteile an den Münchner Motorenwerken verpfänden und neue Aktien ausgeben musste, begannen Macht und Einfluss des einstigen Alleineigentümers zu erodieren, wandelten sich die Höflinge zu Feinden, wurde der »Hai« zum Gejagten. Mit einem Mal war C. C. der »Ausländer« und – obwohl bereits 1912 zum evangelischen Glauben konvertiert – der »Jude Castiglioni«.

Castiglioni wehrt sich, kämpft um seine Reputation, erstreitet Gerichtsurteile und einstweilige Verfügungen. So darf etwa Karl Kraus' 1928 publiziertes Schauspiel *Die Unüberwindlichen* in Wien überhaupt nicht, in Dresden nur ohne den inkriminierenden 3. Akt stattfinden. 1926 überschreibt Camillo Castiglioni die Grundlseer Villa seiner Frau. Wenige Jahre später verlässt Iphigenie Castiglioni mit den gemeinsamen Kindern Europa und zieht nach Los Angeles. Von den USA aus verkauft sie 1937 die inzwischen hoch belastete »Villa Castiglioni« an einen Schweizer Geschäftsfreund ihres Mannes, 1940 lässt sie sich scheiden, 1943 heiratet sie den Schauspieler Leonid Kinskey und wird schließlich zu einer vielbeschäftigten Nebenrollendarstellerin in Filmen und Fernsehserien.

Als die NS-Exekutive unmittelbar nach dem »Anschluss« Österreichs 1938 mit der »Arisierung« »jüdischen« Eigentums beginnt, hat sich Castiglioni längst nach Italien abgesetzt. Kurz vor Ausbruch des Zweiten Weltkriegs wird Attilio Tamaro, Italiens Botschafter in der Schweiz, zur wichtigsten Bezugsperson Castiglionis, zumal dessen Verbleib in Italien infolge des Schulterschlusses zwischen Nazi-Deutschland und Italien und der daraus resultierenden italienischen Rassengesetze ab 1939 gefährdet ist. In dieser Situation plant Castiglioni, inzwischen sechzig Jahre alt, nochmals ein gewaltiges Unternehmensprojekt: die Errichtung einer Ölraffinerie in der bislang von importiertem Benzin und Heizöl abhängigen Schweiz. Im Handumdrehen findet er Kapitalgeber und Anteilseigner, verschafft sich Zugang zu prominenten politischen Repräsentanten und erwirkt die erforderlichen Genehmigungen. Doch unvermittelt holt ihn seine Vergangenheit ein. Von einem Tag auf den anderen wird Castiglionis Anwesenheit in der Schweiz zum Skandal, der Hinauswurf der »Inflationshyäne« gefordert. Im Frühjahr 1943 schließlich muss Camillo Castiglioni die Schweiz in Richtung Italien verlassen. Die beiden letzten Kriegsjahre überlebt er buchstäblich maskiert in San Marino.

1949 taucht Castiglioni unversehens wieder in den Medien auf. »C. C. baut Brücken – Mehr weiß man nicht« übertitelt der *Spiegel* ein eineinhalbseitiges Feature. Indes vermag das Magazin seinen Andeutungen über die »in mystisches Dunkel« gehüllten Geschäfte des »undurchdringlichen Mannes«, der sich »rühmt, seit dreißig Jahren keinem Schnappschuss mehr erlegen zu sein«, wenig Konkretes hinzuzufügen.

Wer sich mit Camillo Castiglioni befasst, dem fällt beim Studium der seit den frühen 1920er Jahren bis heute publizierten Sekundärliteratur dreierlei auf: erstens das scheinbar untrennbare Begriffspaar »Inflationsgewinnler« und »Sohn des Oberrabbiners«. Spielte die »jüdische« Herkunft Camillo Castiglionis zur Zeit der Monarchie so gut wie überhaupt keine und bis zu Beginn der 1920er Jahre nur eine untergeordnete Rolle, so wird sie ab 1923 zum unentbehrlichen Stereotyp. Zweitens ist der Unterschied in der Castiglioni-Rezeption innerhalb und außerhalb Österreichs bemerkenswert. Während Castiglioni in der US-amerikanischen und der westeuropäischen Presse überwiegend neutral beurteilt wurde, und während sich etwa deutsche, italienische, amerikanische und Schweizer Autoren wie Till Lorenzen (*BMW als Flugmotorenhersteller*), Gerald D. Feldman (*Hugo Stinnes*), der Wirtschaftswissenschaftler Luca Segato (*La Banca Commerciale Italiana e Camillo Castiglioni*) oder der Schweizer Historiker Benedikt Hauser (*Eine ölige Geschichte*) um Ausgewogenheit bemühen, hat sich das grundsätzlich negative Urteil über Castiglioni in Österreich bis heute weitgehend erhalten. An dritter Stelle stehen die hartnäckigen Legenden. Als wären Castiglionis rasante Berg- und Talfahrten nicht schon einzigartig genug, schmücken zahllose Überblähungen, unbestätigte Anekdoten und Episoden die Castiglioni-Rezeption. Da wird der Lenkballonflug von 1909 zur Alleinumkreisung des Stephansdoms in einem einmotorigen Flugzeug umgedichtet, da wird ein ums andere Mal die Legende vom Eisenbahnwaggon voller roter Rosen aufgewärmt, die Castiglioni seiner Frau an den Grundlsee geschickt haben soll – oder vom Duell, das sich Castiglioni angeblich mit einem österreichischen Offizier um eine Frau lieferte, oder vom Ehering, den Castiglioni auf der überstürzten Flucht aus Österreich in einem soeben gelesenen Buch vergessen haben soll, oder von den Börsentipps, die Castiglioni dem österreichischen Kaiser Karl I. gegeben haben soll. Einige Legenden gehen auf Castiglioni selbst zurück, der offensichtlich zur Selbstheroisierung neigte und es genoss, seine jeweilige Entourage in ehrfürchtiges Staunen zu versetzen.

Andere »Heldengeschichten« gehen auf Ernst Heinkel zurück, der seine Lebenserinnerungen fast vier Jahrzehnte nach ihrem Kennenlernen gemeinsam mit dem Autor und Journalisten Jürgen Thorwald verfasste. Heinkel empfand wohl eine Art »Bringschuld« seinem einstigen Förderer gegenüber und hob ihn daher auf einen Sockel.

Doch der gebührt Castiglioni in Wahrheit ebenso wenig wie das eindimensionale Verdikt, ein Schurke gewesen zu sein, dessen Ziel einzig darauf gerichtet war, alle Welt zu übervorteilen oder zu betrügen.

Nicht zuletzt deshalb hat es sich der Autor des vorliegenden Buches zur Aufgabe gemacht, ein möglichst vorurteilsfreies, objektives Abbild zu zeichnen. Dazu gehörte, anstelle von Sekundärquellen so weit wie möglich Originaldokumente zu befragen, Vermutungen zu unterlassen, zweifelhafte Quellen als solche zu kennzeichnen, Motiven und Antrieben hinterherzuspüren und die Geschichte dieser bemerkenswerten Persönlichkeit in den jeweiligen historischen Zusammenhängen und Verknüpfungen zu erzählen. Dass hierbei gelegentlich Parallelen zu heutigen Verwerfungen und »Finanzhaien« sichtbar werden, liegt nicht zuletzt in der Natur des Menschen und der dadurch begünstigten Kreisläufe.

Reinhard Schlüter,
im Frühjahr 2015

PROLOG

Donnerstag, 14. Oktober 1943. Bis vor einem halben Jahr kannte Friedrich Wolffhardt weder den Grundlsee, noch hatte er eine Vorstellung davon, wo sich das Ausseerland befindet. Jetzt hält sich der dreiundvierzigjährige SS-Hauptsturmführer zum dritten Mal innerhalb weniger Wochen in der von freundlichen Beinahe-Zweitausendern umsäumten Fünfseenlandschaft auf. Seit Jahresbeginn zeichnet sich die Niederlage Deutschlands immer deutlicher ab. In Casablanca vereinbarten Churchill und Roosevelt in der zweiten Januarhälfte 1943 das umfassende Flächenbombardement Deutschlands, Anfang Februar ergab sich die 6. Armee bei Stalingrad, Ende Mai setzte die Kapitulation der deutsch-italienischen Heeresgruppe bei Tunis dem Afrika-Feldzug ein Ende. Währenddessen erfährt die Goebbels-Parole vom »totalen Krieg« ihre zynische Bestätigung durch das massenhafte Morden in den Vernichtungslagern und die unter dem Bombenhagel wehrlos kollabierenden deutsche Städte.

Seit April 1941 ist Friedrich Wolffhardt als Bereichsleiter der in Linz geplanten »Führerbibliothek« in den »Sonderauftrag Linz« eingebunden. Sein mit unbegrenzten Vollmachten ausgestattetes Amt verdankt der gebürtige Landshuter allerdings weniger seiner »Herkunft arischen Blutes«, wie er in seinem handschriftlichen Lebenslauf betonte, sondern der persönlichen Freundschaft mit Martin Bormann, seit 1941 Leiter der Partei-Kanzlei der NSDAP und damit Hitlers Stellvertreter. Bormann hatte dem »Führer« den promovierten Germanisten als den geeigneten Mann für den Aufbau der »Führerbibliothek« empfohlen. »Die Bibliothek soll eine Million Bände umfassen«, notierte August Eigruber, Gauleiter von Oberdonau, nach einem Besuch Hitlers in Linz. »Ein schöner ruhiger Bau mit einem Säulengang, in der Mitte ein großer Lesesaal, einem kleinen Saal, Vortragssaal für wissenschaftliche Vorträge.«

Doch der Linzer Museumskomplex existiert – ähnlich der Metamorphose Berlins zur »Welthauptstadt Germania« – allenfalls in Gestalt der Architekturmodelle Albert Speers.

Ungeachtet der zu erwartenden NS-»Götterdämmerung« intensivierte Wolffhardt im Laufe des Jahres 1943 seine Sammel- und Reisetätigkeit. Köln, Utrecht, Zürich, Frankfurt, Hanau, Darmstadt, Basel, Bern und Luzern hießen die Stationen, an denen er – meist auf Auktionen – bibliophile Buchausgaben, Privatsammlungen und ganze Bibliotheken erstand. Ähnlich wie die für das »Führermuseum« bestimmten Kunstschätze kam ein Großteil der Erwerbungen durch »Requirierung« oder »Arisierung« in den Verkauf – sprich: durch Enteignung oder Zwangsverkäufe. Nur ein verschwindend geringer Teil der Bücher und Handschriften entstammt tatsächlich dem Privatbesitz des »Führers«. Zu diesem gehört etwa die ihm von Richard Wagners Schwiegertochter Winifred verehrte Original-Partitur der Oper *Rienzi* oder jenes in Kalbsleder gebundene Büchlein, in dem Johann Wolfgang Goethe seinem Sohn August im Jahr 1801 handschriftlich die Worte ans Herz legte: »Gönnern reiche das Buch und reich es Freund und Gespielen. / Reich es dem Eilenden hin, der sich vorüber bewegt. / Wer des freundlichen Worts, des Namens Gabe dir spendet, / häufet den edlen Schatz holden Erinnerns dir an.« Mehr als ein Jahrhundert hatte das Büchlein in Weimar gelegen, bevor es ein nachgeborener Verwandter von Goethes Frau Christiane Vulpius 1914 an einen Frankfurter Antiquar verkaufte. Von hier aus war es über ein Schweizer Auktionshaus in den Besitz des Malzkaffeekonzern-Erben Johann Heinrich Franck geraten, der es schließlich 1941 seinem Linzer Schulfreund Adolf Hitler schenkte. Nun befindet es sich im Verein mit zigtausend weiteren Büchern auf dem Weg an den Grundlsee.

Trotz ungebremster Aktivität ist Friedrich Wolffhardt vom Sammel-Soll – eine Million Bände – noch immer weit entfernt. »Über 250 000 Bücher« werde derzeit »verhandelt«, hatte Wolffhardt seinem »Führer« im Mai berichtet und damit den Umstand verschleiert, dass in Wahrheit noch 960 000 Exemplare auf die Million fehlten. Darüber hinaus erwies sich die Sammelstelle im »Führerbau« am Münchner Karolinenplatz angesichts der alliierten Luftangriffe als zunehmend unsichere Verwahrstelle. So beschloss man im Juni, die Bestände so rasch wie möglich an einen geschützten Ort zu evakuieren. Während der Großteil der Bücher Anfang August zunächst in einem Zwischenlager nahe dem oberösterreichischen Attersee landete, suchte und fand man schließlich jenes ideal erscheinende Quartier am obersteirischen Grundlsee: eine am südlichen Ostufer gelegene, bergseitig von dichtem Laubgehölz abgeschottete Gründerzeit-Villa nebst Verwaltungsgebäude mit insgesamt mehr als eintausend Quadratmetern Wohn- und Nutzfläche. Am 16. August war Wolffhardts Dienststelle aus München hierher übersiedelt. Ab 6. September kamen die ersten Büchertransporte am Bahnhof von Bad Aussee an. Nun folgte der am Attersee zwischengelagerte große Rest – alles in allem rund 40 000 in 199 Kisten und 108 Paketen verpackte Buch- und Handschriftenexemplare. Bis zur Fertigstellung des »endgültigen« Bestimmungsortes sollen sie nun in dieser Gründerzeit-Villa aufbewahrt und sorgfältig katalogisiert werden. »Villa Grundlsee« nennen die Pächter aus der Münchner NSDAP-Parteizentrale die in den 1880er Jahren errichtete Immobilie, deren Innen- und Gartengestaltung eine feudale Vergangenheit ahnen lassen. In der Gegend jedoch kennt man das weithin sichtbare Prachtanwesen nur unter einem Namen: Villa Castiglioni.

Schon ein erster Blick von der weitläufigen Seeterrasse auf die am nordwestlichen Seeufer liegenden Häuser und Villen lässt das breite soziale Spektrum jener Gegend erkennen: die räumliche wie historische Nähe von Einheimischen, Aristokraten, Geld- und Kulturadel sowie NS-Prominenz. Hier verbringen die Stars Attila Hörbiger und

Paula Wessely seit den 1930er Jahren die Sommer, hier wird Publikumsliebling Johannes Heesters im Januar 1944 mit seiner Familie Quartier beziehen, hier verbrachte Reichspropagandaminister Goebbels im Sommer 1941 mit Frau und Kindern seinen Urlaub, und hier lud die jüdische Philanthropin und Reformpädagogin Eugenie Schwarzwald zu literarischen Abendgesellschaften. Auch sonst liest sich die Liste der Ausseer Sommerfrischler und »Zweiheimischen« wie ein kulturgeschichtliches *Who's who*: Johannes Brahms, Sigmund Freud, Arthur Schnitzler, Jakob Wassermann, Bruno Walter, Rainer Maria Rilke, Theodor Herzl sowie Hugo von Hofmannsthal und Karl Kraus.

So unterschiedlich wie die Bevölkerungs- und Gästestruktur war auch die Beziehung der beiden Letztgenannten zu Camillo Castiglioni, dem Namensgeber und langjährigen Eigentümer des Anwesens. Während Karl Kraus mit seiner Zeitschrift *Die Fackel* »Feuerdistanz« wahrte und seinen Lieblingsfeind Castiglioni als Inkarnation des Raubtierkapitalismus brandmarkte, pflegte Hofmannsthal zu diesem Förderer Max Reinhardts und des Salzburger Mozarteums freundschaftliche Nähe. »Verehrter Freund«, bedankte sich Camillo Castiglioni am 28. März 1928 bei Hofmannsthal für die Übersendung einer aktuellen Buchneuerscheinung, »ich freue mich schon darauf, das Buch noch heute Abend zu lesen. Ihre Worte der Anerkennung haben mich beschämt aber auch erfreut. Es klingt banal, wenn ich Ihnen sage, dass die einzige Anerkennung die mich freuen konnte, die Ihre ist, denn nur Sie können meiner Meinung nach ein vollkommenes Urteil abgeben.«[1]

Tatsächlich war das Verdikt über den zigfachen Ex-Teilhaber, Ex-Eigentümer und Ex-Bankier Castiglioni in Österreich zu diesem Zeitpunkt längst gefällt. Und auch in Deutschland hatte man begonnen, den langjährigen BMW-Alleinaktionär aus dem Unternehmen zu drängen. Dass Camillo Castiglioni am 23. August 1928 das amerikanische Vokal-Quartett mit internationalem Ruhm, The Revelers[2], zu einem Geburtstagsständchen für seine Frau in die Grundlseer Villa lud, mutet so gesehen wie ein letztes Aufbäumen gegen den unvermeidlichen Absturz ins Gewöhnliche an.

Die »Arisierung« sollte dem Anwesen jedoch erspart bleiben. 1926 hatte Camillo Castiglioni die Villa seiner Frau Iphigenie überschrieben. 1935 war die ehemalige Burgschauspielerin in die USA emigriert, um am Hollywood-Boulevard in Los Angeles Quartier zu nehmen und ihre 1916 (dem Jahr ihrer Eheschließung) unterbrochene Schauspielerkarriere fortzusetzen. Im Frühsommer 1937 stand Iphigenie Castiglioni für William Dieterles *The Life of Emile Zola* vor der Kamera, während sie den Verkauf der Grundlseer Villa an den Schweizer Geschäftsmann Enrico Hardmeyer betrieb. Ein Dreivierteljahr später kam Hardmeyer just am 12. März 1938, dem Tag des deutschen Einmarsches in Österreich, bei einem Zugunfall ums Leben, 1941 veräußerten Hardmeyers Erben die Villa an die Gauwirtschaftskammer Oberdonau, die das Anwesen schließlich an die Münchner NSDAP-Parteizentrale verpachtete.

Fünfzehn Jahre sind seit der Revelers-Soiree vergangen, und während sich an diesem 14. Oktober 1943 unter den Renaissance-Decken der »Villa Castiglioni« die Bücherkisten stapeln und sich das ehemalige Schlafzimmer des Hausherrn, das einstige Ankleidezimmer der Dame des Hauses und die Kammer der Zofe in Büros für den »Sonderauftrag« verwandeln, haben sich die Koordinaten im Leben von Camillo und Iphigenie Castiglioni zum wiederholten Male dramatisch verschoben.

1940 hatte sich Iphigenie Castiglioni in Los Angeles scheiden lassen, seit dem Frühsommer 1943 ist sie mit ihrem Hollywood-Kollegen Leonid Kinskey verheiratet. Von all dem scheint Camillo Castiglioni nichts mitbekommen zu haben. 1939 hatte er die Schweiz als einzig verbleibende Fluchtinsel vor dem Nationalsozialismus ausgemacht. Im Juni 1940 erhielt er dort eine bis April 1941 befristete Aufenthaltsbewilligung, die er unter Ausnutzung sämtlicher Einspruchsmöglichkeiten und allfälliger Krankheitsatteste bis ins Jahr

1943 zu prolongieren verstand. Doch sein Versuch, in der Schweiz wirtschaftlich Fuß zu fassen, war von einem Teil der Schweizer Presse lautstark skandalisiert worden. Am 12. April 1943 wurde Castiglioni zum »unerwünschten Ausländer« erklärt und dazu »eingeladen«, die Schweiz bis Ende Mai 1943 zu verlassen. »Nun gibt es in Europa keinen Platz mehr, an dem sich Camillo Castiglioni ungefährdet aufhalten kann«, frohlockte man im *Völkischen Beobachter* am 18. April 1943 und unterschätzte damit – wie zuvor schon so viele andere – die erstaunliche Überlebensfähigkeit des mittlerweile Vierundsechzigjährigen. Denn tatsächlich hat Camillo Castiglioni an diesem 14. Oktober 1943, an dem die Mitarbeiter des »Sonderauftrags Linz« ihre Arbeit in der »Villa Castiglioni« aufnehmen, längst einen solchen Platz gefunden.

1. TRIEST

Die Geschichte der jüdischen Minderheit in Triest

Die Geschichte der jüdischen Minderheit in Europa war seit dem 11. Jahrhundert von Ausgrenzung, Vertreibung und oft blutiger Verfolgung geprägt – hier und da unterbrochen durch unterschiedliche Nuancen der Duldung. Meist waren es die von den christlichen Klerikern unterstellten Gottesmord-Theorien, Ritualmordlegenden oder »Bluthostien«-Vorwürfe, die die Volksseele zum Kochen brachten oder die Mühlen der Blutjustiz mahlen ließen – so geschehen etwa beim Berliner Hostienschänderprozess im Jahr 1510, in dessen Folge neununddreißig Juden auf dem Scheiterhaufen starben. Die zunehmende Ghettoisierung der jüdischen Minderheit verstärkten jeweils Ausgrenzung und Entfremdung. Der Zugang zu Landbesitz, Landwirtschaft und handwerklichen Zünften war Juden in aller Regel verwehrt. Daneben hat der Umstand, dass man ihnen allenfalls Kleinhandel sowie die den Christen verbotenen Geld- und Zinsgeschäfte erlaubte, dazu beigetragen, dass die in diesem Sinne »privilegierten« Juden von der breiten Bevölkerung als »Hofjuden«, »Wucherer«, »Zins- und Geldschneider« verschrien waren. Dass die meisten Juden wirtschaftlich kaum besser gestellt waren als der Rest der Bevölkerung, tat Neid und Missgunst keinen Abbruch.

Von all diesen nördlich der Alpen und später vom Süden Italiens her wirksamen Verwerfungen sollte Triest siebenhundert Jahre lang vergleichsweise unberührt bleiben. Zwar lag der ersten Erwähnung einer jüdischen Ansiedlung ebenfalls ein Geldgeschäft zugrunde (1236 hatte ein gewisser Daniele David Carinzia dem regierenden Bischof die notwendigen Mittel vorgestreckt, um den aus den nahen Julischen Alpen einfallenden Räuberbanden Paroli bieten zu können), ansonsten aber spielten Juden in Triest bis ins frühe 19. Jahrhundert weder eine besondere Rolle, noch hatten sie hier eine den umliegenden Staaten und Provinzen vergleichbare Verfolgung zu erleiden. Ein Grund hierfür war, dass sich die in vorchristlicher Zeit auf fruchtbarem Boden als Tergeste (vom slowenischen »terg« respektive »trg« für »Markt«) gegründete Ansiedlung an der nördlichen Adriaküste unter der habsburgischen Herrschaft multikulturell entwickelte. Unmittelbar nachdem sich Triest 1382 unter den Schutz der Habsburger begeben hatte, erlaubte man der jüdischen Minderheit, am Fuße des Colle di San Giusto, des Stadthügels, eine eigene Begräbnisstätte einzurichten. Trotzdem war man von der Bildung einer religiösen Gemeinde und der Einrichtung einer Synagoge noch lange Zeit ebenso weit entfernt wie von einem katholisch-jüdischen Zusammenleben ohne Ressentiments. So bedurfte es etwa im Jahr 1522 der von Kaiser Karl V. dekretierten Privilegien, um die jüdische Minderheit vor den in der Osterwoche in Europa üblichen, durch Gottesmordlegenden von den Kanzeln befeuerten Übergriffen zu schützen. Die kaiserlichen Privilegien blieben auch in den 1560er Jahren wirksam, als alle zwischen Rom und Bologna ansässigen Juden aufgrund einer päpstlichen Bulle vertrieben wurden. Als Ende des 17. Jahrhunderts die vom Vatikan angeheizte Stimmung schließlich Triest erreichte und der Patrizierrat der Stadt die Ausweisung der Juden forderte, war es Kaiser Leopold I., der den Verbleib der jüdischen Minderheit in der fünftausend Einwohner zählenden Gemeinde immerhin insofern sicherte, als er die Errichtung eines dreizehn Häuser umfassenden Ghettos anordnete. 1697 zogen rund einhundert Juden in das von einer hohen Mauer umgebene, durch drei Pforten mit der Stadt verbundene, von christlichen Wächtern bewachte und von Sonnenuntergang bis Sonnenaufgang geschlossene Ghetto ein.

Mit der Bestimmung Triests zum Porto Franco (Zollfreihafen)[3] gab Kaiser Karl VI. 1719 den Startschuss für einen anhaltenden wirtschaftlichen Aufschwung der bis dahin im Schatten Venedigs dahindämmernden Gemeinde. Lagerhallen entstanden, und dem wachsenden Warenumschlag folgte der multikulturelle Wandel: In der aus Slowenen (zweiundfünfzig Prozent), Italienern (dreiundvierzig Prozent), Deutschen (vier Prozent) und anderen ethnischen Gruppierungen zusammengesetzten Bevölkerung galten Juden nur als eine von mehreren respektierten Minderheiten. Fast jeder Triester war mehrsprachig, und während Deutsch als Amtssprache dominierte, etablierte sich Italienisch als führende Verständigungssprache.

1748 entstand in unmittelbarer Nachbarschaft der südlichen Ghettopforte die erste Synagoge Triests, die Schola numero uno beziehungsweise Schola piccola. 1753 erhielten Juden aufgrund eines kaiserlichen Dekrets die Erlaubnis, sich außerhalb des Ghettos anzusiedeln. 1782 öffnete das erweiterte Toleranzedikt Kaiser Josephs II. den Triester Juden erstmals den Zugang zur Börse, zur Universität und zu bislang verbotenen Berufen. 1783 folgte die Gründung einer jüdischen Elementarschule, der Scuola elementare ebraica. 1784 schließlich – die Einwohnerzahl Triests hatte sich binnen eines Jahrhunderts auf zwanzigtausend vervierfacht – wurde das Ghetto aufgehoben.

Zu den jüdischen Zuwanderern, die in den 1780er Jahren in Triest landen, zählt auch ein aus Florenz stammender Kleinhändler namens Moisè. Wie zahlreiche andere aus Florenz vertriebene Juden suchte auch er zunächst Zuflucht im benachbarten Bologna, bevor ihn antisemitische Übergriffe zum Weiterziehen nach Triest zwangen. Dort siedelt sich Moisè im Schutz der einstigen Ghettomauern an, führt seine Kleinhandelsgeschäfte fort und nimmt den gräflichen Namen »Castiglioni« an. Es ist die Zeit, da Johann Wolfgang Goethe während seiner ersten italienischen Reise im benachbarten Venedig Station macht.

Gegen Ende des 18. Jahrhunderts steigt Moisès Sohn Abramo in das vom Vater betriebene Geschäft ein. Unterdessen haben Revolution und Restauration einen kaum dreißigjährigen Brigadegeneral namens Napoleone Buonaparte an die Spitze Frankreichs katapultiert. Im Zuge der sich überschlagenden Ereignisse gerät auch Triest mehrfach unter französische Herrschaft (1797, 1805/06, 1809–1813) – ein Umstand, der den Triester Juden einerseits zwar die vollkommene Gleichstellung beschert, andererseits jedoch die blühende Konjunktur mit einem Schlag beendet. Noch bevor Triest im Zuge des Wiener Kongresses erneut dem Reich der Habsburger zugeschlagen wird, sieht sich der Trödler Abramo Castiglioni zur Aufgabe seines Geschäfts gezwungen. Er verdingt sich gegen ein bescheidenes Salär als Schuldiener der jüdischen Elementarschule, gründet eine Familie und erlebt Ende der 1830er Jahre, dass sich sein Sohn Moisè Davide in Annetta Campos, Tochter eines nichtjüdischen Triester Gemeindebediensteten, verliebt.

Der Vater

Zwar büßt die jüdische Minderheit unter der Herrschaft der Habsburger Privilegien, die sie unter Napoleon erhalten hat, wieder ein, zwar wirkt der Metternich'sche Polizei- und Spitzelapparat auch nach Triest herein, dennoch vollzieht sich der Aufstieg Triests zu einer zentralen Wirtschaftsmetropole im Reich der Habsburger ebenso unaufhaltsam wie die Emanzipation der an dem Aufschwung zunehmend beteiligten jüdischen Mitbürger. 1829 wird in Triest die von dem k.k. Förster Josef Ressel erfundene Schiffsschraube erfolgreich getestet. 1831 gründet der Kaufmann Joseph Lazarus Morpurgo am Rande des Triester Hafens eine Versicherungsanstalt namens Assicurazioni Generali Austro-Italiche, 1833 folgt unmittelbar daneben die Gründung des Österreichischen Lloyd. 1838 beginnen die Bauarbeiten zur ersten Triester Schiffswerft San Marco. Mit dem Aufstieg einher geht ein beschleunigtes Bevölkerungswachstum. Als die Werft San Marco 1840 den Betrieb aufnimmt, sind in Triest bereits fünfundvierzigtausend Menschen gemeldet. Zu ihnen zählt seit dem 25. März 1840 der jüngste Sohn des Ehepaars Moisè Davide und Annetta: Vittorio Itzak Haim Castiglioni. Der Neugeborene ist der erste Spross der Familie Castiglioni, der neben den hebräischen auch einen italienischen Vornamen erhält. Mit fünf Jahren wird Vittorio in jene Scuola elementare ebraica eingeschult, an der sein Großvater Abramo Dienst tut. »Es scheint mir«, erinnert sich Vittorio Jahrzehnte später, »als sähe ich noch den betenden Alten, wie er uns die Hand zum Kusse reichte, nachdem er uns den Segen gegeben hatte.«

Vittorio erweist sich als eminent lerneifrig, wechselt nach brillant bestandener Abschlussprüfung an die höhere Schule der israelitischen Gemeinde und widmet sich – dem Vorbild seines Lehrers Moisè Tedeschi, des späteren Oberrabbiners von Triest, folgend – ab dem zwölften Lebensjahr dem Studium der hebräischen Sprache und der religiösen Schriften. Mit achtzehn Jahren wird Vittorio Assistenzlehrer bei Tedeschi, mit einundzwanzig erlangt er das Vizerabbinat.

Man schreibt das Jahr 1861, in dem sich die Ziele des »Risorgimento«[4] weitgehend erfüllen und sich Italien als Nation und Königreich konstituiert. Triest, nach wie vor unter habsburgischer Herrschaft, wird zunehmend zum Zentrum der irredentistischen[5] Bewegung. 1848 hatte sich die Adriametropole aus den Revolutionswirren herausgehalten und war dafür von Kaiser Franz Joseph I. mit dem Prädikat »Città fedelissima« (Allertreueste Stadt) ausgezeichnet worden. Seit 1850 ist Triest Sitz der kaiserlichen Zentralseebehörde, seit 1854 verbindet die Südbahn Triest über den Semmering mit Wien, und mit der Dezemberverfassung von 1867 erlangen die jüdischen Mitbürger im Reich der Habsburger das Recht zur freien Wahl des Wohnsitzes. Durch die Eröffnung des Suezkanals im Jahr 1869 und den unaufhaltsamen Zustrom aus dem Norden wandelt sich das Antlitz der jüdischen Gemeinde in Triest. Unter den

Vittorio Castiglioni

inzwischen mehr als siebzigtausend Einwohnern treten Juden zunehmend als Cafetiers, Tee-, Kräuter-, Duft- und Süßwarenhändler in Erscheinung. Schließlich kündet eine repräsentative Immobilie nach der anderen – allen voran der am Canal Grande gelegene Palazzo Hierschel und der Palazzo Carciotto, Sitz der Assicurazoni Generali – vom wachsenden Wohlstand und Einfluss jüdischer Bankiers und Unternehmer.

1870 wird Vittorio Castiglioni, es ist seine dritte Anstellung, Mathematiklehrer am Liceo femminile commerciale.[6] Neben seiner Tätigkeit als Sekretär der Società per la letteratura popolare[7] engagiert sich der Dreißigjährige besonders als »docente« am Asilo Infantile Israelitico, dem israelitischen Kindergarten in der Via del Monte 2 – in unmittelbarer Nachbarschaft der Schola vivante genannten vierten Triester Synagoge. So wie er in religiöser Hinsicht den Vorbildern seines Lehrers Moisè Tedeschi und des in Padua wirkenden Religionsphilosophen Samuel David Luzzatto folgt, hält Vittorio Castiglioni in Sachen »Kindererziehung« die Lehren des Pädagogen und Kindergarten-Gründers Friedrich Fröbel für wegweisend. »Lasst uns von den Kindern lernen«, hatte Fröbel gefordert und sich damit gegen jenen Mainstream gestellt, der seit dem frühen 18. Jahrhundert vor allem auf Gehorsam und die »Unterordnung des kindlichen Willens unter das elterliche Gebot« setzte: »Lasst uns den leisen Mahnungen ihres Lebens, den stillen Forderungen ihres Gemütes Gehör geben! Lasst uns mit unseren Kindern leben!«

Es ist dies eine von Respekt und Achtsamkeit getragene Haltung. Privat schreibt Vittorio Castiglioni Sonette in hebräischer Sprache, mit denen er seine Vorbilder ehrt und nahezu jedes wichtige private und öffentliche Ereignis reflektiert. In beruflicher Hinsicht hält Vittorio Castiglioni die Psychologie für eine wesentliche Hilfswissenschaft der Pädagogik. So wie er als Lehrer für eine am psychischen und physischen Wohl des Kindes orientierte Pädagogik eintritt, will er es auch mit der Erziehung seiner eigenen Kinder halten.

Geburt, Kindheit und Jugend

Ein Jahr nachdem er seine Stellung am Liceo femminile commerciale angetreten hat, heiratet Vittorio Castiglioni die Triesterin Enrichetta Bolaffio und bezieht mit ihr eine Wohnung innerhalb des ehemaligen Ghettos. Dort wird am 10. April 1874 ein Knabe geboren, der nach dem Urgroßvater, Großvater und Vater Moisè David Chaim genannt wird und zusätzlich den italienischen Vornamen Arturo erhält. Obgleich sich der Knabe früh als ähnlich wissbegierig und lerneifrig erweist wie sein Vater, unternimmt Vittorio keinen Versuch, Arturos Werdegang zu beeinflussen. Daran soll sich auch nichts ändern, als Enrichetta und Vittorio Castiglioni am 22. Oktober 1879, einem Mittwoch, ein zweiter Sohn geboren wird. Kemiel – Gotthilf – soll der Knabe heißen. Doch rasch wird sich bei Kemiel der italienische Rufname durchsetzen: Camillo.

In jenen Jahren, in denen Camillo zu einem vielseitig gebildeten Knaben heranwächst und sich unter anderem für die rasante technische Entwicklung begeistert, verfasst sein Vater Vittorio neben seiner Lehrtätigkeit eine Didaktik der hebräischen Sprache sowie eine Geschichte der jüdischen Gemeinde Triests. Es ist die Zeit, in der Kaiser Franz Joseph I. bei einem Besuch in Triest knapp dem Attentat des Irredentisten Guglielmo Oberdan entgeht, Gottlieb Daimler in Stuttgart den ersten Verbrennungsmotor der Geschichte startet, in Mayerling Kronprinz Rudolf zuerst seine Geliebte und dann sich selbst erschießt und schließlich Camillos Großvater Moisè Davide im ehemaligen Ghetto fünfundsiebzigjährig stirbt. Mit zwölf Jahren beherrscht Camillo nicht nur Italienisch und Deutsch, sondern auch Slowenisch und Französisch. Daneben erweist er sich als brillanter Rechner. Camillo will so schnell wie möglich selbständig werden, zumal sich mit Gabriel (Rufname: Augusto) weiterer Familienzuwachs einstellt und Mutter Enrichetta zu kränkeln beginnt.

Als Arturo sich 1890 im Alter von sechzehn Jahren in die Haupt- und Residenzstadt verabschiedet, um an »diesem idealen Platz« Medizin zu studieren, steht für Camillo bereits fest, dass er einen anderen Weg gehen will. Die neue Wohnung der Familie im dritten Stock der Via Nuova 26 liegt nur einen Steinwurf von der Triester Börse und der Banca Commerciale Triestina entfernt. Hundert Schritte weiter – an der Piazza Grande – überstrahlt das Verwaltungsgebäude des Lloyd die Hafenanlage samt den umliegenden Palazzi und dem Teatro Comunale. Um das Handelszentrum herum haben sich Dutzende Banken, Wechselstuben, Handelsagenturen und Börsenmakler etabliert. In Anbetracht seiner Interessen liegt es für den Heranwachsenden nahe, sich nach Absolvieren einer Banklehre im Finanz- oder Handelsgewerbe selbständig zu machen.

1896 kehrt Arturo nach bestandener Promotion nach Triest zurück und beginnt als Assistenzarzt am städtischen Krankenhaus zu arbeiten. Als er 1898 die medizinische Leitung des Lloyd übernimmt und Marcella Sanguinetti heiratet, scheint Camillo Castiglioni – gerade neunzehn Jahre alt – im *Guida di Trieste e della Venezia Giulia* erstmals als »agente«, als Handels- und Finanzmakler, auf.

Unterdessen haben sich die Verhältnisse innerhalb der jüdischen Gemeinde Triests wie auch der Familie Castiglioni dramatisch verändert. Während Anfang der 1890er Jahre infolge antisemitischer Übergriffe in Osteuropa immer mehr Juden Zuflucht in Triest suchen – darunter rund tausend unter dem Vorwand des angeblichen »Ritualmords« aus Korfu vertriebene Juden –, erliegt Enrichetta Castiglioni ihrer schweren Krankheit. Drei Jahre lang vergräbt sich Vittorio Castiglioni in seiner Arbeit, schreibt ein Buch nach dem anderen, darunter *Saggi di pedagogia*, ein Kompendium seiner am Liceo femminile gehaltenen Lektionen, eine Abhandlung über die Verkündung der Zehn Gebote (»Ma'amad har Sinai«) auf Hebräisch sowie eine Untersuchung der Philosophie Descartes' »unter pädagogischem Blickwinkel«. Daneben initiiert Vittorio die Errichtung eines Grabmals zum Gedenken des 1865 verstorbenen jüdischen Gelehrten und Dichters Samuel David Luzzatto und macht sich durch die Teilnahme an pädagogischen Kongressen in Europa, biografische Arbeiten, Anthologien, religionspädagogische Schriften und Bibelinterpretationen in den israelitischen Gemeinden ganz Italiens bekannt. Als sein Lehrer Moisè Tedeschi 1898 stirbt, hofft Vittorio Castiglioni, der in seinen Schriften als »Victorius Castiglioni Tergestinus« (Triester) zeichnet, Tedeschi als Oberrabbiner Triests folgen zu können. Als sich seine Hoffnungen nicht erfüllen, entschließt sich der inzwischen Achtundfünfzigjährige zur Vermählung mit der wesentlich jüngeren Giulia Sonino und wird binnen weniger Jahre noch zweimal Vater.

Für Camillo ist es nach der Geburt der beiden Halbgeschwister Marcello und Enrichetta an der Zeit, die elterliche Wohnung zu verlassen. Mit einundzwanzig Jahren hat er die Finessen des Geld-, Handels- und Kreditgewerbes verinnerlicht und vor allem begriffen, dass es im Geschäftsleben auf nichts so sehr ankommt wie auf ein funktionierendes Beziehungsnetz. Als er die Möglichkeit erhält, die Handelsinteressen der in Wien ansässigen Österreichisch-Amerikanischen Gummiwerke AG in Konstantinopel zu vertreten, sagt Camillo Castiglioni zu. Als Einstiegshilfe dient ihm unter anderem die in Triest gewachsene Verbindung zum Österreichischen Lloyd.

Lange bevor die osmanische Metropole 1890 mit der Eröffnung des Sirkeci-Bahnhofs vom Westen her auf dem Landweg erreichbar wurde, hatte der Lloyd bereits eine Schifffahrtslinie Triest–Konstantinopel installiert. 1837 legte erstmals ein Raddampfer mit dreiundfünfzig Passagieren und fünfundzwanzig Besatzungsmitgliedern an Bord in Triest ab und kam zwei Wochen später in Konstantinopel an. Seitdem haben Tausende Reisende – Touristen, Geschäftsleute und Diplomaten – diesen bequemen Seeweg genutzt. Kein Wunder also, dass dem in Triest ansässigen Schifffahrtsunternehmen inzwischen eine weit über die Transportfunktion hinausgehende Position zugewachsen ist. »Die Vertreter des Österreichischen Lloyd gelten wie Quasi-Gesandte einer auswärtigen Macht«, stellt ein deutscher Reichstagsabgeordneter im Jahr 1900 fest. »Wie Nebengesandte der österreichisch-ungarischen Monarchie. Der Österreichische Lloyd hat eine Bedeutung wie die ostindische Kompagnie, als ob ihm eine gewisse Souveränität anhaften würde.«

Nicht zuletzt dank der Position seines Bruders Arturo beim Lloyd öffnen sich für Camillo Castiglioni in Konstantinopel im Handumdrehen die richtigen Türen. Seitdem sich das Osmanische Reich nach dem Staatsbankrott 1876 von den europäischen Großmächten abhängig gemacht und die Einfuhrzölle unter die Ausfuhrzölle gesenkt hat, fließt ein ungebremster Waren- und Kapitalstrom in Richtung Bosporus. Im Gegenzug sorgen Rohstoffe wie Kupfer, Eisen und Bauxit, aber auch Südfrüchte für eine ausgeglichene Handelsbilanz. Von den rund 880 000 Einwohnern der einst größten Stadt der Welt (um 1700) sind knapp 130 000 ausländischer Herkunft. Unter ihnen befindet sich nun auch der etwa 1,68 Meter kleine, agile, mit seinem dunklen Schnauzbart kaum von den Osmanen zu unterscheidende Camillo Castiglioni.

Die Österreichisch-Amerikanischen Gummiwerke erzeugen unter anderem akkurat jene Produkte, die in Konstantinopel am dringendsten gebraucht werden: Schuhe, elastische Gewebe, Asbestkautschuk, Bandagen, Gürtel, Hosenträger und Strumpfbänder. Dazu kommen seit 1891 Luftreifen für Fahrräder. Rund fünfunddreißigtausend Karrierebeamte sorgen dafür, dass nahezu jede wirtschaftliche Aktivität im Schwarzmeerraum auf die Bedürfnisse Konstantinopels eingestellt ist. Somit scheint es in jenem Frühjahr 1900, da in Paris die Weltausstellung öffnet und Camillo Castiglioni erstmals die internationale Bühne betritt, fast unmöglich, als Geschäftsmann in Konstantinopel *keinen* Erfolg zu haben.

2. AUFBRUCH

Die Welt zur Jahrhundertwende

Drei Großereignisse bestimmen im vom deutschen Kaiser flott zum »ersten Jahr des neuen Jahrhunderts« proklamierten Jahr 1900 die internationalen Schlagzeilen: Burenkrieg, Boxeraufstand und Pariser Weltausstellung. Dass zwei dieser Ereignisse Kriege sind, wirft bereits einen ersten Schatten auf das beginnende Jahrhundert. Sowohl im Burenkrieg in Südafrika wie auch beim Boxeraufstand in China geht es um den Aufstand ansässiger Völker gegen Unterdrückung und Ausbeutung durch die um Weltmarktanteile konkurrierenden Kolonialmächte. Die tun einander bei der Verteilung des Kuchens einstweilen nicht weh: Während das Deutsche Reich mit der pazifischen Insel Samoa das Dutzend voll macht[8] und die Buren sich in einem ebenso blutigen wie aussichtslosen Unabhängigkeitskampf gegen die Kolonialmacht Großbritannien aufreiben, sehen sich die von Regierungstruppen unterstützten chinesischen Boxer einer einträchtigen Phalanx der wichtigsten westlichen Mächte gegenüber: Deutsches Reich, Österreich-Ungarn, USA, Japan, Frankreich, Italien und Russland. »Pardon wird nicht gegeben! Gefangene werden nicht gemacht«, übertönt der deutsche Kaiser das Kriegsgeschrei in einer später als »Hunnenrede« bezeichneten Ansprache an sein Kolonialheer: »Wer euch in die Hände fällt, sei euch verfallen! Daß es niemals wieder ein Chinese wagt, einen Deutschen scheel anzusehen!«

Vergleichsweise unbeachtet finden daneben in Paris die Wettkämpfe der zweiten Olympischen Spiele statt. Gleichsam als Nebenprogramm sind sie in die vom April bis November dauernde Weltausstellung eingebettet. Dabei erregt die Eröffnung der Pariser Metro mehr öffentliches Interesse als etwa die auf einem Stück Rasen im Bois de Boulogne abgehaltenen Leichtathletikwettbewerbe. Dieselmotor, Rolltreppe und Tonfilm gelten als die drei aufsehenerregendsten technischen Neuerungen dieser »Exposition universelle«.

Der Aufbruch ins 20. Jahrhundert zeigt sich indes auch und vor allem außerhalb der Pariser Ausstellung. So hebt etwa in Friedrichshafen am Bodensee der erste Zeppelin ab, und in den USA gelingt die erste drahtlose Sprachübertragung. Darüber hinaus konstituiert sich in Stockholm die Nobelstiftung, werden zahllose Verbände (Deutscher Fußball-Bund), Sportevents (Davis Cup) und Vereine (FC Bayern München) gegründet. Mehr noch als die Eroberung und der Erwerb kolonialer Gebiete haben vor allem Forschung und Industrialisierung Deutschland auf Augenhöhe mit den übrigen Weltmächten gebracht. Zum inoffiziellen Titel des »Technologie-Weltmeisters« in den Bereichen Elektrotechnik, Chemie und Maschinenbau fügt sich der des »Export-Champions«. Die Unternehmen heißen Krupp, Siemens, Thyssen, BASF und AEG, die Forscher an der Weltspitze Robert Koch, Max Planck, Wilhelm Conrad Röntgen oder Emil von Behring. Schon im ersten Nobelpreisjahr gehen zwei der Auszeichnungen nach Deutschland.

Besonders *eine* deutsche Erfindung macht um die Jahrhundertwende von sich reden: die von Nikolaus Otto mit dem Verbrennungsmotor eingeleitete und von Gottlieb Daimler und Carl Benz in den 1880er Jahren vollendete Erfindung des Automobils. Bestaunt wird auf der Pariser Weltausstellung auch ein neuartiges Produkt des Wiener Fahrzeugherstellers Lohner: ein 2,5 PS starkes Elektromobil, das eine Geschwindigkeit von fünfzig Stundenkilometern erreicht. Konstrukteur ist ein fünfundzwanzigjähriger Elektriker namens Ferdinand Porsche. Achtundvierzig Exemplare des benzin- und batteriegespeisten »Lohner-Porsche« werden noch in Paris an die Berliner Elektromobil-Droschken-AG verkauft, achtundsiebzig gehen an die Société Mercédès Électrique in Paris.

Der Lohner-Porsche – das erste Hybridfahrzeug der Welt

Noch aber werden neun Jahre ins Land gehen, bevor Ferdinand Porsche und Camillo Castiglioni ihre langjährige, ebenso fruchtbare wie von Auseinandersetzungen geprägte Allianz begründen.

Von jenen Droschken- und Fuhrunternehmen sowie einigen wenigen bürgerlichen Käufern abgesehen, ist das Automobil einstweilen noch der Aristokratie vorbehalten. So darf es Ferdinand Porsche als »Privileg« ansehen, den österreichischen Thronfolger Franz Ferdinand im Spätsommer 1901 mit dem von ihm konstruierten Hybridfahrzeug zum Kaisermanöver zu kutschieren. Unterdessen zeigt sich südlich wie nördlich der Donau längst die Kehrseite des Technologiewandels und der damit einhergehenden Veränderungen: eine zunehmend in oben und unten, drinnen und draußen, reich und arm sich teilende Gesellschaft. Verschärft wird die Entwicklung durch das zwischen 1890 und 1910 sprunghaft beschleunigte Bevölkerungswachstum. Gründe dafür sind unter anderem die Eindämmung der Kindersterblichkeit, verbesserte Krankenhaushygiene, neue Seren und Reihenimpfungen – vor allem aber der ungebremste Zustrom aus den ländlichen Gebieten in die Städte. Mehr noch als in der deutschen Hauptstadt Berlin zeigen sich in Wien die Licht- und Schattenseiten der rasanten Veränderungen.

Ankunft in Wien

Auf knapp zwei Millionen hat sich die Einwohnerzahl der Metropole Wien binnen drei Jahrzehnten verdoppelt. Der seit 1860 nach dem Pariser Vorbild vollzogene urbane Wandel hat das Handels-, Finanz- und Machtzentrum zu einem Hauptanziehungspunkt Europas werden lassen. Stadtpark, Hofoper, Hofburgtheater, Museen, Parlament, Rathaus und etliche stattliche Palais säumen zu Beginn des 20. Jahrhunderts den Prachtboulevard namens Ringstraße. Die Architekten der Stunde heißen Otto Wagner, Josef Hoffmann und Adolf Loos. In den zahllosen Kaffeehäusern innerhalb, entlang und außerhalb der Ringstraße treffen sich Maler, Komponisten und Schriftsteller wie Gustav Klimt, Koloman Moser, Gustav Mahler, Hermann Bahr, Peter Altenberg und Karl Kraus. Wenige Schritte nördlich der Ringstraße praktiziert jener Arzt, der 1896 den Begriff »Psychoanalyse« erstmals genannt und 1899 seine wegweisende *Traumdeutung* publiziert hat: Sigmund Freud.

Die Stadt platzt aus allen Nähten, viele der aus den entlegenen Gebieten des aus zwölf Nationalitäten und einer Vielzahl kleiner Bevölkerungsgruppen zusammengehäufelten Staatsgebildes in der Hoffnung auf Arbeit zugewanderten Familien hausen in den Außenbezirken unter elenden Lebensbedingungen. Besonders weibliche Arbeitskräfte werden von Unternehmen zu Dumpingpreisen angestellt. Wer einen Arbeitsplatz hat, leistet sein Pensum unter teils unzumutbaren Bedingungen. So auch in der Österreichisch-Amerikanischen Gummifabrik in der Hütteldorfer Straße. Achtundsiebzig Wochenstunden muss das größtenteils weibliche Personal inmitten der Gummi- und Klebstoffdämpfe ableisten – sechs Tage zu je dreizehn Stunden. Wer die Fabrik statt um acht Uhr abends früher verlässt, wird zur Strafe eine Woche lang unbezahlt nach Hause geschickt. Vor allem der siebenstündige, von keiner Pause unterbrochene Nachmittag zehrt an den Kräften der Arbeiterinnen. Neben anderen restriktiven Schikanen werden materialbedingte Fertigungsmängel mit Lohnabzügen bestraft. Anfang November 1901 eskaliert der Unmut. Unterstützt von der Gewerkschaft treten die zweihundert Arbeiterinnen in einen mehrwöchigen Streik. Ihre Forderungen: zehnstündige Arbeitstage und eine fünfzehnminütige Pause. Als die Unternehmensführung mit Aussperrung antwortet und sich weigert, auch nur eine der Forderungen zu erfüllen, bricht der Streik ergebnislos zusammen. »Misserfolg!« titelt die sozialistische *Arbeiter-Zeitung* lapidar.

Von alledem bekommt Camillo Castiglioni an seinem komfortablen Arbeitsplatz in Konstantinopel wenig mit. Die Beziehungen der Österreichisch-Amerikanischen Gummiwerke zu den Osmanen sind unter seiner Geschäftsführung zu neuer Blüte gediehen. Rasch hatte der knapp Zweiundzwanzigjährige begriffen, dass es zur Akquisition lukrativer öffentlicher Aufträge neben verkäuflichen Produkten vor allem der aus Vorteilsgaben, Gunst- und Sachleistungen gebildeten Schmiermittel bedarf. Einer, der ihm dabei als Vorbild und mit väterlichem Rat zur Seite steht, ist der ebenfalls aus Triest stammende Kaufmann Lazare Vitali. Schon lange vor Camillo Castiglioni hat sich der von Sultan Abdülhamid II. mit dem Mecidiye-Orden ausgezeichnete Import- und Exportkaufmann in Konstantinopel ein dichtes Beziehungsnetz aufgebaut und betreibt daneben eine Handelsdependance in Wien. Vor allem aber verfügt Vitali aus der Sicht Castiglionis über einen weiteren Vorteil: eine heiratsfähige Tochter namens Alaïde.

Als Camillo Castiglioni ein Jahr nach Ende des Gummiarbeiterinnen-Streiks nach Wien gerufen wird, um dort die Leitung der Exportabteilung zu übernehmen, ist er bereits mit Alaïde Vitali verlobt. Castiglioni bezieht eine Wohnung in der Lindengasse 7 im siebten Wiener Gemeindebezirk. Ein halbes Jahr später heiratet das Paar nach jüdischem Ritus, am 1. Mai 1905 wird ihr erster Sohn geboren und nach Camillos älterem Bruder Arturo benannt.

Der Balkankonflikt

Fünf Jahre ist das 20. Jahrhundert nun alt, und es scheint, als folge das Säkulum strikt dem zu Beginn angeschlagenen Takt. Kaum eine Woche vergeht ohne technologische Neuentwicklung, kaum ein Tag ohne spektakuläre Pionierleistungen und Rekorde. Am 19. Oktober 1901 legt der in Paris lebende Brasilianer Alberto Santos-Dumont in einem selbstkonstruierten Luftschiff die Strecke St. Cloud–Paris–St. Cloud in einer halben Stunde zurück und umkreist dabei den Eiffelturm. Im Dezember 1903 absolvieren in North Carolina die Brüder Wilbur und Orville Wright den ersten dokumentierten Flug mit einem Motorflugzeug. Zwei Jahre später wird dem Brüderpaar in den USA der erste »Kreisflug« gelingen.

Auch an der politisch-militärischen Front setzen sich die seit Beginn des Jahrhunderts schwelenden Konflikte fort. Insbesondere der Balkan mit seinen innerhalb und außerhalb des habsburgischen »Völkerkerkers« lebenden Ethnien wird sich als zunehmend brisanter Konfliktherd erweisen. Am 3. Oktober 1903 haben Österreich-Ungarn und Russland im Vertrag von Mürzsteg vereinbart, gemeinsam »für Ruhe« auf dem Balkan »zu sorgen«. Doch im Jahr darauf mündet der zwischen Russland und Japan schwelende Konflikt um die Vorherrschaft in Korea und der Mandschurei in einen Angriff Japans auf die russischen Stellungen in Port Arthur und in den Russisch-Japanischen Krieg, den Russland 1905 verliert. Die Probleme mit dem Balkan bleiben Österreich-Ungarn überlassen, das 1906 einen Wirtschaftskrieg gegen das Königreich Serbien vom Zaun bricht. Währenddessen bemühen sich England und Frankreich, die zwischen ihnen in Afrika schwelenden Kolonialkonflikte auszuräumen, indem sie sich 1904 auf eine »Entente Cordiale«[9] verständigen, was wiederum den deutschen Kaiser dazu bewegt, 1905 Tanger zu besuchen, wo er mit seinem unerwarteten Auftauchen die zwei Jahre währende »Marokkokrise« auslöst.

Diese internationalen Spannungen werden in der Familie Castiglionis von einem unerwarteten Ereignis überstrahlt. Nachdem Vittorio Castiglioni seine Hoffnungen auf die Nachfolge Moisè Tedeschis als Oberrabbiner der israelitischen Gemeinde Triests enttäuscht sah, hatte er sich mehr denn je auf seine pädagogische und wissenschaftliche Arbeit konzentriert, Kongresse besucht und sich hin und wieder öffentlich zu Wort gemeldet – zuletzt anlässlich der blutigen Judenpogrome während des Pessachfestes 1903 im russischen Kischinjow. Doch im Frühjahr 1904 wird Vittorio Castiglioni von der Nachricht überrascht, dass er dem verstorbenen Moisè Ehrenreich im Amt des Rabbino Capo (Oberrabbiners) von Italien nachfolgen soll. In einem Sonett mit dem hebräischen Titel *lek lekha mearzekha* vergleicht er sich daraufhin mit Abraham, der einst seine fruchtbare Heimat zwischen Euphrat und Tigris verlassen musste, um dem Gebot Gottes zu folgen. Auch Vittorio Castiglioni bleibt nichts anderes übrig, als mit seiner Frau Giulia und den halbwüchsigen Kindern aus seiner geliebten Heimatstadt Triest nach Rom umzuziehen, um dort am 2. Juli 1904 im Beisein des italienischen Königs Vittorio Emanuele III. als erste Amtshandlung die neue römische Synagoge am Lungotevere de' Cenci zu weihen.

Als zwei Jahre später im Frankfurter Verlag J. Kauffmann unter dem Titel *Crotalia Aurea* eine Sammlung von 126 in Hebräisch verfassten Sonetten des »Victorius Castiglioni Tergestinus« erscheint, haben sich die Koordinaten im Leben des zweitältesten Sohnes Kemiel – alias Camillo – erneut zu verschieben begonnen. Ende 1906 zieht der inzwischen Siebenundzwanzigjährige mit seiner Familie in eine komfortablere Wohnung in der Mariahilfer Straße 109. Im Frühsommer 1907[10] berufen die Gesellschafter der – durch den Erwerb der Semperit Gummiwerke AG zum Konzern gewachsenen – Österreichisch-Amerikanischen Gummiwerke Camillo Castiglioni zu deren Direktor und damit zum Chef von insgesamt 780 Mitarbeitern. Technische Gummiwaren, Isoliermaterial, Dichtungsplatten und Arbeitskleidung sind seit über zehn Jahren die Hauptabsatzträger der Aktiengesellschaft. Daneben beginnen sich die von dem Hannoveraner Gesellschafter Continental Caoutchouc & Gutta-Percha Compagnie AG in das Unternehmen eingebrachten Lizenzen und Patente mehr und mehr zu rentieren. Neben Vollgummireifen, Fahrradluftreifen, Gummibällen, Hufpuffern für Fiakerpferde, Dampf-, Wasser- und Gasschläuchen treten seit 1904 drei neue, in die Zukunft weisende Produkte in den Vordergrund: Automobil-Luftreifen mit Profil, Ballonhüllen und -spannstoffe sowie Reifen für die junge Flugzeugindustrie.

Obwohl erst im Frühjahr 1907 der erste kurze Motor-Testflug in Österreich gelang, hat General Conrad von Hötzendorf, Chef des k.u.k. Generalstabs, bereits die militärische Nutzbarkeit des noch in den Kinderschuhen steckenden Flugwesens im Visier. Schon im Sommer 1907 stellt Hötzendorf einen Plan auf, demzufolge zweihundert Militärflugzeuge beschafft und vierhundert Piloten ausgebildet werden sollen. Tatsächlich lässt die politische Entwicklung in Europa eher auf eine Eskalation der zwischen den Bündnisblöcken schwelenden Konflikte als auf deren baldige Auflösung schließen. Seit dem Beginn des Handelskriegs mit Serbien steht Österreich-Ungarn zunehmend isoliert da. Allein Wilhelm II., von seinem Onkel Edward VII. eben erst zum »glänzendsten Versager der Geschichte« erklärt, hält treu zur Habsburgermonarchie, während sich der russische Zar Nikolaus II. alle Optionen offenhält. So tritt Russland zwar 1907 der »Entente Cordiale« bei (die sich darum nun »Triple Entente« nennt), gesteht aber Österreich-Ungarn ein Jahr später die Annexion der – völkerrechtlich dem Osmanischen Reich zugehörigen – Staaten Bosnien und Herzegowina zu. Im Gegenzug sollte Russland die freie Durchfahrt durch den Bosporus und die Dardanellen erhalten. Am 4. Oktober 1908 verfügt Thronjubilar (sechzig Jahre) Kaiser Franz Joseph mit einem Handschreiben: »Ich habe Mich bestimmt gefunden, die Rechte Meiner Souveränität auf Bosnien und die Herzegowina zu erstrecken und die für Mein Haus geltende Erbfolgeordnung auch für diese Länder in Wirksamkeit zu setzen, sowie ihnen gleichzeitig verfassungsmäßige Einrichtungen zu gewähren.«

Am 5. Oktober 1908 wird die Annexion vollzogen. Proteste folgen nicht allein aus Konstantinopel, sondern vor allem aus dem angrenzenden Serbien, wo man die von Südslawen bewohnten Gebiete traditionell der eigenen Interessensphäre zurechnet.

»Kein modernes Heer ohne Lenkballon«

Im Jahr 1909 verfügt die k.u.k. Luftschifferabteilung noch immer über keinen »Aeroplan«, wie jene zunehmend funktionsfähigen Ein- und Doppeldecker-Motorflugzeuge genannt werden. Während die englische Zeitung *Daily Mail* eintausend Pfund für die erste Ärmelkanal-Überquerung in einem Motorflugzeug auslobt und der siebenunddreißigjährige Ingenieur Louis Blériot sich anschickt, in einer pergamentbespannten, mit Klaviersaiten stabilisierten Holzkonstruktion besagten Preis zu gewinnen, wendet sich die Aufmerksamkeit der Militärführung der Doppelmonarchie zunächst jener erprobten Technologie zu, die vor einem knappen Jahrzehnt am Bodensee ihren Anfang nahm: das lenkbare, zu Aufklärungs- wie zu Kampfzwecken nutzbare Luftschiff. Ausschlaggebend hierfür ist die von Kaiser Franz Joseph ausgegebene Maxime: »Kein modernes Heer ohne Lenkballon!«

Obgleich er den Flugzeugsektor längst als die bedeutsamere Zukunftstechnologie im Visier hat, passt sich Camillo Castiglioni zunächst geschmeidig den Intentionen der k.u.k. Militärführung an. Als folge er einem unfehlbaren Masterplan, setzt er ab 1909 instinktsicher einen erfolgreichen Schritt nach dem anderen. Zugute kommt ihm dabei eine fast kindliche Begeisterung für alles, was rollt, fliegt und von einem Motor angetrieben wird. Gemeinsam mit Alexander Cassinone, dem aus Karlsruhe stammenden Chef der Wiener Niederlassung der Gebrüder Körting AG, mit dem er sich in Konstantinopel angefreundet hat, tritt Castiglioni dem 1901 von Victor Silberer und Franz Hinterstoisser gegründeten Österreichischen Aero-Club bei, lässt sich von Hauptmann Hinterstoisser in die Geheimnisse des Ballonfahrens einweisen und wird nach und nach zu einem der Hauptsponsoren des Clubs. Hier trifft Castiglioni neben Vertretern der Großindustrie, der Banken und des Handels auch hochrangige Vertreter des Militärs und Mitglieder der kaiserlichen Familie – allen voran den flugbegeisterten Erzherzog Leopold Salvator.

Anders als bei diversen Ballon-Höhenflügen folgt Camillo Castiglioni bei seinem unternehmerischen Aufstieg dem Prinzip des größtmöglichen Nutzens bei geringstmöglichem Einsatz an Eigenmitteln. Was immer er ab jetzt anpackt, er tut es »in Gesellschaft«. So gründet er am 23. April 1909 gemeinsam mit dem Wiener Bankverein (Mehrheitsgesellschafter der Österreichisch-Amerikanischen Gummiwerke, der Anglo-Österreichischen Bank und der Budapester Ganz-Danubius AG) und dem Großindustriellen Manfréd Weiss die erste österreichische Firma zum Bau von Luftfahrzeugen – die Motor-Luftfahrzeug-Gesellschaft m.b.H (MLG) – und lässt sich von den Gesellschaftern als Geschäftsführer einsetzen. Stets den Willen der k.u.k Heeresführung im Visier, reist Camillo Castiglioni wenige Tage später nach Paris, um dort die Lizenzen der bis dato ausgereiftesten Lenkballon-Technologie – das »System Julliot-Lebaudy« – zu erwerben. Unmittelbar nach seiner Rückkehr gibt er den Startschuss zum Bau des ersten österreichischen Lenkballons. Die Gummihülle samt Tragekonstruktion soll in den Österreichisch-Amerikanischen

Gummiwerken entstehen, den Motor soll die in Wiener Neustadt ansässige Firma Austro-Daimler beisteuern.

Seit seinem Umzug aus Konstantinopel nach Wien verfolgt Camillo Castiglioni aufmerksam den Aufstieg von Austro-Daimler zu einer der führenden Automobilfirmen der Monarchie. 1899 hatte Eduard Bierenz, ein Freund Gottlieb Daimlers, gemeinsam mit Eduard Fischer, dem kaufmännischen Direktor einer Maschinenfabrik, und zehn Kommanditisten (insgesamt zweihunderttausend Gulden Zeichnungskapital) als Tochtergesellschaft des Cannstatter Daimler-Werkes die Österreichische Daimler-Motoren-Commanditgesellschaft Bierenz Fischer u. Co mit einer Stammbelegschaft von rund siebzig Arbeitern gegründet. 1902 verließ Eduard Bierenz den Betrieb. Als sein Nachfolger übernahm Gottlieb Daimlers Sohn Paul die Geschäftsführung. Unter seiner Ägide gelang eine Reihe technischer, besonders vom Militär nachgefragter Neuentwicklungen, darunter das erste Automobil mit Allradantrieb. 1905 verließ Paul Daimler das Wiener Neustädter Unternehmen, um in der Stuttgarter Muttergesellschaft die Nachfolge Wilhelm Maybachs anzutreten. Etwa zur selben Zeit trennten sich die Wege des Floridsdorfer Automobilherstellers Lohner und seines Chefkonstrukteurs Ferdinand Porsche, dessen »Experimentierwut« und Rennleidenschaft das Unternehmen »eine Million Goldkronen gekostet« hatten, wie Juniorchef Richard Lohner konstatierte. Am 19. Juli 1906 wurde Porsche als Nachfolger Paul Daimlers zum technischen Direktor der Wiener Neustädter Daimler-Motoren-Commanditgesellschaft berufen. 1907 kam es dort zu einer Absatzkrise, in deren Verlauf 480 der 780 Mitarbeiter das Werk verlassen mussten. Als sich 1908 der von dem Gesellschafter Emil Jellinek konzipierte Maya-Wagen überdies als Flop erwies, trennte sich die mittlerweile in Stuttgart-Untertürkheim ansässige Muttergesellschaft von der österreichischen Tochter, die fortan unter der Geschäftsführung ihres Mitbegründers Eduard Fischer als Österreichische Daimler-Motoren-Gesellschaft weiterexistierte.

Das ist die Stunde Camillo Castiglionis. Ungeachtet der Absatzprobleme des Unternehmens sieht Castiglioni vor allem dessen technologisches Potenzial und das Genie seines technischen Direktors Ferdinand Porsche. Im Frühjahr 1909 bietet Castiglioni Daimler-Chef Fischer an, als Direktor in die MLG zu wechseln und im Gegenzug seinen Sitz als Daimler-Geschäftsführer für Castiglioni zu räumen. Als Fischer sich auf den Deal einlässt, hält Camillo Castiglioni – neun Jahre nach dem Aufbruch aus seiner Heimatstadt Triest – die Zügel dreier zukunftsweisender Unternehmen in den Händen, deren Synergie-Potenziale er nun aufeinander einstellen will.

Als Erstes erwirbt der gerade Dreißigjährige über die Motor-Luftfahrzeug-Gesellschaft Ländereien in unmittelbarer Nähe des Daimler-Betriebsgeländes in Wiener Neustadt, um darauf ein Flugfeld sowie zwei Werkstatthallen zum Bau und zur Entwicklung von »Aeroplanen« errichten zu lassen. Eine der beiden Hallen stellt Castiglioni dem Flugpionier Ignaz »Igo« Etrich zur Verfügung, dem einzigen Konstrukteur Österreichs, dessen Motorflugzeuge halbwegs mit der überlegenen französischen Konkurrenz mithalten können. Es ist ein wohldurchdachter Coup, zumal sich Ferdinand Porsches ehemaliger Arbeitgeber Ludwig Lohner seit dem Frühjahr 1909 ebenfalls zunehmend dem Flugzeugbau zuwendet und die Zusammenarbeit mit Etrich sucht.

Am 1. Juli 1909 – einen Tag nachdem er als Ballon-Fahrschüler die 41. »meteorologische Hochfahrt« des Österreichischen Aero-Clubs absolvierte (Höhe: 5050 Meter, Dauer: 2,5 Stunden, Strecke: 79 Kilometer)[11] – wohnt Castiglioni gemeinsam mit Ferdinand Porsche als Zaungast auf dem Wiener Neustädter Flugfeld dem Testflug einer mit einem 40-PS-Motor ausgestatteten Etrich-Taube bei. Besonders Ferdinand Porsche ist fasziniert von dem neuen Dauergast in Wiener Neustadt, der wie er aus Ostböhmen stammt. Kaum ein Tag vergeht, an dem der Automobilkonstrukteur nicht in der Montagehalle des Flugzeugkonstrukteurs auftaucht. Castiglionis Kalkül geht auf. Wenig später verfügt seine Motor-Luftfahrzeug-Gesellschaft neben einer Reihe von Etrich-Patenten über die Lizenz zum Alleinvertrieb der Etrich-Taube in Österreich-Ungarn. Daneben schreitet in Wien-Breitensee und in Wiener Neustadt unverdrossen die Konstruktion des ersten österreichischen Lenkballons voran.

Am 10. Oktober berichtet die *Allgemeine Automobil-Zeitung* über einen »Besuch in den Wiener Neustädter Daimler-Werken«: »Die Redakteure einer Automobil-Zeitung können sich drehen und wenden, wie sie wollen, sie müssen der Luftschiffahrt die Spalten ihres Blattes öffnen, und die Direktoren einer Automobilfabrik müssen die Luftschiffahrt in die Kreise ihrer Konstruktionen ziehen. Vor einigen Tagen nun wurde in den Werken der Oesterreichischen Daimler-Motoren-Gesellschaft der erste Luftschiffmotor fertiggestellt. Er ist von dem Herrn Direktor Ingenieur Porsche konstruiert. Ein Konstrukteur wie Ingenieur Porsche jongliert ja förmlich mit den Elementen der Motorkonstruktion. Der Luftschiffmotor gibt normal bei 1200 Touren 60 bis 70 Pferde. In Anbetracht dieser hohen Leistungsfähigkeit ist das Gewicht des Motors von 400 kg sehr gering.«

Auch die aus Mannesmann-Rohren hergestellte, mit einem Bretterfußboden und zwei Benzinreservoirs ausgestattete Gondel des Lenkluftschiffs findet in dem Bericht Erwähnung, ebenso die mit einer Kette angetriebene Luftschraube. Am Ende weist der Bericht auf das Unglück des französischen Lenkballons mit dem Namen République hin, dessen Flügelblatt während der Luftfahrt wegbrach und die Ballonhülle zerstörte. Um die eventuell aufkeimende Besorgnis der Heeresleitung zu zerstreuen, druckt man in der übernächsten Ausgabe flugs einen weiteren Bericht ab: »Ein Besuch in den Werken der Oesterreichisch-Amerikanischen Gummifabriks-A.-G.«: »Der kommerzielle Direktor der Firma, Herr Castiglioni, ist, wie man weiß, gleichzeitig Direktor der Motor-Luftfahrzeug-Gesellschaft … Die Gummifabrik hat, wenn auch nicht die schwierigere Aufgabe, so doch jedenfalls die verantwortungsvollere. Von der Festigkeit und von der Tragfähigkeit der Hülle hängt bei einem Lenkballon seine Sicherheit und das Leben der Passagiere ab … Die Oesterreichisch-Amerikanische Gummifabrik in Breitensee ist wie keine andere in Oesterreich dazu berufen, den ersten österreichischen Militärballon herzustellen. Sie ist das größte Unternehmen ihrer Art in Oesterreich, und ihre Leiter legen Wert darauf, daß seitens der Fabrik nur tadellose Arbeit geliefert wird. Gegenwärtig ist in der Fabrik der Lenkballon, wenn man so sagen darf, der Clou, hinter dem alle anderen Fabrikationszweige – und sie sind recht mannigfach – zurücktreten … Die ganze Ballonhülle hat eine Längenausdehnung von 49 Meter, der Stoff ist viel kräftiger als der Ballonstoff gewöhnlicher Kugelballons, deren die Gummifabrik in Breitensee bereits eine sehr große Anzahl geliefert hat.«

Tatsächlich steht der für den 26. November 1909 vorgesehenen ersten Testfahrt nichts mehr im Weg. 1897 hatte die k. u. k. Armee erstmals ein Luftschiff versuchsweise in Betrieb genommen, war aber wieder von der noch unausgereiften Technologie abgekommen. Erst nach mehreren Interventionen des Kommandanten der k. u. k. Militär-Aeronautischen Anstalt Franz Hinterstoisser hinsichtlich der militärischen Nutzbarkeit von Luftschiffen und der daraufhin von Kaiser Franz Joseph ausgegebenen Parole hatte die Armee Anfang 1909 mit dem Bau eines Luftschiffhafens in der südöstlich Wiens gelegenen Gemeinde Fischamend[12] begonnen. Zwei Tage nach der ersten, unter Ausschluss der Öffentlichkeit durchgeführten erfolgreichen Testfahrt kommt es am 28. November 1909 vor den Augen der Wiener Bevölkerung und der kaiserlichen Familie zu dem perfekt geplanten Spektakel. Pünktlich um 12 Uhr 30 hebt auf dem Flugfeld in Fischamend das erste Militärluftschiff MI ab. Knapp eine Tonne wiegt die neunundvierzig Meter lange und knapp neun Meter breite, mit 2400 Kubikmeter Wasserstoffgas gefüllte Ballonhülle, eine weitere Tonne die fünfeinhalb Meter lange Gondel samt Motor. Dazu kommen einhundertachtzig Liter Treibstoff, vierzig Kilo

Schmierstoff, Sandsäcke und die knapp mehr als vierhundert Kilogramm wiegende fünfköpfige Besatzung: Oberleutnant Franz von Berlepsch (Hauptruder), Hauptmann Wilhelm Hoffory, Oberingenieur Kiefer (Höhensteuer), Ferdinand Porsche (Aufsicht über den von ihm konstruierten Motor) und Camillo Castiglioni, der mit Porsche inzwischen per Du verkehrt.

Am 5. Dezember räumt die *Allgemeine Automobil-Zeitung* dem Kopf des Unternehmens gleich mehrere Spalten ein: »Die meisten Beobachtungen machte Direktor Castiglioni, denn er war an der Führung des Ballons unbeteiligt und konnte seine Aufmerksamkeit ganz der überflogenen Gegend zuwenden. Er sagte: ›Wir wollten nach Wien fliegen, denn wir wußten wohl, daß uns die Wiener erwarten. Niemals zuvor hat ein Lenkballon Wien überflogen, sofern man von dem Rennerballon absieht, der aber im Moment des Fluges über Wien nichts weniger als lenkbar war. Die vorhergegangenen Fahrten hatten uns gezeigt, daß alles in bester Ordnung war, und wir konnten die Reise vertrauensvoll antreten. Doch etwas aufgeregt waren wir wohl alle, als wir dem Stephansturm entgegenfuhren. Als wir Schwechat erreicht hatten, waren wir schon ruhiger, denn diese Fahrt unterschied sich ja in gar nichts von einer gewöhnlichen Fahrt; der Motor arbeitete ruhig, die Schraube drehte sich gleichmäßig, wir hatten das Gefühl größter Sicherheit. Und jetzt tauchte der mächtige, schöne Stephansturm auf, weit das Gewirr der Häuser überragend. In der Simmeringerstraße sahen wir zahlreiche Menschen stehen und wir erblickten auch die Automobile, in welchen unsere Freunde folgten. Punkt 1 Uhr waren wir in Wien. Wir überflogen den Schwarzenbergplatz, das Häusergewirr der Inneren Stadt und befanden uns alsbald über dem Stephansplatz. Wir sahen die erstaunten Menschen zu uns heraufblicken, und es war komisch anzusehen, wie sie aus dem Café de l'Europe förmlich hervorquollen, um uns zu sehen. Wir machten in etwa 250 Meter Höhe einen Bogen nach rechts, näherten uns dem Donaukanal, wendeten bei der Aspernbrücke und flogen über den Ring bis zur Oper. Zahlreiche Menschen verfolgten

Allgemeine

Automobil-Zeitung.

Allgemeine Flugmaschinen-Zeitung.

Herausgeber: **Felix Sterne** und **Adolf Schmal-Filius.**

Nr. 49. Band II. — Wien, 5. Dezember 1909. — X. Jahrgang.

Der österreichische Militär-Lenkballon I.

Der Parſeval umkreiſt den Stephansturm in Wien. Aufnahme vom Dache eines Hauſes. (Phot. A. Huber.)

Parseval-Umrundung des Stephansdoms –
an Bord Castiglioni und Porsche

unseren Flug. Dann ging es über die Burg und über die Mariahilferstraße nach Schönbrunn, in der Hoffnung, daß der Kaiser vielleicht das Luftschiff zu Gesicht bekäme. Ueber Schönbrunn machten wir einen großen Kreis. Aus fast allen Fenstern des Schlosses sah man zu uns empor und winkte uns Grüße zu. Der Kaiser weilte jedoch um diese Zeit in der Hofburg, wo er den Flug beobachtete. Wir überflogen die Gloriette und hielten dann, nach Umgehung des Laaerberges, direkt auf Fischamend zu. Unterwegs passierten wir zahlreiche Dörfer, in denen wir überall die Einwohnerschaft revolutionierten. Der kleine Zwischenfall bei der Landung war nicht der Rede wert; das Tau war nicht genügend befestigt. Ich muß aber die Geistesgegenwart der Herren, die das Luftschiff bedienten, besonders hervorheben. Jedenfalls konnten wir dem Ringstraßenpublikum die Sache nicht bequemer machen, als indem wir um 1 Uhr mittags über die Ringstraße flogen. Das ist doch Courtoisie.‹«

Vor allem ist es Kalkül! Nur wenige Minuten nach der Landung langt denn auch die Nachricht aus der Kabinettkanzlei des Kaisers ein: »Seine k. u. k. Apostolische Majestät haben die Nachricht über die heutigen Flüge des ersten Militärluftschiffes mit besonderem Interesse allergnädigst zur Kenntnis zu nehmen geruht und danken bestens für die erfreuliche Mitteilung.«

Eine weitere Belohnung folgt, als die *Allgemeine Automobil-Zeitung* ihren Aufmacher der Ausgabe vom 19. Dezember 1909 den Porträts der neu ernannten Kommerzialräte widmet – darunter jenes des dreißigjährigen Camillo Castiglioni: »Der Handelsminister hat am 11. Dezember eine Reihe hervorragender Industrieller und Kaufleute zu Kommerzialräten ernannt … Direktor Camillo Castiglioni leitet die Oesterreichisch-Amerikanische Gummiwarenfabrik seit mehr als zwei Jahren und hat in dieser relativ kurzen Zeit sehr hervorragende Erfolge zu erzielen vermocht. Er gehört wohl zu den jüngsten Direktoren in der automobilistischen Branche, aber auch zu den rührigsten und tüchtigsten. Er wurde vor kurzem auch Direktor der Motor-Luftfahrzeug-Gesellschaft und er war es, der für diese Gesellschaft die Parseval-Patente sowie die Lebaudy-Patente erwarb. Auch an der Spitze dieser Gesellschaft hat er sich ausgezeichnet, denn die erfolgreichen Flüge des ›Parseval‹ sind in bester Erinnerung.« Zum ersten – und für lange Zeit letzten – Mal tritt Camillo Castiglioni damit exklusiv in die Öffentlichkeit.

Zeitenwende

In Wiener Neustadt testet Igo Etrich seine zweite »Taube«, bei der Floridsdorfer Firma Lohner verlässt das erste Motorflugzeug namens Simon I die Montagehalle, die Wiener Droschkenunternehmer schicken sich an, die Fiaker zu verdrängen, und international wird ein Luftfahrtrekord nach dem anderen gebrochen, jagt eine spektakuläre Entwicklung die nächste.[13] Camillo Castiglioni dagegen zieht sich in dieser Zeit mehr und mehr hinter die Kulissen zurück.

Bereits Ende 1909 hat er seine Privatadresse im siebten Bezirk gegen eine standesgemäße Anschrift an der Wiener Ringstraße (Stubenring 20) eingetauscht. Gelegentlich ist sein Name in der Automobil- und Flugpresse zu lesen – etwa wenn über Empfänge des Oesterreichischen Automobil Clubs (dessen förderndes Mitglied Castiglioni selbstverständlich ist) berichtet wird, oder wenn Camillo Castiglioni während einer Flugschau von Kaiser Franz Joseph scheinbar beiläufig gefragt wird, ob denn seine »Motor-Luftfahrzeug-Gesellschaft viel zu tun« habe. Dem Parseval – wie das Militärluftschiff MI genannt wird – lässt das Tandem Castiglioni/Porsche noch ein verbessertes zweites (neunundsechzig Meter Länge, 3200 Kubikmeter Wasserstoffgas) Luftschiff (MII) folgen, bevor sich beide[14] jenen Sparten zuwenden, denen militärstrategisch die Zukunft gehört: der Kraftfahrzeug- und der Flugzeug-Entwicklung.

Am 1. Januar 1911 wohnen Ferdinand Porsche und Camillo Castiglioni dem Start des von der Gebrüder Körting AG und den Vereinigten Gummiwerken Harburg-Wien unter der Regie von Castiglionis

Freund Alexander Cassinone erbauten dritten Militärluftschiffs MIII in Fischamend bei. Dreieinhalb Jahre lang wird das mit einer Reichweite von fünfhundert Kilometern leistungsfähigste Militärluftschiff der Monarchie durch den Luftraum paradieren, bevor es am 20. Juni 1914, von einem Militärflugzeug gerammt, in Flammen aufgehen wird.

Am 8. Januar 1911 stirbt in Rom Camillo Castiglionis Vater Vittorio im Alter von nur einundsiebzig Jahren. Mehr als sein unkonventionelles Wirken an der Spitze der jüdischen Gemeinde Italiens erregt der letzte Wille des »Rabbino Capo« die Gemüter: Dem Vorbild seines 1898 verstorbenen Mentors Moisè Tedeschi folgend, verfügte Vittorio Itzak Haim Castiglioni testamentarisch, dass man ihn nach seinem Tod einäschern solle. Der Wunsch stößt viele vor den Kopf, und besonders der Turiner Rabbiner Ermanno Friedenthal bestreitet, dass die Verfügung mit den heiligen Schriften im Einklang stehe. Dennoch wird dem letzten Willen Vittorio Castiglionis stattgegeben. Der Sohn einer Ex-Schülerin Vittorio Castiglionis aus dem Liceo femminile in Triest wird später resümieren: »Ein besonderer Tribut gebührt Castiglioni für die perfekte Beherrschung der hebräischen Sprache in Prosa und Poesie … Was die jüdische Wissenschaft im weiteren Sinne angeht, besteht sein Verdienst im Sammeln und der Veröffentlichung bis dato unveröffentlichter Schriften und wissenschaftlicher Arbeiten von Rabbinern und italienischen jüdischen Lehrern des 19. Jahrhunderts, deren Schriften sonst unbekannt geblieben wären. Mit seinem Tod ist einer der letzten Exponenten einer vergangenen Generation italienischer Rabbiner verschwunden.«

Im Dezember 1907 hatte sich Vittorio Castiglioni öffentlich zu Wort gemeldet, als er einen antisemitischen Vortrag des Wiener Bürgermeisters Karl Lueger[15] an der Universität Wien kommentierte: »An eine Universität in dem Sinne, wie sie die Christlichsozialen für sich beanspruchen, würden die Juden nie denken, weder würden sie eine solche fordern noch je einrichten. An dem Tag, an dem sie einen eigenen Staat haben werden, werden sie, soviel steht fest, die bedeutendsten Wissenschaftler einladen, an ihren Universitäten zu lehren – unabhängig von ihrer Nationalität oder Religion.«

Viermal hatte Kaiser Franz Joseph die Ernennung des seit 1895 jeweils mit großer Mehrheit zum Bürgermeister gewählten Karl Lueger abgelehnt. Erst als sich im Frühjahr 1897 Papst Leo XIII. mit einer entsprechenden Bitte an den Kaiser einschaltete, gab dieser dem allgemeinen Drängen nach. Bereits 1888 hatten sich bei den Wiener Gemeinderatswahlen Deutschnationale und Christlichsoziale zur Wählergemeinschaft »Vereinigte Christen« zusammengeschlossen. Zu ihrem Führer hatten sie den Juristen Karl Lueger gewählt, der die unartikulierten antisemitischen Ressentiments populistisch aufgriff und wortgewaltig zu schüren verstand. Es war die Zeit, da sich der traditionell religiös geprägte Antijudaismus in Wien rassistisch-kulturell zu wandeln begann. Aus den »Christus-Mördern« wurden nun jene gemacht, die sich vor allem soziokulturell von der Masse der Bevölkerung unterschieden und denen man fortan reflexhaft die Schuld an den sozialen Missständen zuwies. Gleichgültig ob »jüdischer Spekulant« oder »jüdischer Hausierer«: Ungeachtet der auf Ausgleich bedachten Haltung des Kaisers benutzten christlichsoziale Politiker das »Anders-Sein« der Juden als willkommene Projektionsmöglichkeit, aus der sich politisches Kapital schlagen ließ.

»Hier in unserem Vaterlande Österreich liegen die Verhältnisse so, daß sich die Juden einen Einfluß erobert haben, der über ihre Zahl und Bedeutung hinausgeht«, hatte Bürgermeister Karl Lueger 1899 in einer Versammlung des christlichsozialen Arbeitervereins behauptet: »In Wien muß der arme Handwerker am Samstag Nachmittag betteln gehen, um die Arbeit seiner Hände zu verwerten, betteln muß er beim jüdischen Möbelhändler. Der Einfluß auf die Massen ist bei uns in den Händen der Juden, der größte Teil der Presse ist in ihren Händen, der weitaus größte Teil des Kapitals und speziell des Großkapitals ist in Judenhänden und die Juden üben hier einen Terrorismus aus, wie er ärger nicht gedacht werden kann. Es handelt sich darum in Österreich vor allem um die Befreiung des christlichen Volkes aus der Vorherrschaft des Judentums.«

Was nutzte es den solcherart Gebrandmarkten, wenn der von den Massen verehrte Lueger neun Jahre später jovial meinte: »Ja, wissen S', der Antisemitismus is' a sehr gutes Agitationsmittel, um in der Politik hinaufzukommen; wenn man aber amal oben is', kann man ihn nimmer brauchen, denn des is' a Pöbelsport!« Der Keim seiner aufhetzenden Reden war in den Köpfen aufgegangen. 1924 wird sich ein gewisser Adolf Hitler in seinem Buch *Mein Kampf* an Luegers Auftritte erinnern: »Jedenfalls lernte ich langsam den Mann und die Bewegung kennen, die damals Wiens Schicksal bestimmten: Dr. Karl Lueger und die christlich-soziale Partei. Als ich nach Wien kam, stand ich beiden feindselig gegenüber. Der Mann und die Bewegung galten in meinen Augen als ›reaktionär‹. Das gewöhnliche Gerechtigkeitsgefühl aber mußte dieses Urteil in eben dem Maße abändern, in dem ich Gelegenheit erhielt, Mann und Werk kennenzulernen; und langsam wuchs die gerechte Beurteilung zur unverhohlenen Bewunderung. Heute sehe ich in dem Manne mehr noch als früher den gewaltigsten deutschen Bürgermeister aller Zeiten.«

Unter dem Druck der antijüdischen Ressentiments einerseits, andererseits aufgrund der Emanzipation im 19. Jahrhundert hatten sich seit den späten 1880er Jahren immer mehr Wiener Juden zum Austritt aus der israelitischen Religionsgemeinschaft entschlossen. Seit dem Erlass der Interkonfessionellen Gesetze im Mai 1868 bedurfte es dazu nur mehr einer einfachen Erklärung unter Angabe des Namens, des Geburtsdatums, der Herkunft, der Adresse und des Berufs. Eine Begründung war obsolet. Seit 1892 wurde der Austritt per »Rathschlag« des jeweils zuständigen Bezirksamtes bestätigt. Wer wollte, konnte sich auf der Basis dieses Schriftstücks zum Christen taufen lassen.

Ein Jahr lässt Camillo Castiglioni nach dem Tod seines Vaters verstreichen, bevor er 1912 dem Beispiel so prominenter Zeitgenossen wie Alfred Adler, Peter Altenberg, Gustav Mahler oder Otto Weininger folgt (insgesamt gab es zwischen 1868 und 1914 knapp achtzehntausend Austritte aus dem Judentum) und zum evangelischen Glauben übertritt. Seine Frau Alaïde vollzieht diesen Schritt nicht mit. Noch im selben Jahr wird die neun Jahre zuvor nach jüdischem Ritus geschlossene Ehe geschieden. Es ist das Jahr, in dem die aus Mödling stammende siebzehnjährige Zahnarzttochter Iphigenie Buchmann am Wiener Hofburgtheater in George Bernard Shaws Komödie *Cäsar und Cleopatra* in der weiblichen Titelrolle debütiert.

Zwölf Jahre nach seinem Aufbruch aus Triest und zehn Jahre nach seinem Wechsel von Konstantinopel in die Donaumetropole Wien findet sich Camillo Castiglioni innerlich und äußerlich gewandelt wieder. Kein Schnauzbart stört mehr die glatte Gesichtssilhouette. Seine exklusive Privatadresse beweist, dass er in Wien ganz oben angelangt ist. Vor allem steht er dem Machtzentrum der Monarchie nah. Als förderndes Mitglied des Aero-Clubs und des Automobilclubs pflegt er regelmäßigen Umgang mit diversen Erzherzögen, als Geschäftsführer dreier militärnaher Technologiekonzerne steht er auf vertrautem Fuß mit der k.u.k. Generalität. 1911 wuchs die Belegschaft der Wiener Neustädter Daimler-Werke auf über eintausend Mitarbeiter. Ab dem selben Jahr darf Daimler den Doppeladler in das Firmenlogo integrieren und schließt sich mit den Pilsener Škoda-Werken zu einer Interessengemeinschaft zusammen – eine Verbindung, die sich für den rastlosen Netzwerker Camillo Castiglioni in den folgenden Jahren als zunehmend nützlich erweisen wird. Gleichfalls 1911 erscheint unter Castiglionis fördernder Mitwirkung im Wiener Verlag Georg Szelinski das *Buch des Fluges*. Darin findet auch die Firma des traditionellen »Wagenfabrikanten« und ehemaligen Porsche-Arbeitgebers Ludwig Lohner ihren Platz.

Seit 1910 arbeitet Camillo Castiglioni mit Lohner zusammen. Als die Kapazität der MLG zum Bau der Etrich-Tauben nicht ausreichte, gab er erstmals fünf Flugzeuge bei Lohner in Auftrag. Im April 1911 feiert Lohner die Errichtung seiner neuen, sechzehn mal siebzig

Camillo Castiglioni (rechts) auf der Ersten österreichischen Flugwoche

Meter großen Flughalle mit einem »aviatischen Fest«, zu dem sich auch die Erzherzöge Franz und Leopold Salvator die Ehre geben. Statt die Lohner-Werke als lästige Konkurrenz für die MLG zu begreifen, sucht Castiglioni den Schulterschluss mit dem Floridsdorfer Flugpionier. Anfang Oktober 1911 organisieren sie in Wiener Neustadt gemeinsam die »Erste österreichische Flugwoche«. Neben Lohner, dem Kaiser und Erzherzog Karl (der später letzte Kaiser der Donaumonarchie) lässt sich »Generaldirektor« Castiglioni in der Kaiserloge fotografieren, bevor er einen Monat danach die goldene Verdienstmedaille des Aero-Clubs entgegennimmt.

Zuerst geben, um später umso ungehinderter nehmen zu können – so etwa ließe sich jene unausgesprochene Devise formulieren, der Camillo Castiglioni seit Jahren instinktsicher folgt. So lässt er den ersten Flugzeugbestellungen des Jahres 1910 eine Reihe weiterer Aufträge folgen, bevor er Ludwig Lohner am 6. September 1912 zu einem Exklusivvertrag bewegt, »demzufolge die Lohnerwerke alle bei der MLG bestellten Flugzeugserien bauen«, wofür den Lohner-Werken fünfzehn Prozent vom Reingewinn zugesichert werden. Darüber hinaus übernimmt die MLG zwei Drittel der Kosten des Lohner'schen Flugzeugkonstruktionsbüros. Mit dieser scheinbar großzügigen Geste erlangt Camillo Castiglioni indes den Zugriff auf das Konstruktionsbüro und dessen zunehmend erfolgreiche Eigenkonstruktionen.

Am 27. Oktober 1912 ist in der *Allgemeinen Automobil-Zeitung* die lapidare Meldung zu lesen: »Die bulgarische Heeresverwaltung hat acht Aeroplane bei der Oesterreichischen Motorluftfahrzeug-Gesellschaft bestellt. Sie müssen im Laufe des Oktobers geliefert werden.« Geprägt ist dieses Jahr vom Untergang des Luxusliners Titanic im April und von militärischen Auseinandersetzungen, die als »Balkankriege« im Herbst die europäischen Schlagzeilen bestimmen. Deren Auswirkungen werden anderthalb Jahre später in den Großen Krieg münden. Für Camillo Castiglioni, Ferdinand Porsche, Igo Etrich, Ludwig Lohner und die meisten anderen Flug- und Automobilkonstrukteure nördlich und südlich der Donau sowie östlich und westlich des Rheins lautet daher ab jetzt die Devise: »Kriege werden künftig mit Motorkraft geführt und aus der Luft gewonnen werden.«

3. DER GROSSE KRIEG

Der Luftfahrtunternehmer

Unbeachtet von der europäischen Öffentlichkeit verwandelte sich der Balkan seit der völkerrechtswidrigen Annexion Bosniens durch Österreich-Ungarn am 5. Oktober 1908 nach und nach in ein Pulverfass. Während sich die Autonomiebestrebungen innerhalb des habsburgischen »Völkerkerkers« intensivierten, motivierte Russland Bulgarien und Serbien 1912 zur Bildung des Balkanbunds, dem sich wenig später auch Griechenland und Montenegro anschlossen. Neben der Stärkung seines Einflusses auf dem Balkan ging es dem russischen Zaren dabei – auch und vor allem – um die Kontrolle des Mittelmeerzugangs durch die Dardanellen, die Meerenge zwischen der europäischen Halbinsel Gallipoli und dem asiatischen Nordwest-Anatolien. Dabei zielte seine Strategie weniger auf eine direkte Konfrontation mit Wien als darauf, die nach Befreiung vom osmanischen Einfluss drängenden Balkanstaaten zu unterstützen und damit zugleich die Position der österreichisch-ungarischen Monarchie zu schwächen. Ende September 1912 standen knapp eine halbe Million gut gerüstete serbische, griechische, bulgarische und montenegrinische Soldaten einer mit zweihundertneunzigtausend Mann nicht nur zahlenmäßig, sondern auch technisch unterlegenen osmanischen Balkan-Armee gegenüber. Zudem waren die osmanischen Streitkräfte durch die soeben erst erlittene Niederlage gegen Italien[16] geschwächt. Nach der Kriegserklärung Montenegros an Konstantinopel Anfang Oktober zeichnet sich bereits im November die voraussichtliche Niederlage der osmanischen Verbände gegen die alliierten Balkanländer ab.

Eine Entwicklung, die prompt auch im fernen Potsdam die nach Krieg dürstenden »Hardliner« auf den Plan ruft.

»Ich halte einen Krieg für unvermeidlich – je eher, desto besser«, rät Generaloberst Helmuth von Moltke vor versammelter Admiralität und den obersten Generälen Kaiser Wilhelm II. Doch bevor in Potsdam konkrete Pläne zum Eingreifen zwischen Adria und Bosporus reifen, sind die dortigen Schlachten bereits geschlagen. Ein halbes Jahr nachdem sich im November 1912 mit Albanien ein weiteres Land von Konstantinopel unabhängig machte, bittet die türkische Militärführung um Waffenstillstand. Am 30. Mai 1913 kommt es unter dem Patronat der europäischen Großmächte in London zu einem Friedensvertrag, mit dem die Osmanen auf sämtliche westlich des Schwarzmeerstädtchens Midia und der ostthrakischen Stadt Enez liegenden Gebiete verzichten. Darüber hinaus fällt Kreta erstmals seit der Zeit des Hellenismus wieder Griechenland zu. Während Hunderttausende Muslime aus den verlorenen Balkangebieten in Richtung Konstantinopel flüchten und sich die vormals muslimische Kultur auf dem Balkan zur christlichen wandelt, stehen die Zeichen im Südosten Europas weiterhin auf Krieg.

Mit der Eröffnung einer MLG-Niederlassung in Berlin leitet Camillo Castiglioni 1912 eine neue Phase der Expansion ein. Zwei Monate nachdem er die Lohner-Werke durch einen Exklusivvertrag an sich gebunden hat, gründet Camillo Castiglioni am 6. November 1912 gemeinsam mit Ludwig Lohner, der Budapester Ganz & Co. und dem ungarischen Großindustriellen Manfréd Weiss in Budapest ein weiteres Luftfahrtunternehmen: die Ungarische Flugzeugwerke AG – kurz: Ufag.

Dreiundsiebzig Aktienbanken gibt es 1913 in Wien – doppelt so viele wie dreizehn Jahre zuvor. Besonders aus Deutschland, Holland, Frankreich, England und Belgien strömt anlagewilliges Kapital nach Wien. Neben Auslandsaufträgen sorgen bei den von Castiglioni geführten Unternehmen Bestellungen der Heeresverwaltung für volle

Auftragsbücher. So erreicht etwa die Belegschaft von Austro-Daimler Anfang 1913 ihren historischen Höchststand: Tausenddreihundert Mitarbeiter erzeugen dort neben Pkws, Flugzeug- und Automotoren mehr und mehr militärisch nutzbare Fahrzeuge wie Lkws und Geschützlafetten. Bereits ein Jahr bevor sich der Konflikt auf dem Balkan zum Weltbrand entzündet, arbeitet die Entwicklungsabteilung unter Ferdinand Porsche fieberhaft an Geschützzügen, mit denen sich bis zu dreihundertachtzig Kilogramm schwere Mörsergranaten mühelos durch gebirgiges Gelände transportieren lassen. Auch in den Lohner-Werken konzentriert sich die Aufmerksamkeit der Ingenieure zunehmend auf die Entwicklung von Kampfflugzeugen. So laufen dort etwa im Sommer 1913 erstmals Versuche mit einem – vom »Beobachtersitz« hinter dem Piloten aus zu bedienenden – Maschinengewehr, während gleichzeitig die Entwicklung eines von der MLG in Auftrag gegebenen Flugboots voranschreitet.

Zwischen Budapest und Wien lockt eine Flugschau nach der anderen Zigtausende Zuschauer mit spektakulären Flugmanövern, Fallschirmsprüngen und gelegentlichen Bruchlandungen. Technologiebegeisterung und patriotisches Pflichtgefühl mobilisieren neue Antriebskräfte. Auch aus branchenfremden Bereichen fließt Geld in die Förderung der heimischen Luftfahrt. So stellen im Frühjahr 1913 die aus Aussig (Sudetenland) stammenden Seifenfabrikanten Georg und Heinrich Schicht dem k.k. Österreichischen Aero-Club und dem k.k. Österreichischen Flugtechnischen Verein einhunderttausend Kronen für die Veranstaltung eines Rundflugs über Österreich-Ungarn zur Verfügung. Am Wettbewerb nehmen allein sieben Flugzeuge der MLG und der Lohner-Werke teil.

Dass Camillo Castiglioni dank der österreichischen Daimler-Werke, der MLG, Lohner sowie seiner Zusammenarbeit mit Igo Etrich und dem Stahlfabrikanten Karl von Škoda inzwischen seine Finger in fast allen kriegswichtigen Produktionssparten hat (vom Kampfflugzeug bis zum militärischen Nutzfahrzeug), erregt in der Militärführung jedoch nicht nur Bewunderung. Wäre sich Castiglioni nicht der allerhöchsten Wertschätzung durch den Kaiser sicher, würde es vermutlich nicht bei jenem murrenden Boykott des für den Flugzeugankauf zuständigen Kommandeurs der k.u.k. Luftschifferabteilung Emil Uzelac bleiben. Als dieser die seiner Ansicht nach »überhöhten« Gewinne der MLG mit einem vorübergehenden Auftragsstopp quittiert, reagiert Camillo Castiglioni postwendend, indem er nach dem Muster der MLG die Deutsche Aero-Gesellschaft (DAG) gründet und seine internationalen Aktivitäten demonstrativ ausweitet. Am 6. Juni 1913 schaltet sich Kaiser Franz Joseph selbst ein, indem er auf dem Flugfeld von Aspern »Generaldirektor« Castiglioni demonstrativ vor Pressereportern anspricht: »In Zukunft wird es hoffentlich zahlreiche Aufträge für die MLG geben.«

Tags darauf sind die Beziehungen zu den Beschaffungsstellen der Armee wieder im Lot. Dabei sind es längst nicht mehr nur die im Aero-Club und im Automobilclub gepflegten Kontakte, die Castiglionis Position sichern, sondern sein auf Präzision und Zuverlässigkeit gerichteter Ehrgeiz. Schon jetzt arbeitet Castiglioni mit den besten Konstrukteuren und potentesten Geldgebern der Monarchie zusammen. Darüber hinaus bemüht er sich ohne Unterlass, den Entwicklungsvorsprung Frankreichs, Englands und Deutschlands durch Patenterwerb und Lizenzkäufe einzuholen. Ab Ende 1913 reist Camillo Castiglioni immer öfter nach Berlin.

Wie in Wien hat es auch in der deutschen Metropole seit dem Ende des 19. Jahrhunderts einen tiefgreifenden soziokulturellen Wandel gegeben. Um den Kurfürstendamm residieren rund einhundertzwanzig Millionäre. In Potsdam steht die zweiundsechzig Rangstufen umfassende »Hofrangordnung« für ein auf Bewahren der tradierten Macht gerichtetes System. An der Spitze rangiert das Militär, an der Spitze des Militärs der Adel. Desgleichen fest in Adelshand sind Politik, Diplomatie und höhere Verwaltung. Ungeachtet der aufstrebenden Wirtschaftselite und des Bildungsbürgertums erscheint ein bürgerlicher Reichskanzler in Deutschland undenkbar. Dafür gerät die ständische Gliederung unterhalb der herrschenden Schicht umso mehr ins Rutschen. Allenfalls ein Fünftel der Arbeiter schafft den sozialen Aufstieg als Handwerker, Händler und Beamte. Ein weiteres Fünftel erklimmt über eine günstige Heirat die nächsthöhere Stufe. Dem Bürgertum aber ist – ähnlich wie in der Habsburgermonarchie – der Aufstieg in Adelskreise zumeist verwehrt. Was dem erodierenden Mittelstand da wie dort bleibt, sind Frustration und Absturzängste sowie die Flucht in die sogenannte »Rang-Mimikry« mittels Titelschwemme, Nachahmung feudaler Attitüde und übersteigerten Patriotismus.

Im Oktober 1913 kommt es vor dem Königlich Bayerischen Notariat München II zur Gründung der Rapp-Motorenwerke GmbH. durch Maschinenbau-Ingenieur Karl Rapp und Generalkonsul Julius Auspitzer. Zwei Jahre zuvor hat Rapp mit einigen Freunden einen Holzschuppen im Norden Münchens bezogen, das Unternehmen als »Flugwerk München« bezeichnet und mithilfe von sechs Arbeitern einen ersten Flugmotor entwickelt.

Camillo Castiglioni ist über die aktuelle Entwicklung der Branche bestens im Bilde. So entgeht ihm auch nicht, dass sich in der brandenburgischen Gemeinde Briest soeben ein neues Flugzeugwerk anschickt, in den Wettbewerb um lukrative Militäraufträge einzutreten: die von Igo Etrich und dem Berliner Kommerzialrat Gottfried Krüger gegründete Brandenburgische Flugzeugwerke GmbH. Als Chefkonstrukteur agiert dort – in einer gegen Wind und Regen nur notdürftig geschützten Baracke – seit dem Frühjahr 1914 der aus Württemberg stammende sechsundzwanzigjährige Maschinenbau-Ingenieur Ernst Heinkel. 1908 hat Heinkel nahe seiner Heimatstadt Stuttgart ein Zeppelinunglück miterlebt und begriffen, dass diese Technologie keine Zukunft hat. 1910 baute er in Eigenregie sein erstes Flugzeug – eine Doppeldeckerkonstruktion nach Plänen des französischen Luftfahrtpioniers Henri Farman. Ein Jahr später stürzte Heinkel mit einer Eigenkonstruktion aus vierzig Metern Höhe ab und verletzte sich schwer. Kaum genesen, entwickelte er ein verbessertes Exemplar des Farman-Doppeldeckers und machte damit die Direktoren der Albatros-Werke in Berlin-Treptow auf sich aufmerksam, die ihn unmittelbar darauf engagierten. 1912 schließlich hob in Treptow die erste Eigenkonstruktion Heinkels vom Boden ab: ein Aufklärungsflugzeug mit der Bezeichnung Albatros B.II.

Nachdem es 1914 – am 9. März und am 28. April – in der Nähe Wiens aufgrund von Flügelbrüchen zu spektakulären Abstürzen zweier Lohner-B-Flugzeuge kam, bei denen alle Insassen ihr Leben verloren, erscheint der junge Flugzeugkonstrukteur Camillo Castiglioni[17] als Hoffnungsträger im Hinblick auf technologischen Vorsprung und zunehmende Sicherheit. Anfang Juni 1914 reist Castiglioni nach Berlin. Zwei Tage später erhält Ernst Heinkel einen Brief, der – so Heinkel später in seinen Lebenserinnerungen *Stürmisches Leben* – »aus dem Rahmen des gesamten übrigen Posteingangs herausfiel«, zumal ihm »derart feines Papier« noch nie zuvor »unter die Augen gekommen« war. Als Absender prangen auf Umschlag und Briefbogen lediglich die Initialen: »C. C.« »Sehr geehrter Herr Heinkel«, heißt es darin, »ich würde mich freuen, Sie am 5. Juni nachmittags, zu einer Ihnen genehmen Zeit, in meinem Appartement Nr. 401, Hotel Adlon in Berlin, begrüßen zu dürfen.«

Neugierig begibt sich Heinkel zum vorgeschlagenen Zeitpunkt in die nahe Reichsmetropole und betritt das »vornehmste, schönste und modernste Haus«, das Berlin zu bieten hat. Nachdem ihn der Portier – »ein Turm von Würde und Vornehmheit« – über die Identität Castiglionis aufgeklärt hat (»Herr Castiglioni ist Österreicher und Millionär. Er besitzt Industriewerke und Flugzeugfabriken«), führt ihn ein Page in den vierten Stock. Aus Heinkels unmittelbar nach dieser ersten Begegnung mit Castiglioni verfassten Gesprächs- und Erinnerungsnotizen, die später in seine Lebenserinnerungen einfließen, wird deutlich, welche Rolle Camillo Castiglionis Gespür für Inszenierung bei seinem weiteren Aufstieg spielt: »Im Appartement 401 empfing mich ein Herrschaftsdiener in Schwarz mit weißen

Handschuhen. Er bat mich, in einem Salon Platz zu nehmen. Dann verschwand er, kam gleich darauf zurück und öffnete mir die Tür zu einem Raum, in dem unter anderem ein großer Schreibtisch stand. Hinter ihm erhob sich ein ziemlich kleiner Mann, breitschultrig, von gepflegter Eleganz ... mit einer schwarzen Perle an der Krawatte. Das Ungewöhnliche waren sein Kopf und sein Gesicht. Dieses nach landläufigen Begriffen sicherlich nicht schöne Gesicht war so anziehend, dass jedes ›schöne‹ Gesicht davor verblasste. Das schwarze Haar war eng an den Kopf gekämmt. Die Augen sahen mich auf eine wissende und durchdringende Art an. ›Camillo Castiglioni‹, stellte sich mein Gegenüber vor, ›ich freue mich, dass Sie gekommen sind.‹ Er sprach ein fließendes Deutsch mit einem leichten südländischen Unterton. Aber in der Stimme war ein ausgesprochener Zauber.«

Jahre später wird Heinkel dem um neun Jahre Älteren gestehen, dass er ihn in diesem Moment »auf irgendeine Weise gefangen genommen hatte« und dass er »erst aufwachte«, als er die Frage hörte: »Herr Heinkel, ich möchte Sie engagieren. Welche Bedingungen stellen Sie?« Als der Angesprochene nicht reagiert, setzt Castiglioni nach: »Herr Heinkel. Ich will keine langen Vorreden halten. Ich habe in Österreich und Ungarn im Einvernehmen mit dem Luftfahrtarsenal zwei Flugzeugwerke gegründet. Aber mir fehlt der Konstruktionsdirektor. Ich habe mich über Sie genau informiert. Sie wären der Mann, den ich brauche. Ich engagiere Sie mit 100 000 Kronen Jahresgehalt.«

Heinkel erzählt weiter: »Castiglioni sah mich etwas überrascht an, als er nicht sofort mein ›Ja‹ hörte. Seine Überraschung wurde noch größer, als ich etwas gestelzt erklärte: ›Ich kann die Brandenburgischen Flugzeugwerke nicht verlassen, ohne dass diese Werke zusammenbrechen. Für die Brandenburgischen Flugzeugwerke hängt doch alles von den Flugzeugen ab, an denen ich jetzt arbeite.‹ Castiglioni sah mich ein paar Sekunden schweigend an. Dann entzündete er eine Zigarette und sagte geheimnisvoll: ›Herr Heinkel, das tut mir leid. Aber Sie werden in acht Tagen wieder von mir hören.‹«

Heinkel im Zweidecker über dem Cannstatter Wasen

Als Heinkel eine Woche später bereits glaubt, Castiglioni habe bei ihrem Abschied »eine nichtssagende Redensart gebraucht«, wird er von Gottfried Krüger, dem Direktor und Mehrheitsgesellschafter der Brandenburgischen Flugzeugwerke, in dessen Büro gebeten: »Herr Heinkel, ich habe Ihnen mitzuteilen, dass ich gestern meine Anteile an den Brandenburgischen Flugzeugwerken an Herrn Camillo Castiglioni aus Wien verkauft habe.«

Am nächsten Tag hält Heinkel erneut eine mit »C. C.« signierte Einladung in das Hotel Adlon in Händen, der er umgehend folgt. »Da ich Sie nicht selbst engagieren konnte«, eröffnet ihm Castiglioni, »musste ich die ganze Fabrik mit Ihnen kaufen. Das hat mich eine Menge Goldmark gekostet. Ich hoffe, Sie sind so viel wert.«

Es ist – so Heinkel später – der Beginn einer »Zusammenarbeit, der ich unendlich vieles zu verdanken habe an Arbeitstempo, an geschäftlichen und finanziellen Erkenntnissen, aber auch menschlichen

Einsichten.« Als Ernst Heinkel das Adlon verlässt, ahnt er nicht, »dass Camillo Castiglioni trotz seiner Erfolge erst am Anfang eines noch viel gewaltigeren Aufstieges« steht. Immerhin hatte Heinkel bereits begriffen, dass er »einem Menschen gegenüberstand, der auf eine ungewöhnliche Art und Weise zwei Dinge in sich vereinte, eine große menschliche Persönlichkeit und einen Geschäftsmann und Rechner von einer Klarheit, wie ich sie in meinem späteren Leben niemals wiederfand«.

Unterdessen verdichten sich 1913 die Vorzeichen eines großen europäischen Konflikts. Wer gehofft hatte, dass mit dem Londoner Vertrag die Konflikte am Balkan gelöst seien, sah sich bereits vier Wochen später enttäuscht. Nach diplomatischen Streitigkeiten zwischen den alliierten Gewinnern des Balkankriegs um die Verteilung der ehemaligen osmanischen Territorien griffen bulgarische Truppen am 29. Juni ohne Kriegserklärung griechische und serbische Verbände bei Saloniki und Serres an. Zehn Tage später antworteten Griechenland und Serbien mit einer Kriegserklärung an Bulgarien. Am 10. Juli schloss sich Rumänien dem Bündnis an. Am 11. Juli 1913 erkannte das Osmanische Reich die Chance, einen Teil der verlorenen Gebiete zurückzuerhalten, und stellte sich flugs auf die Seite der Griechen und Serben. Tatsächlich musste sich Bulgarien bereits einen Monat später geschlagen geben und sämtliche eroberte Gebiete an Serbien, Griechenland, Rumänien und das Osmanische Reich abtreten. Trotzdem schwelten die ethnisch, religiös und national befeuerten, von Freischärlern mit Waffengewalt betriebenen Konflikte auf dem Balkan weiter. Als sich schließlich Russland im Spätsommer 1913 in die Friedensverhandlungen einschaltete, um Bulgarien den verlorenen Zugang zur Ägäis wieder zu ermöglichen, setzte sich der Konflikt zwischen Bulgarien und Griechenland fort.

Hätten Deutschland und Italien die Regierung Österreich-Ungarns nicht von einer Intervention zugunsten Bulgariens abgehalten, hätte sich möglicherweise bereits die Balkankrise 1912/13 aufgrund der Implikation des mit Großbritannien und Frankreich verbündeten Russlands zum europäischen Flächenbrand ausgeweitet. So ging Serbien als vorläufiger Sieger aus dem Konflikt hervor, allerdings nach wie vor ohne über den ersehnten Adria-Zugang zu verfügen. Im Vielvölkerreich der Habsburger führte indes die Balkankrise zu einer Zuspitzung der Nationalitätenprobleme zwischen den slawischen Minderheiten und der Regierung in Wien. Als »Drahtzieher« machte man in der Wiener Hofburg die Regierung in Belgrad mit ihren »großserbischen« Bestrebungen aus. So sieht es ein wachsender Teil der österreichischen Presse ab dem Frühjahr 1914 als seine Aufgabe an, die Ressentiments gegen Serbien und dessen wichtigsten Verbündeten zu schüren. Schlagzeilen wie »Moskowitische Hetze« »Serbische Unverschämtheit«, »Ständige Affronts« oder »Gefährdete Sicherheitszonen« wechseln einander ab und kulminieren schließlich in der Forderung nach »geeigneten Gegenmaßnahmen«.

Als am 20. Juni 1914 das von Körting-Generaldirektor Alexander Cassinone mitkonstruierte Militärluftschiff MIII bei Fischamend aus vierhundert Metern Höhe in die Tiefe stürzt und alle Insassen sterben, ist das Schicksal der k. u. k. Militär-Luftschifffahrt besiegelt. Knapp zwei Wochen bevor er nach Berlin reiste, um Heinkel zu engagieren, hatte Camillo Castiglioni die Geschäftsführung der in Wien-Stadlau ansässigen Österreichischen Albatros-Werke übernommen. Anders als von Ernst Heinkel berichtet, setzt Castiglioni beim Erwerb von Unternehmen gerade so viel eigenes Geld ein, wie nötig ist, um sich Geschäftsführung und Kontrolle zu sichern. Castiglionis kreative Ideen, sein unternehmerischer Weitblick, seine Verbindungen zum Kaiserhaus, zur Militärführung und nicht zuletzt seine sich ein ums andere Mal als richtig erweisenden Entscheidungen begründen das nachhaltige Vertrauen der Investoren – unter ihnen drei der finanzmächtigsten Exponenten der Monarchie: der Wiener Bankverein, der ungarische Großindustrielle Manfréd Weiss und der Prager Bankier Julius Petschek. Damit ist Camillo Castiglioni am Vorabend des Ersten Weltkriegs als Geschäftsführer und Teilhaber eines halben Dutzends kriegswichtiger Unternehmen für das Kommende bestens positioniert.

Seit der Marokkokrise von 1905/06 ging in Potsdam das Gespenst der »Einkreisung« um. Es folgten ein Flottenwettrüsten zwischen Großbritannien und Deutschland sowie die *Daily-Telegraph*-Affäre[18], die 1909 zum Rücktritt des in »Nibelungentreue« zu Österreich-Ungarn stehenden Reichskanzlers Bernhard von Bülow führte. Ersetzt wurde er durch den pro-englischen Theobald von Bethmann Hollweg. Tatsächlich äußerte der britische Außenminister Sir Edward Grey ein Jahr später: »So lange Bethmann Hollweg Kanzler ist, werden wir mit Deutschland für Frieden in Europa kooperieren.« Als die britische Regierung dennoch wenig später bekundete, »im Kriegsfall an der Seite Frankreichs« zu stehen, sahen sich die »Falken« im deutschen Lager bestätigt. So blieb Bethmann Hollweg nichts anderes übrig, als Bodentruppen und Luftstreitkräfte massiv aufzurüsten. Als im Juni 1913 der Erste Balkankrieg unmittelbar in den Zweiten mündete, wuchs sich die Stimmung in Europa zu einer Art kollektiver Paranoia aus und motivierte ein Wettrüsten bislang ungekannten Ausmaßes.

»Ich werde in diesem Jahr zu Hause bleiben, weil wir Krieg bekommen«, hatte Zar Nikolaus II. Anfang 1914 verkündet. Fünf Monate später, am Sonntag, dem 28. Juni, geschah die Tragödie in Sarajevo, am nächsten Tag erschütterte sie als Schlagzeile so gut wie sämtlicher Tageszeitungen ganz Europa: die Ermordung des Thronfolgers Erzherzog Franz Ferdinand und seiner Gemahlin Herzogin von Hohenberg.

Zunächst hat es den Anschein, als bliebe die Tat des knapp zwanzigjährigen serbisch-bosnischen Separatisten Gavrilo Princip folgenlos. Die Trauerfeier auf Schloss Artstetten am 4. Juli findet unter Ausschluss der Öffentlichkeit im kleinen Kreis statt, und nachdem er seinen Großneffen Karl Franz Joseph zum neuen Thronfolger bestimmt hat, verabschiedet sich Franz Joseph I. wie jedes Jahr in die

Bad Ischler Sommerfrische. Als kurz darauf Kaiser Wilhelm II. mit seiner Yacht Hohenzollern zur alljährlichen Nordlandfahrt aufbricht, scheint der teils befürchtete, teils willkommene Vergeltungsschlag gegen Serbien gebannt.

Krieg

Tatsächlich aber laufen die diplomatischen Drähte zwischen Wien und Berlin heiß: Am 1. Juli – drei Tage nach dem Attentat in Sarajevo – reist der Publizist und Vertraute des deutschen Außenamts, Victor Naumann, nach Wien, um Alexander Graf von Hoyos, Kabinettschef im k.u.k. Außenministerium, die Einschätzung der deutschen Regierung zu übermitteln, dass der deutsche Kaiser im Falle einer österreichischen Kriegserklärung an Serbien den »Dingen ihren Lauf« lassen wird. Am 4. Juli begibt sich Hoyos nach Berlin, um sich von der deutschen Regierung diesbezüglich einen »Blankoscheck« ausstellen zu lassen. Zwar bestreitet die serbische Regierung jede Verbindung zu dem Attentat, zwar warnt Reichskanzler von Bethmann Hollweg, dass eine »Aktion gegen Serbien zum Weltkrieg führen« kann, doch die österreichisch-ungarische Regierung und die Militärführung unter Generalstabschef Conrad von Hötzendorf zeigen sich zum Krieg gegen Serbien entschlossen. Allzu verlockend erscheint der Vorwand einer Attentatsbeteiligung Serbiens, um endlich gegen den »Verursacher subversiver Umtriebe und ungesunder Propaganda« losschlagen zu können und die erhoffte »Ruhe« im Habsburgerreich wiederherzustellen. Als der Gesandte Österreich-Ungarns der serbischen Regierung am 23. Juli das Ultimatum überbringt, sich binnen achtundvierzig Stunden zur uneingeschränkten Zusammenarbeit mit der Regierung in Wien gegen die slawische Freiheitsbewegung in Serbien und Österreich-Ungarn zu bekennen, denkt noch kaum jemand an eine mögliche Ausweitung des Konflikts zum Flächenbrand. Tatsächlich nimmt Serbien zur allgemeinen Überraschung knapp vor Fristablauf das Ultimatum in fast allen Punkten an. Als Großbritannien sofort vorschlägt, eine Konferenz der nicht unmittelbar an dem Konflikt beteiligten Mächte einzuberufen, scheint der befürchtete Krieg abgewendet. Doch Österreich-Ungarn betrachtet die Antwort Serbiens als unbefriedigend und bricht die diplomatischen Beziehungen am 25. Juli ab. Und wie eine Bombe schlägt die Kriegserklärung Österreichs an Serbien am 28. Juli 1914 in Europa ein.

Zur Überraschung insbesondere Österreich-Ungarns verfügt die russische Regierung noch am 25. Juli eine Teilmobilmachung ihrer Armee. Die Allianzen und Beistandsabkommen beginnen zu wirken, der von den Militärs ersehnte, von Journalisten und zahllosen Intellektuellen herbeigeschriebene »große Waffengang« ist da. Am 1. August erklärt Deutschland Russland den Krieg, am 3. August folgt die deutsche Kriegserklärung an Frankreich. Am selben Tag bestellt die k. u. k. Heeresverwaltung bei den Albatros-Werken in Wien-Stadlau die ersten siebenunddreißig Kampfflugzeuge. Die Kosten? Sind mit Kriegsbeginn kein Problem mehr! Am 31. Juli hebt Österreich-Ungarn die »Bankakte« auf und verschafft sich damit ungehinderten Zugang zur Notenpresse. Die Folge: Innerhalb der ersten acht Kriegstage verringert sich das Gold-Deckungsverhältnis der Krone von 74,6 auf 46,3 Prozent. Es ist der Beginn eines vier Jahre andauernden, mit Schulden und Inflation finanzierten Wettrüstens, an dessen Ende die Staatskassen leer, die Finanzsysteme zerrüttet, Abermillionen Menschen tot, verarmt und verwundet sein werden.

Unmittelbar nach der Teilmobilmachung Russlands stehen auf österreichisch-ungarischer Seite unter anderem 1094 Bataillone, sechs Radfahrkompanien, 425 Reiterschwadronen, 483 Batterien, 224 Festungsartilleriekompanien, 155 technische Kompanien und fünfzehn Fliegerkompanien im Einsatz.

Indessen wartet Ernst Heinkels erste Konstruktion seit seinem Aufstieg zu Castiglionis Chefkonstrukteur – ein Doppeldecker-

Wasserflugzeug mit der Bezeichnung »W« – im Ostseebad Warnemünde darauf, gegen sechsundzwanzig weitere deutsche Seeflugzeuge beim Ostsee-Wasserflugzeugwettbewerb anzutreten. Doch es kommt nicht mehr dazu. Unmittelbar nach Kriegsbeginn stattet Heinkel seine Baracke im brandenburgischen Briest mit einem zweiten Reißbrett aus und beginnt mit der Konstruktion von waffenfähigen Flugzeugen. Anfang 1915 wird das erste Brandenburger Flugzeug fertig: ein mit einer Funkanlage und zehn Bomben von je fünf Kilogramm ausgerüsteter Seeaufklärer mit der Bezeichnung »NW«. Während die bis dahin leistungsfähigsten Flugzeuge im Durchschnitt etwa elf bis zwölf Minuten zum Erreichen einer Flughöhe von eintausend Metern benötigten, braucht der »NW« dafür nur mehr neuneinhalb Minuten. Wenige Wochen später hebt eine Weiterentwicklung mit der Bezeichnung »LW« vom Boden ab – das erste Seeaufklärungsflugzeug mit einem Maschinengewehr und fünfhundert Schuss Munition an Bord.

Für die deutschen und mehr noch die österreichisch-ungarischen Luftstreitkräfte gilt es nun, in Windeseile den Vorsprung der französischen und insbesondere der englischen Luftstreitkräfte einzuholen und deren Überzahl durch technische Überlegenheit zu kompensieren. Ein frühes Ende des Luftkriegs würde unweigerlich die Niederlage der Mittelmächte[19] besiegeln. So sieht sich Heinkel gleichzeitig mit den Eilbestellungen der deutschen und der österreichisch-ungarischen Militärführung konfrontiert. Neuentwicklungen von Aufklärungs-, Torpedo- und Jagdflugzeugen lösen einander ab. Motorleistung, Beweglichkeit, Steiggeschwindigkeit, Ladungsgewicht und Verlässlichkeit sind die Hauptkriterien. Serienmäßig ausgerüstet mit einem vom Piloten oder dessen Beisitzer zu bedienenden Bord-MG, bildet die Besatzung aber auch das durch Windschutzscheibe und Blechverkleidung nur mäßig zu schützende Ziel.

Im Jahr 1915 startet von Brandenburg aus das erste zweimotorige Großflugzeug (GF) an die Front: ein Doppeldecker mit 27,5 Metern Flügelspannweite, 320 PS Gesamtmotorleistung und einem

Bombengewicht von 250 Kilogramm. Noch im selben Jahr wird die Maschine serienmäßig um eine 20-mm-Bordkanone erweitert. Ein Jahr später verlässt das erste einsatzfähige Torpedoflugzeug (GW) mit einem Torpedogewicht von 725 Kilogramm den Hangar, um wiederum bald von einem Typ (GWD) mit 1825 Kilogramm Zuladung abgelöst zu werden. Der erbarmungslose Stellungskrieg der Landstreitkräfte in der Champagne findet seine Entsprechung in dem kaum minder verlustreichen Luft- beziehungsweise Seekrieg über dem Ärmelkanal, der Adria, am Balkan und den anderen europäischen Kriegsschauplätzen.

Angesichts des gewaltigen Binnen-Auftragsschubs lässt sich der Lieferstopp an Russland und die übrigen Alliierten Serbiens für die Flugzeugindustrie der Mittelmächte verschmerzen. Kurz nachdem eine Friedensinitiative des US-amerikanischen Präsidenten Woodrow Wilson an der Haltung Deutschlands scheiterte, fällt jedoch am 26. April 1915 auch das bis dahin neutrale Italien als MLG-Kunde aus, weil es sich auf die Seite der Alliierten schlägt und Österreich-Ungarn den Krieg erklärt. Zwar wird der Versuch Italiens, Triest mit militärischen Mitteln zu erobern, in den folgenden Jahren ein ums andere Mal an der Isonzo-Linie scheitern, dennoch hat die von Kriegsfurcht und Nationalismus genährte Paranoia die Triester Bevölkerung gespalten.

Im Mai 1915 wird Arturo Castiglioni – von den Behörden plötzlich als »politisch verdächtig« eingestuft – von seinem Arbeitgeber zunächst nach Ljubljana, schließlich in die Zentrale des Lloyd nach Wien geschickt. »Zu dieser Zeit begann ich mich komplett dem Studium der Geschichte zu widmen«, wird Arturo Castiglioni Jahrzehnte später, nach seinem Aufstieg zu einem der bedeutendsten Medizinhistoriker seiner Zeit, über die in unmittelbarer Nähe seines Bruders Camillo verbrachten Kriegsjahre erzählen. Als Camillo Castiglioni Ende 1914 einen Leserbrief aus den Semperit Österreichisch-Amerikanischen Gummiwerken AG an die *Allgemeine Auto-*

mobil-Zeitung senden lässt, in dem er dem Blatt lobend bescheinigt, »daß Sie, ungeachtet der Schwierigkeiten, die sich naturgemäß aus der gegenwärtigen Situation für eine Fachzeitschrift ergeben, von dem ernsten Willen erfüllt sind, Ihr Organ auch weiterhin erscheinen zu lassen«, haben sich dessen Umfang und Inhalt fast zur Unkenntlichkeit verändert. An der Stelle von Rennreportagen, Rekordmeldungen und Berichten über Soireen dominieren mehr und mehr Meldungen von Ordensverleihungen und schwarz gerahmte Ehrungen der Kriegstoten. Anstelle von Reklame finden sich vermehrt Aufrufe zum Zeichnen von Kriegsanleihen.

Während sich das gesellschaftliche und kulturelle Leben in Deutschland und Österreich-Ungarn ausdünnt, Rohstoffe und Lebensmittel knapper werden und die Lebenshaltungskosten stetig steigen, beschert der Krieg den »kriegswichtigen« Branchen eine Sonderkonjunktur ungekannten Ausmaßes. Waren Ende 1914 in und um Wien etwa 1400 Menschen in der Flugzeugindustrie beschäftigt, so werden hier bei Kriegsende rund 12 000 Mitarbeiter insgesamt 4900 Flugmotoren, 413 Marineflugzeuge und 4768 Heeresflugzeuge gefertigt haben.

Während der ersten Kriegsmonate setzt Camillo Castiglioni seinen Expansionskurs fort. Partner wird dabei zunächst der Fahrzeug- und Luftfahrtpionier Ludwig Lohner. Am 1. Januar 1915 übernimmt Lohner die Firmenanteile von Austro-Daimler an der MLG, während die Anteile der ausscheidenden übrigen Gründungsmitglieder (Wiener Bankverein, Anglo-Österreichische Bank, Ganz & Co. und Manfréd Weiss) an Camillo Castiglioni gehen. Am Ende lautet das Beteiligungsverhältnis: Einundfünfzig Prozent hält Ludwig Lohner, Camillo Castiglioni hält neunundvierzig Prozent, wobei die Geschäftsführung in seinen Händen bleibt. Sechs Wochen später, nach dem Ausscheiden von Manfréd Weiss und Ganz & Co., heißt es auch bei der Budapester Ufag: je fünfzig Prozent für Lohner und Castiglioni.

Doch das Tête-à-tête endet bereits nach wenigen Monaten. Als Castiglioni am 7. Juni 1915 – einen Monat nach dem deutschen Torpedoangriff auf das britische Passagierschiff RMS Lusitania – die Hamburger Hanseatischen Flugzeugwerke Karl Caspar erwirbt, um diese mit den Brandenburgischen Flugzeugwerken zu vereinigen, hat sich das Verhältnis zwischen Castiglioni und Lohner massiv abgekühlt. Seit Ende Mai steht der Vorwurf im Raum, Camillo Castiglioni habe zugleich den Lohner-Chefkonstrukteur, den Chefbuchhalter, den Kalkulationsleiter, den Oberingenieur und einen weiteren Ingenieur bestochen, um an interne Daten zu kommen und sich gleichsam durch die Hintertür den Zugang zum Lohner'schen Familienbetrieb zu erschleichen. Obwohl die Vorwürfe unbewiesen bleiben und das Vorgehen nicht zu Castiglionis bisheriger Strategie passt, sich den jeweiligen Unternehmen »von oben« – sprich: über die Hauptaktionäre – zu nähern, verschärfen sich die Differenzen in einem Maß, dass es bereits vier Tage nach Gründung einer gemeinsamen Exportgesellschaft für Lohner-Flugzeuge zu einem »Dissolutions-(=Auflösungs-)Vertrag« zwischen Lohner und Castiglioni kommt. Darin wird festgelegt, dass Ludwig Lohner sich gegen einen Betrag von 232 043 Kronen aus der Ufag, der MLG und der Deutschen Aero-Gesellschaft zurückzieht. Außerdem wird zwischen Lohner und der Ufag anstelle der bis dahin gültigen Regelung (Ufag: fünfzig Prozent Gewinnbeteiligung am Lohner-Flugzeuggeschäft; Lohner: fünfzig Prozent an der Ufag) nun eine gegenseitige 6,5-prozentige Umsatzabgabe zuzüglich der üblichen Lizenzen vereinbart. Nach einer abschließenden Provisionsregelung für den Verkauf von Lohner-Flugbooten durch die MLG sind mit dem Verkauf der Lohner-Anteile an den Hansa-Brandenburg-Werken und deren anschließendem Erwerb durch Camillo Castiglioni die Interessensphären klar gegeneinander abgegrenzt. Während den Lohner-Werken angesichts einer boomenden Kriegskonjunktur die besten Jahre bevorstehen, herrscht Camillo Castiglioni nun allein über sämtliche von ihm gegründeten und akquirierten Flugzeugunternehmen und bleibt – neben seinen Beteiligungen an Austro-Daimler und Semperit – am Erfolg der Lohner-Werke beteiligt.

Unterdessen konzentriert Austro-Daimler-Direktor Ferdinand Porsche seine Arbeit zunehmend auf die Konstruktion von Landwehrzügen zum raschen Transport großer Truppenteile, Lokomotiven und schweren Geräts durch unwegsames Gelände[20], während Ernst Heinkel gleichzeitig eine technische Neuentwicklung nach der anderen an Castiglionis Flugzeugwerke weiterreicht. Bis Kriegsende 1918 kommen mehr als siebzig Prozent aller Flugzeuge der k.u.k. Luftfahrttruppen und fünfundneunzig Prozent aller österreichischen Marineflugzeuge aus Heinkels Konstruktionsbüro. Das Resultat ist eine zunehmende Reisetätigkeit zwischen Berlin und Wien. Meist ist es Camillo Castiglioni, der sich nach seiner Ankunft in Berlin vom Bahnhof abholen und im Daimler nach Briest chauffieren lässt, um den Stand der Arbeiten zu überprüfen und die jeweils neuesten Wünsche und Aufträge weiterzureichen. Seltener reist Heinkel mit der Eisenbahn von Brandenburg nach Wien und Budapest. Seit seiner zweiten Anreise folgt Heinkel der Order seines Chefs: »Ich wünsche, dass meine Direktoren nur I. Klasse fahren.«

Iphigenie

Sobald Heinkel in Wien oder Budapest eintrifft, steht stets eines von Castiglionis Daimler-Fahrzeugen samt Chauffeur bereit, findet Heinkel ein reserviertes Zimmer im Grand Hotel, im Bristol oder im Imperial vor, liegen für ihn Theaterkarten bereit. Als sich die Wiener Zeitungsfeuilletons zunehmend mit den negativen Auswirkungen des Kriegs zu befassen beginnen (»Brotsorgen auch unter Kaiser Josef II. – Alles ist schon dagewesen«), steht im Wiener Hofburgtheater erneut Shaws *Cäsar und Cleopatra* auf dem Spielplan. Drei Jahre zuvor, 1912, hatte das Bühnenstück in Anwesenheit des Autors auf derselben Bühne seine österreichische Erstaufführung erlebt. In der weiblichen Titelrolle – damals wie heute – die inzwischen neunzehnjährige Mödlinger Zahnarzttochter und vormalige Konservatoriumschülerin Iphigenie Buchmann, im Publikum Camillo Castiglioni und Ernst Heinkel. Wie viele andere, insbesondere männliche, Theaterbesucher hat Castiglioni nur Augen für die Titelheldin. Die Identifikation mit der Rolle Cäsars liegt für den fünfunddreißigjährigen Herrscher über die Flugzeugindustrie der Doppelmonarchie nahe. Vor allem aber gilt Iphigenie Buchmann als eine der attraktivsten Schauspielerinnen der Donaumonarchie. So raunt denn auch Castiglioni seinem Brandenburger Chefkonstrukteur während der Aufführung mehrmals »sehen Sie sich dieses Mädchen an, sehen Sie dieses Geschöpf!« zu, um sich unmittelbar nach dem Schlussapplaus von Heinkel in Richtung Theatergarderobe zu verabschieden.

Die junge Frau für sich zu gewinnen erweist sich für den rundlichen kleinen Mann mit dem »seltsam weichen Händedruck« und dem »nach landläufigen Begriffen sicherlich nicht schönen Gesicht« als ungleich schwerer als seine Eroberungen im industriellen Sektor. Nach einhundertzweiundfünfzig Burgtheater-Auftritten in insgesamt fünfzehn Rollen plant Iphigenie Buchmann ab dem Sommer eine US-Theatertournee an der Seite des Ex-Burgschauspielers Arnold Korff mit *Das weite Land,* einem neueren Drama Arthur Schnitzlers. Dass Iphigenie Buchmann vor den Avancen Camillo Castiglionis in die USA »geflohen« sei, zählt zu jenen oft und gerne reproduzierten Castiglioni-Legenden, denen mitunter nicht einmal ein Körnchen Wahrheit zugrunde liegt. Fakt ist, dass die *New York Times* am 30. September 1915 Iphigenie Buchmanns Leistung im New Yorker Irving Place Theatre eher zurückhaltend bewertet: »Iphigenie Buchmann, ein weiterer Neuzugang aus dem Hofburgtheater, empfahl sich durch ihre brünette Schönheit; mag sie in weiteren Rollen auch fundierteres Können beweisen, so scheint dies am gestrigen Abend ihr einziger Trumpf gewesen zu sein.«

Tatsache ist auch, dass Camillo Castiglionis beharrliches Werben bei den Eltern Iphigenie Buchmanns am Ende zum Erfolg führt. Im

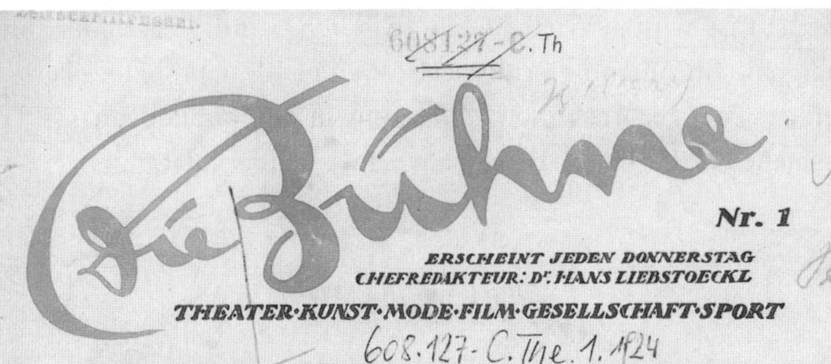

IPHIGENIE BUCHMANN-CASTIGLIONI
in ihrer bedeutendsten Rolle am Burgtheater als Cleopatra in Bernhard Shaws „Cäsar und Cleopatra" (1913)

Einzelnummer K 6000

Iphigenie Castiglioni auf dem Titelbild der
ersten Ausgabe der Zeitschrift »Die Bühne«

Herbst 1916 wird in Wien die Ehe zwischen Camillo Castiglioni und Iphigenie Buchmann geschlossen.[21] Wenige Monate später übersiedelt das Paar aus Castiglionis Wohnung in der Wohllebengasse 7 in das nahe Palais Pollack-Parnau am Schwarzenbergplatz 5.

Von Rapp zu BMW

Castiglionis unternehmerisches Interesse konzentriert sich zur selben Zeit auf ein weiteres, außerhalb Österreich-Ungarns ansässiges Unternehmen: die im Oktober 1913 gegründeten Rapp Motorenwerke GmbH. Anders als bei den meisten bisherigen Erwerbungen nähert sich Camillo Castiglioni dem Münchner Unternehmen zunächst als Auftraggeber an. Das erste Geschäftsjahr hatte Rapp am 30. September 1914 mit einem Gewinn von vierzigtausend Reichsmark abgeschlossen, weitere Konstruktionsbüros und Montagebaracken waren entstanden, neue Mitarbeiter wurden eingestellt. Jedoch zeigte sich bereits kurz nach Ausbruch des Krieges, dass sich Rapp-Motoren in puncto Qualität und Verlässlichkeit nicht mit jenen der Marktführer Daimler, Benz, Argus und Maybach messen konnten. Als die deutsche Heeresverwaltung die Rapp-Motoren für frontuntauglich erklärte, blieben als Auftraggeber des Münchner Unternehmens nur mehr das Königlich Bayerische Fliegerbataillon und die Reichsmarine übrig. Inmitten einer boomenden Kriegskonjunktur stand so im Frühjahr 1915 die Zukunft des jungen Unternehmens auf dem Spiel. Es war der richtige Moment für Camillo Castiglioni, erstmals in München in Erscheinung zu treten.

Seine exzellenten Verbindungen zu den Beschaffungsstellen, der enorme Bedarf an Flugmotoren und seine marktbeherrschende Stellung in Österreich-Ungarn ließen Rapp-Geschäftsführer Max Wiedmann, dem Schwiegersohn von Rapp-Mehrheitsgesellschafter Auspitzer, kaum eine andere Wahl, als Camillo Castiglionis MLG die Alleinvertretung von Rapp-Motoren in Österreich-Ungarn anzuvertrauen.[22] Als nächsten Schritt erwirkte Wiedmann bei den bayerischen Behörden die Ausfuhrgenehmigung für Rapp-Motoren in das verbündete Österreich-Ungarn. Als die Rapp GmbH im Herbst 1915 zum zweiten Mal bilanzierte, hatte sich der Jahresumsatz dank der ersten fünfundsechzig in die Donaumonarchie gelieferten Flugmotoren[23] auf mehr als eine Million Mark erhöht, war die Rapp-Belegschaft von einundsechzig auf dreihundertsiebzig gewachsen, hatte sich die Zahl der Fertigungsmaschinen auf dem Firmengelände an der Münchner Schleißheimer Straße von vierzig auf einhundertvierzehn erhöht. Dass das Unternehmen dennoch tiefrote Zahlen schrieb, lag daran, dass Wiedmann die rasante Expansion durch Kredite finanzierte. Eine halbe Million Reichsmark schlugen sich als Passiva zu Buche. Desgleichen die an Castiglionis MLG zu zahlenden Provisionen. Ein weiteres »hausgemachtes« Problem war, dass Wiedmann bereits im Frühjahr 1914, also lange vor den ersten Kontakten zu Camillo Castiglioni, dem Kaufmann Ernst Grill in einem »Bezirksagenturvertrag« die Alleinvertretung für Österreich-Ungarn zugesagt hatte. Um die Rechtslage zu klären, bedurfte es einer Reihe von Prozessen, an deren Ende Rapp ab 1915 rückwirkend doppelte Provisionen für sämtliche von Castiglioni eingefädelten Geschäfte mit Österreich-Ungarn bezahlen musste. Als das Bayerische Kriegsministerium schließlich am 21. März 1916 dem Rapp-Antrag stattgibt, die gesamte Motorenproduktion an die k.u.k. Marine zu liefern, ist das Münchner Unternehmen auf Gedeih und Verderb an Camillo Castiglioni gebunden.

Unterdessen haben auch die Beschaffungsstellen der k.u.k. Luftfahrtruppen Rapp-Motoren infolge häufiger Ausfälle für frontuntauglich erklärt. Um dem befürchteten Einfuhrstopp zuvorzukommen, vereinbaren Camillo Castiglioni und Max Wiedmann, Austro-Daimler-Motoren in München in Lizenz zu bauen. Im November 1916 reicht Castiglioni an Rapp einen K.-u.-k.-Marine-Auftrag über 224 Daimler-Motoren zu je 44797,50 Mark weiter. Im selben Monat reist Austro-Daimler-Ingenieur Franz Josef Popp von

Wiener Neustadt nach München, um den leitenden Rapp-Konstruktionschef Adamec abzulösen.

Schlagzeilen macht jedoch ein anderes Ereignis: der Tod Kaiser Franz Josephs I. in Schloss Schönbrunn, wo er 1830 auch zur Welt gekommen war. An seine Stelle tritt sein neunundzwanzigjähriger Großneffe Karl Franz Joseph – dritter Thronfolger nach Kronprinz Rudolf und Erzherzog Franz Ferdinand. Wie der überwiegende Teil der europäischen Bevölkerung ist auch der junge Kaiser kriegsmüde. Als er am 12. Dezember 1916 als eine erste Amtshandlung ein Friedensangebot an Russland, Frankreich und Großbritannien richtet, schlägt ihm seitens der Adressaten und mehr noch von den eigenen Generälen Unverständnis und Ablehnung entgegen. Was hilft es Karl, wenn ihn der französische Dichter Anatole France später als den »einzig anständigen Menschen des Weltkriegs« bezeichnet: In seinem eigenen Reich sieht sich Karl nach weiteren Friedensbemühungen[24] einer Rufmordkampagne ausgesetzt, die in der Behauptung gipfelt, seine vierundzwanzigjährige Ehefrau Zita von Bourbon-Parma sei eine im Dienst des Feindes stehende »Verräterin«.

Camillo Castiglioni hält währenddessen seinen Expansionskurs bei. Im März 1917 erwirbt er über die Wiener Albatros-Werke eine Beteiligung an einem Münchner Rüstungswerk, den Bayerischen Flugzeugwerken (BFW). Im Mai 1917 kommt es zur Umbenennung und Umstrukturierung der Albatros-Werke zu den Phönix Flugzeugwerken AG. Gesellschafter neben Castiglioni sind Oberst August Prinz Lobkowitz und Erzherzog Leopold Salvator, prominente Repräsentanten der österreichisch-ungarischen Armeeführung respektive des Kaiserhauses. Wenige Tage später setzt Castiglioni den entscheidenden Schritt in jene Branche, die ihm seit seiner Ausbildung in Triest vertraut ist und in der er seine berufliche Initiation als »agente« erfuhr: Banken und Finanzen. Nach dem Ausscheiden Josef Kranz' als Geschäftsführer der hervorragend beleumundeten Allgemeinen Depositenbank übernimmt Camillo Castiglioni neben der Aktienmehrheit zugleich deren Geschäftsführung. Stellvertretende Direktoren werden der aus Deutschland stammende Bankier Paul Goldstein und Castiglionis in Budapest beheimateter Freund und Vertrauter aus der Zeit der Ufag-Gründung, Gabor Neumann.

Kriegswende und -ende

Seitdem sich mit dem Kriegseintritt der USA das Kräfteverhältnis zuungunsten der Mittelmächte verändert hat, stehen für die Lieferanten der deutschen und österreichischen Kriegsmaschinerie eine Reihe von Fragen im Raum: Wie wird es der heimischen Fahrzeug- und Flugzeugindustrie im Falle einer Kriegsniederlage ergehen? Wird man außerhalb des militärischen Sektors weiterhin Flugzeuge bauen dürfen? Welche Zukunft ist für eine auf zivile Zwecke begrenzte Luftfahrt denkbar? Und falls der Flugzeugbau zum Erliegen kommt, in welche Branchen lohnen dann Investitionen? Zu den branchenspezifischen Fragen kamen jene der Wirtschaft im Allgemeinen: Wie wird sich der ungehemmte Papiergeldfluss auf die Wirtschafts- und Währungssysteme der betroffenen Länder auswirken? In welchen Währungen soll man investieren, in welchen Rechnungen bezahlen, Geld anlegen, Kredite aufnehmen? Seit der Aufhebung des Goldstandards herrschen in der Wirtschaft und auf den Finanzmärkten neue, historisch unerprobte Bedingungen. In einer vorausblickenden Analyse stellt die Wiener *Neue Freie Presse* fest: »Der Krieg hat allgemach das ganze Geschäft der Banken grundlegend umgewandelt. Das Finanzkapital ist in den Dienst des Staates gestellt, die Banken sind ein Organ der Kriegswirtschaft und der staatlichen Geldbeschaffung geworden. Ihr privates Kreditgeschäft wie überhaupt ihre ganze aus der Friedenszeit stammende Organisation ist zum großen Teile aufgelöst, es ist nur der äußerliche Apparat erhalten geblieben. Wenn der Friede ins Land zieht … wenn die riesigen Kriegsanleihen abgeschlossen sind und nicht mehr die

Gelegenheit zu unausgesetzten Transaktionen und Belehnungen bieten, werden auch die Bilanzsummen wieder zusammenschrumpfen, die fremden Gelder den Banken entzogen werden ... werden die Banken ihr Geschäft ganz von neuem aufbauen und sich auf die vollkommen veränderten Verhältnisse der kommenden Wirtschaftsperiode erst wieder frisch einrichten müssen.«

So beschert das entscheidende Jahr der Kriegswende, 1917, jenen wenigen »klaren Rechnern« inmitten von Abermillionen Ahnungslosen, Laien und Kriegsopfern die historische Chance zu einem Aufstieg, wie er in seiner Rasanz und Dimension ohne Beispiel ist. Einer derjenigen, die im Herbst 1917 bereits kräftig »vorgelegt« haben, ist der 1870 in Mülheim an der Ruhr geborene Hugo Stinnes. Seit der Jahrhundertwende arbeitet der Spross einer wohlhabenden Unternehmerfamilie am Aufbau seines vom elterlichen Betrieb abgekoppelten Imperiums. Schwerpunkte sind Bergbau, Stahlindustrie und Energie, als Pfeiler des Konzerns funktionieren die Rheinisch-Westfälische Elektrizitätswerk AG und die Deutsch-Luxemburgische Bergwerks- und Hütten-AG. Mit fortschreitender Kriegsdauer lenkt Stinnes seinen Konzern bevorzugt aus seiner Suite in dem nahe den deutschen Regierungsstellen gelegenen Berliner Hotel Adlon. So geschieht es, dass der Industriemagnat aus dem Ruhrgebiet und der mächtigste Mann der österreichisch-ungarischen Flugzeugindustrie einander im Herbst 1917 im Adlon begegnen. Als Stinnes seinen Generaldirektor Albert Vögler daraufhin Erkundigungen über Castiglioni einholen lässt, macht ihn dieser unter anderem auf das Flugzeugwerk Hansa-Brandenburg mit seiner auf sechshundert Mitarbeiter gewachsenen Belegschaft aufmerksam. In seinem Dossier weist Vögler auch auf Synergie-Potenziale mit dem gleichfalls in Brandenburg ansässigen Stahl- und Walzwerk Philipp Weber hin, auf das Stinnes längst ein Auge geworfen hat. Drittes Objekt im Visier des Multiunternehmers ist jenes am 21. Juli 1917 von der Rapp-Motorenwerke GmbH in Bayerische Motoren-Werke GmbH umfirmierte Unternehmen, das nach wie vor überwiegend von den

Aufträgen aus Österreich-Ungarn lebt, und bei dem Camillo Castiglioni inzwischen den Fuß in der Tür hat.[25]

Wie für Stinnes hat zu diesem Zeitpunkt auch für Camillo Castiglioni längst die Planung für die Nachkriegszeit begonnen. Unmittelbar nach dem Kriegseintritt der USA begann er damit, die liquiden Mittel seiner Firmen auf währungsstabile Franken- und Dollarkonten zu transferieren, Investitionen dagegen durch langfristige Zahlungsziele in den verfallenden Währungen – über die Inflation also – zu finanzieren. Trotz seiner realistischen Einschätzung des Kriegsausgangs und dessen Auswirkungen auf Wirtschaft und Finanzsysteme glaubt Castiglioni im Herbst 1917 an einen Zusammenhalt der österreichisch-ungarischen Monarchie, vor allem aber an eine Zukunft der Zivilluftfahrt in beiden Ländern. Im Frühherbst 1917 kommt es in Wien zu einer schiedsgerichtlichen Vereinbarung zwischen Ludwig Lohner und Camillo Castiglioni und damit zur endgültigen Beilegung des seit 1916 schwelenden Konflikts.[26] Während sich die Lohner-Werke zu diesem Zeitpunkt mit der Entwicklung eines synchron durch den Luftschraubenkreis feuernden Maschinengewehrs befassen, meldet die *Neue Freie Presse* am 18. September 1917: »Ein unter Führung des Generaldirektors Camillo Castiglione [sic!] stehendes Konsortium erwarb die ehemals dem kaiserlichen Familienfonds gehörenden Grundstücke an der Südgrenze von Budapest zwischen der Donau und der Gemeinde Albertfalva im Ausmaße von etwa 700 000 Quadratklafter.[27] Das Konsortium beabsichtigt, auf diesen Gründen, auf welchen sich große Anlagen der Ungarischen Flugzeugwerke-Aktiengesellschaft befinden, eine größere Anzahl von Industrieanlagen ins Leben zu rufen, vor allem einen Flughafen zu gründen, welcher, in unmittelbarer Nähe Budapests gelegen, sozusagen einen ›zentralen Luftbahnhof‹ oder ›zentralen Luftflottenhafen‹ für die in Ungarn einzurichtende Luftverkehrslinie zu bilden hätte. Die Konstituierung der Ungarischen Flughafengesellschaft soll in nächster Zeit erfolgen.«

Anfang Januar 1918 – rund zwei Monate nach dem Sturz des russischen Zaren durch die Oktoberrevolution und dem unmittelbar folgenden Waffenstillstand zwischen Russland und Deutschland – reicht die *Neue Freie Presse* folgende Meldung nach: »Im Kriege wurden die Schritte zur Schaffung eines regelmäßigen Luftfahrtdienstes zuerst in Oesterreich und Ungarn gemacht. Für diesen Zweck wird eine Internationale Luftverkehrs-Aktiengesellschaft (Ilag) errichtet. Zu ihren Gründern gehören in Oesterreich der Lloyd sowie Generaldirektor Castiglioni, in Ungarn die Ungarische Bank- und Handels-Aktiengesellschaft und die Ungarischen Lloydflugzeugwerke in Aszód ... Die ›Ilag‹ ist bestimmt, den Brief- und Paketpostverkehr zunächst auf der Strecke Hamburg–Berlin–Dresden–Wien–Budapest–Belgrad–Sofia–Konstantinopel zu übernehmen. An diese gewissermaßen das Rückgrat des Unternehmens bildende Hauptlinie werden sich in naher Folge zahlreiche Zweiglinien nach den wichtigsten Städten und Verkehrszentren Deutschlands und der österreichisch-ungarischen Monarchie anschließen, so daß nach den bestehenden Absichten, in einer nicht allzu großen Reihe von Jahren ganz Mitteleuropa von einem dichten Netz von Luftverkehrslinien überzogen sein wird. Neben der Postbeförderung wird auch der Personentransport eine gleich wichtige Rolle spielen.«

Als US-Präsident Woodrow Wilson wenige Tage später dem US-amerikanischen Kongress sein aus vierzehn Punkten bestehendes Friedensprogramm vorlegt, in dem unter anderem die Räumung der von Deutschland und Österreich-Ungarn besetzten Gebiete, die Abtretung Elsass-Lothringens an Frankreich, ein Selbstbestimmungsrecht aller Völker, die Einrichtung eines Völkerbundes sowie eine Rüstungsbegrenzung der am Krieg beteiligten Staaten vorgesehen ist, scheint die Realisierung der Pläne Castiglionis zur Schaffung einer europäischen Zivilluftfahrt in greifbare Nähe zu rücken. Indes glauben die Mittelmächte nach dem Kriegsaustritt Russlands – trotz krasser zahlenmäßiger Unterlegenheit[28] – nach wie vor daran, den

Krieg doch noch zu ihren Gunsten entscheiden zu können. Als sowohl Potsdam als auch Wien den US-amerikanischen Friedensplan ablehnen, verlängern und verstärken sie damit nicht nur das Sterben an den Fronten, den Hunger und das Massenelend, sondern bereiten zugleich das Ende der seit 1871 bestehenden europäischen Ordnung vor.

Ende Juni 1918 scheitert bei Vittorio Veneto die letzte Großoffensive der österreichisch-ungarischen Truppen. Am 8. August bricht nach einem Großangriff der Alliierten bei Amiens die deutsche Verteidigungslinie zusammen. Am 25. September legt Bulgarien nach einer alliierten Offensive die Waffen nieder und bittet um Frieden. Einen Tag später drängen US-amerikanische Verbände die deutschen Truppen in Belgien zurück. Am 4. Oktober bitten die deutsche und die österreichisch-ungarische Regierung den US-amerikanischen Präsidenten um Frieden. Am 16. Oktober 1918 erlässt Kaiser Karl ein Manifest, in dem es heißt: »Österreich soll, dem Willen der Völker gemäß, zu einem Bundesstaate werden, aus dem jeder Volksstamm aus seinem Siedlungsgebiet sein eigenes Gemeinwesen bildet.«

Zehn Tage später erklärt Karl I. das Bündnis mit dem Deutschen Reich für aufgelöst. Am 28. Oktober proklamieren sich Tschechien und die Slowakei als von Österreich-Ungarn unabhängig, während sich zugleich die Matrosen der deutschen Marine in Wilhelmshaven weigern, zu der befohlenen »letzten Seeschlacht« auszulaufen. Am 3. November schließt Österreich-Ungarn ein Waffenstillstandsabkommen mit der Entente. Kurz zuvor reiste Ernst Heinkel zum letzten Mal in seiner Funktion als Chefkonstrukteur der Castiglionischen Flugzeugwerke zum Stützpunkt der k. u. k. Marine nach Triest. Die Hansa-Brandenburg CC, ein von Ernst Heinkel entworfenes einsitziges Jagd-Flugboot mit den Initialen Camillo Castiglionis und einem in die Windschutzscheibe eingelassenen 8-mm-Maschinengewehr, wurde zwischen 1917 und 1918 insgesamt dreiundsiebzig Mal an die deutsche und österreichische Marine verkauft. Auf der Rückreise macht Heinkel in Wien Station. Zum zweiten Mal begegnet er dabei Castiglionis Ehefrau Iphigenie, die seit Juli Mutter einer Tochter ist[29]: »Sie liebte Castiglioni tief. Jetzt saß sie da bei meinem letzten Wiener Besuch, lächelte und plauderte wie ein Engel, und Castiglioni war so bezaubert, dass er die drohenden Wolken nicht sehen wollte, die von allen Seiten heranzogen.«

Mittlerweile hat Camillo Castiglioni damit begonnen, sich von seinen Flugzeugunternehmen respektive deren Beteiligungen zu trennen. Anfang November reist Castiglioni nach Brandenburg, um dort den Verkauf seines neben der MLG letzten verbliebenen Luftfahrtunternehmens zu besiegeln. Heinkel dazu später: »Er war, wie sich später herausstellte, wieder glänzend orientiert. ›Es wird Deutschland und Österreich verboten werden, Flugzeuge zu bauen‹, sagte er, während er hastig seinen Zigarettenrauch in den Raum blies. Am nächsten Morgen wurde das Geschäftliche erledigt. Dann begleitete ich Castiglioni nach Berlin. Auch dort begann die Auflösung. Im Adlon kam Hugo Stinnes auf Castiglioni zu und rief: ›Der Kaiser ist geflohen. Alles ist zu Ende.‹«

Tatsächlich verkündet der deutsche Reichskanzler Max von Baden am 9. November 1918 die Abdankung des Deutschen Kaisers, am 11. November unterzeichnet der deutsche Zentrumspolitiker Matthias Erzberger bei Compiègne für das Deutsche Reich den Waffenstillstand, während Karl I., Kaiser von Österreich und König von Ungarn, am selben Tag seinen Regierungsverzicht erklärt. Am 12. November wird in Wien die Republik Deutsch-Österreich ausgerufen, am 16. November die ungarische Republik. Die mit neuneinhalb Millionen Toten bislang größte Katastrophe der Menschheitsgeschichte ist damit beendet – die Donaumonarchie ebenso Geschichte wie das deutsche Kaiserreich.

Vorbei sind freilich auch die Pläne Camillo Castiglionis – des mit mehr als zweitausendzweihundert gelieferten Flugzeugen größten Lieferanten der Monarchie – für eine europäische Zivilluftfahrt. Während den jungen europäischen Staaten angesichts nie gekannter wirtschaftlicher, finanzieller und sozialer Probleme neue Zerreißproben bevorstehen, treibt Camillo Castiglioni bei Kriegsende 1918 vor allem *eine* Sorge um: dass seine Nachkriegspläne durch die von den Siegermächten diktierten Friedensverträge mit einem Streich zunichtegemacht werden könnten.

4. »KRIEGSGEWINNLER« UND »INFLATIONSKÖNIG«

Inflation

Seit seiner Ernennung zum Kommerzialrat hatte Camillo Castiglioni jeden Expansionsschritt mit dem Umzug an einen neuen, adäquateren Wohnsitz besiegelt. Bewusst oder unbewusst war er dabei – vom Wiener Stubenring über die Wohllebengasse und den Schwarzenbergplatz – nahe an das an der Ecke von Prinz-Eugen-Straße und Plösslgasse gelegene »große« Palais Rothschild herangerückt. Im Juli 1918, vier Monate vor Kriegsende, bot sich dem inzwischen neununddreißigjährigen Bankier, Teilhaber und Geschäftsführer mehrerer Automobil-, Flugzeug- und Motorenhersteller die Gelegenheit, in die unmittelbare Nachbarschaft des von Albert Salomon Anselm Freiherrn von Rothschild zwischen 1879 und 1884 in der Prinz-Eugen-Straße 20–22 errichteten Palais zu übersiedeln. Nahezu gleichzeitig hatte sich der aus dem Trentino stammende Industrielle, Kunstsammler und Mäzen Eugen von Miller zu Aichholz auf dem Nachbargrundstück (Nr. 28) ein kaum minder repräsentatives Palais errichten lassen. Hatte Rothschild seine im Louis-seize-Stil gehaltene Inneneinrichtung durch Gemälde von Jean de Witt und Giovanni Battista Tiepolo überkrönen lassen, so dienten im Palais Miller-Aichholz drei aus dem Palazzo Dolfin in Venedig stammende Kolossalgemälde Tiepolos als Blickfang im weitläufigen Treppenhaus. Daneben hoben in den übrigen Räumen Werke von Rubens, Donatello, Tintoretto oder Ruisdael das Ambiente. Zwei Jahrzehnte lang hatte Eugen von Miller zu Aichholz sein Testament immer wieder umgeschrieben, seine Kunstsammlung katalogisiert und deren

Porträt Camillo Castiglionis,
vor dem Ersten Weltkrieg

Verbleib neu geregelt. Im Sommer 1918 schließlich verkaufte der inzwischen Dreiundachtzigjährige sein Palais einschließlich sämtlicher darin enthaltener Kunstschätze überraschend an Camillo Castiglioni und teilte den Erlös paritätisch unter den Erben auf, um sich anschließend in das vergleichsweise bescheidene Familienanwesen am Wiener Heumarkt zurückzuziehen und dort ein Jahr später friedlich zu sterben.

Wollte man den später von Castiglioni selbst kolportierten Kaufpreis von 1,5 Millionen Kronen für bare Münze nehmen, so hätte Camillo Castiglioni das Palais für den Marktwert eines der darin enthaltenen Tiepolos erworben. Leider lässt sich die tatsächliche Kaufsumme nicht mehr feststellen, da das betreffende Grundbuch im Jahr 1927 verbrannte und ein Jahr später ohne die diesbezüglichen Angaben rekonstruiert wurde. Glaubhaft erscheint dagegen, dass Camillo Castiglioni den Kaufpreis in der im Sinkflug befindlichen Kronenwährung mittelfristig durch Bankkredite finanzierte und so die Inflation maßgeblich für den Kauf des prächtigen Palais nutzte.[30]

Ähnlich wie die Krone in Österreich-Ungarn befindet sich auch die deutsche Mark seit 1914 in einer kontinuierlichen Abwärtsbewegung. Lag der deutsche Großhandelsindex im ersten Kriegsjahr mit 105 Punkten noch nahe am »Friedensindex« des Jahres 1913 (100 Punkte), so nahm die Inflation in den folgenden Jahren Fahrt auf. 1915 lag der Index bereits bei 142, 1916 bei 152, 1917 bei 179 und 1918 bei 214 Punkten. Zwar ist dies erst der »bescheidene« Anfang auf dem Weg zur Hyperinflation des Jahres 1923, an dessen Ende ein Dollar mit 4,2 Billionen (4 200 000 000 000) Mark zu bezahlen war, dennoch bieten sich denjenigen, die ihre liquiden Mittel beizeiten in US-Dollar oder Schweizer Franken eingetauscht haben, bereits 1918 bisher ungeahnte Möglichkeiten der rasanten Vermögensmehrung.

Voraussetzung für den »Inflationsgewinn« ist, dass man sich in der inflationären Währung verschuldet und die Kredite in wertstabiles Anlagevermögen investiert. Als gegen Ende des Kriegs die Sonderkonjunktur zusammenbricht, die herkömmliche Ordnung samt traditioneller Besitzstände erodiert, gefestigt geglaubte Existenzen zerbrechen und sich nördlich wie südlich der Donau ein ungekanntes Massenelend abzeichnet, treten binnen kürzester Zeit plötzlich »neue Reiche« in den Vordergrund. Es sind jene, die die Mechanismen der Inflation verstanden haben und zu ihrem Vorteil zu nutzen wissen, und die sich so binnen weniger Jahre von einfachen Gewerbetreibenden zu Konzernherren emporschwingen werden. Neben Hugo Stinnes in Deutschland und Camillo Castiglioni in Wien, die bereits vor der Inflation respektable unternehmerische Erfolge vorzuweisen hatten, sind dies – um nur die Bekanntesten zu nennen – der Kölner Eisenwarenhändler Otto Wolff, der Wismarer Gemischtwarenhändler Rudolf Karstadt, der Mainzer Metallwarenhändler Alfred Ganz, das Wiener Organisationstalent Siegmund Bosel, der Berliner Börsenspekulant Hugo Herzfeld, der Frankfurter Radium-Händler Jakob Michael und der Mannheimer Motorenfabrikant Richard Kahn.

Doch zurück zur Situation bei Kriegsende – kurz bevor die französischen Friedensverträge die wichtigsten Koordinaten in Europa neu bestimmen und dem einen oder anderen unternehmerischen »Friedensplan« einen unerwarteten Riegel vorschieben sollten. Schon 1917 hatte Camillo Castiglioni über die Depositenbank die Kontrolle über die Puchwerke AG erlangt. Nachdem das Grazer Unternehmen infolge des erhöhten Heeresbedarfs an Motoren, Automobilen und Geschossen über das gesunde Maß hinaus expandiert hatte und auf tausendeinhundert Mitarbeiter angewachsen war, hatte es seine größte Gläubigerbank als Hauptaktionär akzeptieren müssen. Im selben Jahr erwarb die Depositenbank maßgebliche Anteile an der unweit den Lohner-Werken ansässigen Österreichischen Fiat-Werke AG, einer Tochter des Turiner Automobilkonzerns. Nach der Kriegserklärung Italiens an Österreich-Ungarn waren die Verbindungen zur Muttergesellschaft abgerissen.

Im Februar 1918 kam es zu einer ersten Kapitalerhöhung der Depositenbank unter ihrem neuen Hauptaktionär und Direktor Camillo Castiglioni. In der Presse hieß es dazu: »Auf Grund des Beschlusses der außerordentlichen Generalversammlung vom 28. Dezember 1916 schreitet nunmehr die Allgemeine Depositenbank behufs Erhöhung ihres Aktienkapitals auf 80 Millionen Kronen zur restlichen Ausgabe von 50 000 neuen Aktien zu 400 K. Den Aktionären wird das Bezugsrecht auf 37 500 (= 75 %) Stück neuer Aktien in der Weise eingeräumt … Die restlichen 12 500 Aktien sollen nicht zur Veräußerung gelangen, sondern für zwei in Vorbereitung befindliche Geschäfte reserviert bleiben.« Zwei Monate später weist die Depositenbank inflationsbedingt den höchsten nominellen Reingewinn ihres Bestehens (elf Millionen Kronen gegenüber sieben Millionen Kronen im Vorjahr) sowie die höchste je gezahlte Dividende je Aktie (1918: neununddreißig Kronen; 1917: siebenunddreißig Kronen) aus. Während der Aktionärsversammlung am 24. April 1917 brachte Direktor Paul Goldstein die besonderen Umstände zur Sprache: »Wie in den vorhergegangenen Jahren stand unsere geschäftliche Tätigkeit auch weiterhin im Zeichen der durch den Krieg bedingten außergewöhnlichen Verhältnisse. An der Beschaffung der dem Staate zur Fortführung des Krieges nötigen Mittel hat sich unser Institut auch im abgelaufenen Jahre dadurch beteiligt, daß es die ihm zugeflossenen Mittel entweder direkt oder indirekt in den Dienst der Sache stellte, namentlich aber sehr erhebliche Beträge als Vorschüsse an den Staat im Wege der Postsparkasse eingezahlt hat.«

Tatsächlich geben die Bilanzzahlen bei Kriegsende nur bedingt Aufschluss über die tatsächliche Situation der Banken. Was bedeutete es zum Beispiel, dass sich der Geldumlauf der Österreichisch-Ungarischen Bank während des Kriegs von 2400 Millionen auf 35 600 Millionen Kronen erhöhte, wenn die Golddeckung dieser Währung im selben Zeitraum von 74,6 auf 0,9 Prozent sank und die Lebenshaltungskosten im selben Zeitraum um das Achtfache stiegen? In jenem Währungschaos, in dem sich neben Deutschland und Österreich sämtliche Nachfolgestaaten der österreichisch-ungarischen Monarchie wiederfanden, blieb angesichts der Abermillionen Frierenden und Hungernden, der Verlautbarungen, Appelle und Schuldzuweisungen ein Umstand zunächst wenig beachtet: Als die mit Abstand größten »Inflationsgewinnler« sollten sich jene Regierungen erweisen, die den »großen Waffengang« mit Kriegsanleihen – sprich: auf Pump – finanziert hatten und die sich nun zu Lasten der Sparer und Anleger auf höchst bequeme Art per Geldentwertung zu entschulden beginnen.

Dabei zeigt sich ab 1919 ein paradoxes Phänomen: Während sich die Siegerstaaten einem rigiden Sparzwang unterwerfen und ihre Bevölkerung zu weiteren, harten Opfern nötigen, steigern Deutschland und Österreich den Papiergeldumlauf und verschaffen damit der heimischen Wirtschaft eine Sonderkonjunktur, die sich nicht zuletzt aus den gegenüber den wertstabileren Währungen verbilligten Exporten nährt. »Entschuldung mittels Inflation« ist allerdings nur ein – wenngleich erwünschter – Nebeneffekt der rasanten Geldvermehrung. Im Wesentlichen geht es den jeweiligen Regierungen um die Rückgewinnung des inneren Friedens angesichts von sieben Millionen aus dem Krieg heimkehrenden Soldaten, sozialen Missständen und drohender Massenarbeitslosigkeit. Überall bilden sich extreme Gruppierungen, führt die Frustration zu gewaltsamen Aktionen, splittert sich etwa Deutschland in Hunderte Parteien, Gruppen und »Fronten« auf, verschafft sich der angestaute Hass zunehmend durch Gewaltaktionen Luft. Zwei Wochen nachdem sie die Kommunistische Partei Deutschlands (KPD) gründeten, werden am 15. Januar 1919 in Berlin Rosa Luxemburg und Karl Liebknecht von Reichswehr-Angehörigen ermordet. Zehn Tage zuvor wurde in München jene Deutsche Arbeiter-Partei (DAP) gegründet, aus der ein Jahr später die Nationalsozialistische Deutsche Arbeiterpartei (NSDAP) hervorgehen wird. Im April 1919 versuchen Kommunisten, Anarchisten und Anhänger der Unabhängigen Sozialdemokratischen Partei Deutschlands (USPD) in München mit Waffengewalt, eine »Räterepublik Bayern« zu etablieren.

Zwar brachte die Neuordnung des Deutschen Reichs und der ehemaligen Donaumonarchie den betroffenen (Nachfolge-)Staaten Demokratie, Frauenwahlrecht und Selbstbestimmung, dennoch ist die politische und wirtschaftliche Zukunft bis zu einer friedensvertraglichen Regelung ungewiss. Während sich im Februar 1919 unter Reichspräsident Friedrich Ebert in Weimar die neue deutsche Nationalversammlung konstituiert und das erste deutsche Regierungskabinett unter Reichsministerpräsident Philipp Scheidemann seine Arbeit aufnimmt, gilt es in Deutsch-Österreich noch keineswegs als sicher, dass dieser am 12. November 1918 konstituierte Staat in der proklamierten Form weiterexistieren wird. So stimmten beispielsweise die Vorarlberger im Mai 1919 mit großer Mehrheit für eine Abspaltung von Österreich und einen Anschluss an die Schweiz, und auch in Tirol zeigten sich Loslösungsbestrebungen, während man im übrigen Österreich den möglichen Anschluss an das Deutsche Reich diskutiert.

Zunächst hängt die Zukunft der Kriegsverlierer einzig und allein von den zwischen den Siegermächten in Versailles verhandelten Friedensbedingungen ab. Am 7. Mai übergeben dort die Alliierten einer deutschen Delegation den Vertragsentwurf. Die wichtigsten darin enthaltenen Forderungen sind: Anerkennung der alleinigen Kriegsschuld durch Deutschland, Abtretung großer Teile Elsass-Lothringens, Posens und Westpreußens sowie Aufgabe der Kolonien. Die am Ende des Kriegs etwa acht Millionen Soldaten umfassenden deutschen Streitkräfte sollen auf ein Berufsheer von hunderttausend Mann zusammenschrumpfen, Luftstreitkräfte und Wehrpflicht sollen abgeschafft werden. Vor allem aber wird Deutschland und seinen Verbündeten die gesamte Reparationslast des Kriegs auferlegt. Am 20. Juni erklärt sich Philipp Scheidemann außerstande, den Friedensvertrag zu unterzeichnen, und tritt zurück. Als die Alliierten darauf mit militärischer Intervention drohen, reist Scheidemanns Nachfolger Gustav Bauer am 28. Juni 1919 nach Versailles, um die erpresste Unterschrift zu leisten.

Was die Nachfolgestaaten der Donaumonarchie angeht, so werden ihre Grenzen durch die Friedensverträge mit Ungarn, Rumänien und Österreich festgelegt. Am 10. September 1919 wird in Saint-Germain-en-Laye durch die Unterschrift des österreichischen Staatskanzlers Renner formell der Krieg zwischen den europäischen Nationen beendet. Für die wirtschaftliche Zukunft Österreichs werden sich die teils demütigenden Bestimmungen, die Reparationszahlungen und die enormen Gebietsverluste als verheerend erweisen.

Castiglioni wird italienischer Staatsbürger

Aus der Perspektive des kurz vor seinem vierzigsten Geburtstag stehenden Camillo Castiglioni sind in der Hauptsache zwei Artikel des Friedensvertrags relevant: der in Artikel 36 festgelegte Verzicht auf italienische Gebiete und die ab Artikel 132 festgelegten Bestimmungen über Waffenarsenal und Kriegsgerät – und zwar sowohl, was den Bestand, als auch, was die weitere Produktion betrifft. Im Zentrum für Castiglioni stand dabei: »Österreich darf Luftstreitkräfte weder zu Lande noch zu Wasser als Teil seines Heerwesens unterhalten. Kein Lenkluftschiff darf beibehalten werden. Mit Inkrafttreten des gegenwärtigen Vertrags ist das ganze militärische und Marine-Luftfahrzeug-Material auf Kosten Österreichs den alliierten und assoziierten Hauptmächten auszuliefern.«

Hatte Castiglioni die Bedingungen aus Artikel 132 ff. durch die Verkäufe seiner Flugzeugfirmen – mit Ausnahme der MLG, einer reinen Handelsgesellschaft – bei Kriegsende bereits vorweggenommen, so bot sich ihm mit den in Artikel 72 festgelegten Bestimmungen ein unverhoffter Ausweg aus den für Österreich und dessen Staatsangehörige geltenden Bedingungen: »Personen, welche früher in an Italien übergegangenen Gebieten heimatberechtigt waren oder deren Vater … in den genannten Gebieten heimatberechtigt war … können unter den für das Optionsrecht vorgesehenen Bedingungen auf die italienische Staatsangehörigkeit Anspruch erheben.«

Noch im September 1919 reist Camillo Castiglioni nach Triest (die Stadt war kurz vor Kriegsende zu Italien gekommen), um unter Vorlage seiner Geburts- und Abstammungsurkunde die italienische Staatsangehörigkeit zu beantragen. Als er im Oktober 1919 nach Wien zurückkehrt, ist er Italiener und verfügt als Staatsbürger einer »Siegermacht« über nahezu unbegrenzte unternehmerische Freiheit. Von heute auf morgen erweisen sich sämtliche im letzten Kriegsjahr getroffene Entscheidungen und neu geknüpfte Verbindungen als Katalysator für eine der fulminantesten Karrieren der Wirtschaftsgeschichte. Zwar werden Castiglionis Nachkriegspläne für eine zivile europäische Luftfahrt durch die Friedensvertragsregelungen auf längere Sicht unrealisierbar, doch dafür bietet sich angesichts unzähliger insolventer Unternehmen und darniederliegender Volkswirtschaften nahezu unbegrenztes Beteiligungs- und Expansionspotenzial – allen voran im Energie-, Rohstoff- und Finanzsektor. Voraussetzung für dessen umfassende Nutzung ist eine möglichst unerschöpfliche Kreditwürdigkeit. Über die verfügt Camillo Castiglioni nicht nur als Präsident der Allgemeinen Depositenbank, sondern seit 1918 auch dank seiner guten Kontakte zum Mailänder Bankier Giuseppe Toeplitz und der von ihm geleiteten Banca Commerciale.

Dem Automobilsektor scheint 1919 eine vergleichsweise magere Zukunft beschieden. Vier Jahre lang war die Produktivität der Automobil- und Motorenindustrie fast ausschließlich auf die Bedürfnisse des Heeres ausgerichtet. Nun liegen die Produktionsstätten brach, ist der Großteil der Beschäftigten ohne Arbeit. Von den ehemals tausendneunhundert Mitarbeitern der Floridsdorfer Fiat-Werke etwa stehen nur mehr wenige Dutzend in Lohn und Brot. Daneben verlangt Fiat-Chef Giovanni Agnelli Entschädigungen für die Enteignungen während des Kriegs und eine Neuregelung der Lizenzverträge. In dieser Situation tritt Camillo Castiglioni in die Verhandlungen ein und schlägt den Neueinstieg der Turiner auf dem Weg einer massiven Kapitalerhöhung bei den Österreichischen Fiat-Werken vor. Als Agnelli zustimmt, hat Camillo Castiglioni einen mächtigen Geschäftspartner gewonnen und zugleich den ersten Schritt in Richtung der von ihm geplanten Verschmelzung von Fiat-Werken, Puch und Austro-Daimler zu einem österreichischen Automobil-Riesen getan.

Massiv von der Neuordnung nach dem Krieg ist auch Austro-Daimler betroffen. Nach der Zerschlagung seines Rüstungskonzerns und dem erzwungenen Verkauf seiner in Pilsen ansässigen Konzernzentrale an den französischen Waffenhersteller Schneider & Cie. zieht sich Karl von Škoda 1919 als Mehrheitseigner von Austro-Daimler zurück, gefolgt von Eduard Fischer, dem Mitbegründer des Unternehmens. Als neuer Mehrheitseigentümer gibt Camillo Castiglioni seinem Freund und Direktor Dr. h. c. Ferdinand Porsche die Umstellung auf Friedensproduktion in Auftrag. Ein gigantisches Unterfangen, das der Porsche-Biograf Peter Müller folgendermaßen beschreibt: »Die glühendroten Kurbelwellen für die Antriebsaggregate der schweren C-Züge wurden aus den Gesenken gehoben, Motorblöcke mussten gefräst werden, und in den Regalen stapelten sich die Ersatzteile. Die Serien liefen aus. Alfred Neubauer blieb es vorbehalten, die nagelneuen Trains den Siegermächten zu übergeben.«[31]

Als die letzten Benzin-Elektro-Zugwagen Anfang 1920 die Wiener Neustädter Werkshallen verlassen, um der zivilen Automobilentwicklung Platz zu machen, hat der Münchner Flugmotoren-Hersteller BMW bereits die zweite schwere Existenzkrise in seiner kurzen Firmengeschichte hinter sich. Einmal mehr sollte sich dabei Camillo Castiglioni als Retter in der Not erweisen. Waren es zu Rapps Zeiten die von Castiglioni lancierten Lizenzaufträge der k. u. k. Marine, die das Unternehmen vor dem Aus bewahrten, so agierte Castiglioni beim zweiten Mal bereits als Teilhaber. Die Chance zur Umwandlung der stillen in eine offizielle Beteiligung hatte sich am 13. August 1918 geboten, als die Bayerische Motoren-Werke GmbH zur BMW AG wurde. Mit der Erhöhung des Grundkapitals auf zwölf Millionen Reichsmark war zugleich das Schicksal des einstigen Rapp- und späteren BMW-Generaldirektors Max Wiedmann besiegelt. Die neuen Herren waren zu je einem Drittel der Nürnberger Industrielle und Zündapp-Gründer Fritz Neumeyer und der Präsident der Depositenbank Camillo Castiglioni. Das restliche Drittel teilten sich Nationalbank, Bayerische Vereinsbank, Bayerische Handelsbank und Bayerische Hypotheken- und Wechselbank. Als einziges Vorstandsmitglied durfte der von Castiglioni aus Wiener Neustadt nach

München empfohlene Franz Josef Popp auf seinem Posten bleiben. Die neuen Aufsichtsräte hießen: Hans Christian Dietrich (Direktor der Bayerischen Vereinsbank; Vorsitz), Fritz Neumeyer, Josef Böhm (Deutsche Bank), Paul Goldstein (Direktor der Allgemeinen Depositenbank), Hjalmar Schacht (Direktor der Nationalbank), Justizrat Joseph und Camillo Castiglioni. Im Aufsichtsrat Platz nehmen durfte vorläufig auch Max Wiedmann – nachdem er sein baldiges Ausscheiden zugesichert hatte.[32]

Fünf Monate später kam auch bei BMW jener Moment, den sämtliche »kriegswichtigen« Unternehmen in den Verliererstaaten zu durchleben hatten: Die Produktion stand still. Dreieinhalbtausend Arbeiter und Angestellte waren ohne Arbeit, der Auftragsbestand von rund einhundert Millionen Mark mit einem Streich null und nichtig – die Zukunft des Unternehmens stand auf der Kippe. Die Folge, so BMW-Historiker Christian Pierer in seinem Buch: »Die Unternehmensführung traf nach Bekanntgabe des Erlasses über die Einstellung der Rüstungsarbeit die Entscheidung, das Werk stillzulegen und alle Beschäftigten zu entlassen … Zwar entließen die meisten Unternehmen Mitarbeiter, aber die wenigsten schlossen ihre Werke komplett. Die Betriebseinstellung bei BMW wurde wohl vor allem durch zwei Faktoren nachhaltig beeinflusst. Zum einen hatte BMW zwar Pläne für eine Friedensproduktion getroffen, benötigte hierfür jedoch umfangreiche Rohstofflieferungen [Anm.: u. a. 630 t Koks und Kohle, 1 t Kupfer, 40 t Aluminium, je 5 t Zink und Weißmetall und je 3 t Messing und Rotguss], die zum Großteil ausblieben. Zum anderen waren die meisten BMW-Aktionäre der Meinung, dass dem Unternehmen ohnehin keine Zukunft beschieden sei und die Liquidation der richtige Weg wäre. Von allen Aktionären behielt nur Camillo Castiglioni nach Kriegsende ein Interesse an BMW.«

Bis Jahresende 1918/19 übernahm Castiglioni sämtliche BMW-Anteile und wurde damit zu deren alleinigem Gesellschafter. Am 1. Februar 1919 nahm BMW mit einer auf rund dreihundertfünfzig Arbeiter und Angestellte geschrumpften Belegschaft ohne ihren bis dahin einzigen Kunden – das Militär – den Betrieb wieder auf. Zunächst versuchte Camillo Castiglioni, über eine Beteiligung an einer Luftbildgesellschaft doch noch den Weg zur zivilen Luftfahrt zu finden, gab diesen Plan wenig später jedoch wieder auf. Eine richtige Entscheidung, sollte sich doch die zivile Luftfahrt auf Jahrzehnte hinaus als unprofitabel und ohne massives staatliches Engagement als undurchführbar erweisen.

Wie rasch sich das Koordinatensystem durch Kriegsausgang und Friedensvertrag wandelte, zeigt auch der Umstand, dass Hugo Stinnes noch im Frühjahr 1918 den Einstieg bei den Münchnern erwog. Aus einem von Camillo Castiglioni am 11. März 1918 an Stinnes-Generaldirektor Vögler gesandten Exposé wird deutlich, dass Castiglioni damals bereit war, sein Engagement bei BMW mit dem bei den deutschen Beschaffungsstellen bestens positionierten Stinnes zu teilen. Aufschluss über Castiglionis Strategie gibt der »zum streng vertraulichen Gebrauch« bestimmte Schriftsatz: »... dass wir nun von unserer Gruppe aus – und zwar von der Sechs-Millionen-Gruppe [Anm.: gemeint ist der Anteil von Castiglionis Depositenbank] – in der Lage wären, Ihrer Firma einen Betrag von 1 Million bis äusserst 1½ Millionen Mark zu reservieren. Die Bankgruppe wird schwerlich etwas reservieren können, da die Nationalbank für Deutschland, die Firma Wiener, Levy & Co., die Firma A. S. Wassermann, die Bayerische Vereinsbank und wahrscheinlich auch die Bayerische Hypotheken- und Wechselbank alle zusammen nur über den Betrag von 4 Millionen M verfügen werden, sodass die Ueberlassung einer größeren Quote als gänzlich ausgeschlossen erscheint. Ich möchte Sie auch aus anderen Gründen bitten, sich ausschliesslich meinem Konzern anzulehnen; jedenfalls aber können wir über diese Frage noch bei unserer nächsten Zusammenkunft in Berlin sprechen. Wichtig wäre mir nur, dass Sie mir nach Erhalt des Exposés an die Adresse Castiglioni, Wien telegrafieren, ob Sie definitiv 1–1½ Millionen M übernehmen wollen und ob Sie mit dem Eintritt in den Aufsichtsrat einverstanden sind, da die Gründung der Gesellschaft wahrscheinlich bereits im Laufe der nächsten Woche, jedenfalls um den 20. herum, in München stattfinden dürfte. Ausserdem würde ich mich freuen, zu hören, wann Sie wieder in Berlin sind und wir wieder zusammenkommen können. Ich bin vom 20. bis 23. d.M. wieder dort, Hotel Adlon, könnte mich aber im Notfalle nach Ihnen richten, da ich glaube, dass eine neuerliche Zusammenkunft für unsere weiteren Schritte notwendig sein wird.«[33]

Als Stinnes zögerte, versuchte Castiglioni, seinem Wunschpartner den Einstieg bei BMW über die Hansa-Brandenburg schmackhaft zu machen, indem er ihm die Hälfte seiner Aktien verkaufte und die Einbringung einer BMW-Mehrheit in die Hansa in Aussicht stellte. Auf diese Weise, so Castiglionis Kalkül, sollte das Brandenburger Unternehmen ins Zentrum einer großen deutschen Flugzeugfertigung rücken. Tatsächlich zeigte sich Stinnes zunächst auch davon überzeugt, »dass wir nunmehr die besten Motoren in Deutschland bauen werden und hoffentlich auch die besten Flugzeuge«. Zur endgültigen Realisierung des Projekts hätte es allerdings der Zustimmung Max Wiedmanns bedurft, seine BMW-Anteile in die Hansa einzubringen. Als dieser sich jedoch nicht dazu überreden ließ und BMW-Aufsichtsrat Hjalmar Schacht zudem die Stinnes- und Castiglioni-Anteile an BMW auf jeweils maximal fünfundzwanzig Prozent beschränkt sehen wollte, nahm die Angelegenheit den bereits beschriebenen Verlauf.

Schon nach ihrem ersten Kennenlernen im Berliner Hotel Adlon hatte Stinnes über die Wirtschaftsauskunftei R. G. Dunn & Co. und mehrere Banken durchweg positive Auskünfte über die Vergangenheit und Kreditwürdigkeit Camillo Castiglionis erhalten. Nun hatte sich bei ihrem ersten gemeinsamen Projekt Castiglionis Loyalität erwiesen. Durch die Friedensverträge von Versailles und Saint-Germain, die Annahme der italienischen Staatsbürgerschaft und neue Geschäftsbeziehungen zu italienischen Bankiers und Unternehmern war Castiglioni gleichsam auf Augenhöhe mit Stinnes angekommen. Dieser hatte infolge des Friedensvertrags den Verlust von Betrieben sowie von Kohle- und Erzgruben in Belgien und Elsass-Lothringen zu beklagen und suchte dringend nach Kompensationsmöglichkeiten. So kam es schließlich 1919 zu einer weiteren gemeinsamen Aktion. Diesmal im Brennpunkt des Interesses: die im steirischen Leoben ansässige Österreichisch-Alpine Montangesellschaft. Von den zahlreichen Kohlegruben, Erzbergwerken, Hochofenanlagen und Raffinierwerken, die dem Unternehmen 1914 zugehörten, waren aufgrund des Friedensvertrags unter anderem die schlesischen und ungarischen Kohlegruben verlorengegangen, sodass mangels ausreichender Versorgung mit Kohle die Stilllegung mehrerer Betriebsteile drohte. Anfang 1919 hatte der österreichische Staat fünfzigtausend neue Alpine-Aktien erworben, diese aber angesichts des anhaltenden Kursverfalls an Camillo Castiglioni verkauft und den Erlös in Lebensmittel und Importkohle investiert und damit ein »typisches Beispiel für Kapitalvermögen« geliefert – so der Wirtschaftsjournalist Karl Ausch –, »das aufgegessen und verheizt wurde«. Trotz des Aktienverkaufs drohte der Alpine die Verstaatlichung durch die von der Sozialdemokratischen Arbeiterpartei Österreichs geführten Regierung.

In diesem Nachkriegsdurcheinander gelang es dem in die Waffenstillstandsverhandlungen eingebundenen italienischen General Roberto Segre, unter Ausnutzung seiner offiziellen Position ein Mehrheitspaket von zweihunderttausend Aktien der Alpine zu erwerben.

Im Juli 1919 erfährt Hugo Stinnes, dass genau diese Alpine-Aktien zum Verkauf stehen. Stinnes wendet sich mit der Bitte an Camillo Castiglioni, das Aktienpaket in seinem Auftrag zu erwerben. Am

2. August antwortet Castiglioni, dass er die Möglichkeit zum Erwerb wegen einer »Geschäftsreise in die Schweiz« verpasst habe, bietet sich aber an, mit den »neuen Herren« der Alpine in Kontakt zu treten. Hinter diesen verbergen sich die Turiner Fiat-Werke, mit denen Camillo Castiglioni seit der Rückstellung der österreichischen Fiat-Tochter in engstem Kontakt steht. Castiglioni weiß, dass Fiat-Chef Agnelli daran interessiert ist, mit Stinnes ins Geschäft zu kommen. Denn die Turiner haben sich mit dem Einstieg bei der Alpine zwar die Erzzufuhr aus deren Erzgruben gesichert, was aber mittelfristig fehlt, ist Kohle für die Hochöfen – jenes Produkt also, über das Stinnes in großem Umfang verfügt. Also lässt Camillo Castiglioni Stinnes in einem Schreiben vom 2. August wissen: »Ich dagegen bin der Meinung, dass die Alpine eine unvergleichlich größere Zukunft hätte, wenn man auch in der Lage wäre, sie mit Kohle zu versehen und dort wie bisher Fertigfabrikate zu erzeugen. Dies habe ich auch dem Konsortium, welches die Alpine in Wien gekauft hat und das ich in Italien zu sprechen Gelegenheit hatte, gesagt und es ist nicht ausgeschlossen, dass ich, wenn Sie für die Sache Interesse haben, eine Annäherung zustande bringen könnte.« Obwohl ihn die verpasste Gelegenheit schmerzt, vertraut Stinnes auf Castiglionis Loyalität und antwortet: »Sowohl Herrn Vögler wie mich würde es lebhaft interessieren, zu den jetzigen Machthabern bei der Alpine gelegentlich in Beziehung zu treten.«

Unabhängig von seinen Fiat-Kontakten hatte Camillo Castiglioni die Verbindung zu Italien bereits vor Annahme der italienischen Staatsbürgerschaft intensiviert. In Italien ruhen die sterblichen Überreste seiner Eltern, in Italien leben seine Geschwister mit ihren Familien, ebenso Giulia Sonnino, die Witwe Vittorio Castiglionis. Daneben gab es aber auch handfeste monetäre Gründe, die für Italien sprechen: So erweist sich die Währung des südlichen Nachbarlandes nach Kriegsende – im Vergleich zur österreichischen Krone und der deutschen Mark – als vergleichsweise stabil. Während sich etwa der Wechselkurs der Mark zum US-Dollar binnen eines Jahres von 143 auf 470 abschwächte und die Krone zum freien Fall ansetzte, nahm die Lira mit 189 je US-Dollar (gegenüber 163) nur um rund fünfzehn Prozent ab.

Die Banca Commerciale

Als überaus bedeutend sollte sich die 1918 begonnene Geschäftsbeziehung mit dem Mailänder Bankier Giuseppe Toeplitz erweisen. 1890 war der als Józef Leopold Toeplitz 1866 in Warschau geborene Bankierssohn nach Genua gegangen, um in der Banca-Generale-Filiale seines Vetters Otto Joel das Bankgeschäft zu erlernen. Fünf Jahre später folgte er Joel nach Mailand, wo dieser die Banca Commerciale Italiana (BCI oder Comit) mitbegründet hatte und als deren erster Direktor fungierte. Als Joel nach dem Kriegseintritt Italiens 1915 wegen seiner deutschen Wurzeln massiv angegriffen wurde, übergab er die Leitung der Banca Commerciale an seinen Vetter Józef Leopold Toeplitz, der sich mittlerweile Giuseppe Leopoldo nannte. Unmittelbar nach Kriegsende begegneten Giuseppe Toeplitz und Camillo Castiglioni einander erstmals in Triest. Während sich Castiglioni darum bemühte, die Fortexistenz der Triester Depositenbank-Filiale zu sichern, hielt Toeplitz nach aktuellen Beteiligungsmöglichkeiten in der ehemals habsburgischen Marine- und Handelsmetropole Ausschau. Rasch erkannten beide, dass der andere bei den jeweiligen expansiven Nachkriegsprojekten nützlich sein konnte: Castiglioni mit seinen weitreichenden Beziehungen zu den Wiener, den ungarischen und osteuropäischen Unternehmen, Banken und Behörden, Toeplitz mit der Banca Commerciale als gleichsam unerschöpfliche Quelle inflationsstabiler Finanzressourcen. So vorteilhaft für Castiglioni die Geschäftsbeziehung zu Hugo Stinnes ist, der seit 1919 in Deutschland auch als Politiker in Erscheinung tritt[34], wird sich doch die Verbindung zu Giuseppe Toeplitz als der zentrale Motor für Castiglionis raketenhaften Aufstieg erweisen.

Den ersten Schritt dazu setzt Camillo Castiglioni gleich bei der ersten Begegnung in Triest, indem er dem dreizehn Jahre älteren Toeplitz die Triester Filiale der Depositenbank übereignet und im Gegenzug in den Verwaltungsrat der im Februar 1918 gegründeten Banca-Commerciale-Tochter Società Generale Commerciale (Sogenera) einzieht. Damit hat Castiglioni den Fuß in der Tür des Mailänder Geldinstituts.

Ebenso wie Castiglioni drängt auch die Banca Commerciale nach Osteuropa, wo es Hunderte darniederliegende Unternehmen zu wohlfeilen Preisen gibt – abgesehen von der Möglichkeit, die Kaufpreise in den verfallenden Währungen zu finanzieren und so die Inflation den Großteil des Kaufpreises tilgen zu lassen. Die hierfür notwendige Voraussetzung – Finanzressourcen in einer vergleichsweise stabilen Referenzwährung – ist für Camillo Castiglioni nun gegeben.

Als Camillo Castiglioni seine Einschätzung bezüglich eines möglichen späteren Einstiegs bei der Alpine Hugo Stinnes Anfang August 1919 mitteilt, hat die Weimarer Nationalversammlung soeben die erste parlamentarisch-demokratische Verfassung Deutschlands beschlossen. Unweit des Parlaments hat im April das von dem Architekten Walter Gropius gegründete Bauhaus mit Lehrern wie Wassily Kandinsky, Paul Klee und Lyonel Feininger seinen Lehrbetrieb aufgenommen. Und in Wien wird im Juli der vierundachtzigjährig verstorbene Eugen von Miller zu Aichholz beigesetzt. Den Erlös aus dem Verkauf seines Palais teilen sich elf Neffen, elf Nichten, dreizehn Großneffen und neunzehn Großnichten.

Für den ehemaligen Großlieferanten der k.u.k. Streitkräfte laufen indes Geschäfte und gesellschaftliche Aktivitäten wieder gewohnt gut. Im ehemals kaiserlich-königlichen Aero-Club rangiert Camillo Castiglioni inzwischen als Vizepräsident. Als sich der Club nach dem Ende des Kriegs neu konstituierte, war vor allem er es, der das durch Krieg und Inflation aufgezehrte Vereinsvermögen durch

»großzügige Spenden«[35] auffüllte und damit die Rückkehr des Vereins in die »erste Wiener Gesellschaft« sicherte – getreu dem Motto: »Ich habe zuweilen so meine Art, das Geld zum Fenster hinauszuwerfen, aber es kommt dann von selbst wieder zu mir zurück.«

»Business as usual« auch bei der BMW AG, wenngleich an die Stelle von Flugmotoren nun die Fertigung von Lkw- und Motorradmotoren sowie von Gussteilen für diverse Industrieunternehmen getreten ist. Den mit Abstand größten Produktionsbereich machen jedoch Güterwaggonbremsen aus, die das Werk seit dem 18. Juni 1919 für die unweit der Schleißheimer Straße ansässige Knorr-Bremse AG in Lizenz fertigt. Gewohnt normal laufen die Geschäfte auch bei der Depositenbank, über deren »jüngst stattgehabte« Verwaltungsratssitzung am 19. Juni in der *Neuen Freien Presse* zu lesen ist: »Von dem Gewinn i.H. 5882961 K. wurden 4 Mio Kronen als 5%ige Dividende zugewiesen, mithin etwa halb soviel wie im Vorjahr (9 ¾ %). Zu den Beteiligungen der Depositenbank zählen jene an der Mürztaler Holzstoff- und Papierfabriks-AG sowie die Mehrheit der Aktien der August Gottschligg-AG in Budapest. Außerdem hat die Bank Verbindungen mit Spiritus- und Likörfabriken in den neuen Nationalstaaten angebahnt.«

Geschäfte in Osteuropa

Dass besonders die letztere Nachricht – hinter der sich eine 37,5-prozentige Beteiligung der Depositenbank an einem Alkohol-Ausfuhrkartell aus der Tschechoslowakei verbirgt – Sprengstoff für die Zukunft der Depositenbank und die Reputation Camillo Castiglionis in sich birgt, ahnt zu diesem Zeitpunkt noch niemand – am allerwenigsten aber wohl Camillo Castiglioni. Dieser befindet sich seit dem Beginn der Kooperation mit der Banca Commerciale auf einem Expansions-Höhenflug der besonderen Art.[36]

Den Auftakt zur Zusammenarbeit bildet am 20. Juli 1919 die Umstrukturierung und Umbenennung der Sogenera zur Banca Italiana di Credito Commerciale (Itabank), die nun Filialen in Triest, Wien und Prag unterhält. Präsident wird der Mailänder Bankier Cesare Goldmann, seines Zeichens Geschäftsträger lombardischer Freimaurer mit engen Verbindungen zu den wenige Monate zuvor konstituierten Fasci Italiani di Combattimento von Benito Mussolini.[37]

Von den zwanzig Millionen Lire Gesellschaftskapital der Itabank hält Castiglionis Depositenbank fünfzehn Prozent. Wie meistens seit 1919 begnügt sich Camillo Castiglioni auch diesmal mit dem unauffälligen Posten des Verwaltungsrats-Vizepräsidenten. Da die Itabank als ausführendes Organ der zwischen Giuseppe Toeplitz und Camillo Castiglioni ausgehandelten Entscheidungen fungiert[38], etabliert sich Castiglioni als der eigentliche Repräsentant der Mailänder Banca Commerciale in Wien und hat damit – salopp formuliert – eine Hand an den Geldhebeln. So zählt Castiglionis Depositenbank im Handumdrehen zu den größten Kreditnehmern der Itabank. Bereits fünf Tage nach Gründung der Itabank unterzeichnet Camillo Castiglioni im Namen der Banca Commerciale ein »Verständigungs-Protokoll« mit Oscar Goldfinger und Bela Grosz, Repräsentanten und Mehrheitsaktionäre des Budapester Creditinstituts Ungarischer Holzhändler AG (Holzbank). Mit dieser Verbindung zu dem aus zweiundzwanzig Firmen bestehenden Kartell verschafft Castiglioni sich und der Banca Commerciale Zutritt zu dem von der Tschechoslowakei bis Transsylvanien reichenden größten Holz-Pool Osteuropas. Doch Castiglioni will noch mehr. Vier Monate später geht unter seiner Federführung die Holzbank in der neu gegründeten Foresta auf, an der die Banca Commerciale achtzig Prozent, Goldfinger und Grosz aber nur noch zwanzig Prozent behalten. Es ist einer jener Coups, deren Abläufe Giuseppe Toeplitz wenig später so charakterisiert: »Er ist der abgefeimteste Geschäftsmann, dem ich je begegnete. Er sagt nie ›nein‹ und wartet ab, bis der Gegner sich von selbst so gründlich in seinem Netz verfangen hat, dass er es nur mehr leise zuzuziehen braucht.«[39]

Tatsächlich erweist sich Camillo Castiglioni als der erste und – wie sich zeigen wird – einzige Gewinner des von ihm eingefädelten Deals. Bevor die Banca Commerciale auch nur ansatzweise von dem Deal profitieren kann, bringt Camillo Castiglioni seine 3,5 Millionen Lire Provision in die Itabank ein und stärkt auf diese Weise seine Position gegenüber Giuseppe Toeplitz. Letzterer bringt seinem Geschäftspartner nach wie vor nahezu unbegrenztes Vertrauen entgegen und ahnt nicht, dass sich sämtliche von Castiglioni eingefädelten Kooperationen am Ende nur für einen von ihnen rechnen werden: Camillo Castiglioni.

Während für Castiglioni im Oktober 1919 die Zeichen auf Expansion und Machtgewinn stehen, während Ferdinand Porsche gleichzeitig bei Austro-Daimler damit beschäftigt ist, sämtliche Flugmotoren gemäß Friedensvertrag vernichten zu lassen und mit den Vorkriegstypen 25 HP und 35 HP die erste Friedensproduktion anzukurbeln, zeigt sich die Situation für den zur Rumpfrepublik geschrumpften österreichischen Staat desaströs: »Mit dem Zerfall der Monarchie und der Gründung der Nachfolgestaaten änderte sich [die] für Innerösterreich günstige Situation grundlegend. Die Einkünfte aus den unsichtbaren Exporten und Kapitalerträgen sanken rapid, die Zentralverwaltungen böhmischer, schlesischer, galizischer, slowenischer, zum Teil auch ungarischer Unternehmungen wurden aus Wien abgezogen, der Kredit-, Versicherungs- und Speditionsapparat schrumpfte zusammen. So gelang es zum Beispiel den Prager Banken, die bis zum Zusammenbruch im alten Österreich die Rolle kleiner und wenig beachteter Provinzbanken spielten, in wenigen Monaten fast die ganze tschechoslowakische Großindustrie, die bis dahin in Wien ihr Kapitalzentrum hatte, unter ihre Kontrolle zu bringen. Auf diese Weise änderte sich die Struktur jenes Wirtschaftsgebietes, das als Deutschösterreich in die Geschichte eintrat, binnen kurzem in verhängnisvoller Weise. Wichtige Einkünfte hörten mit einem Schlag auf. Dazu kam noch die durch vier Jahre Blockade ausgelöste katastrophale Wirtschaftslage. Es fehlte an Kohle und Rohstoffen, um zu produzieren. Die Wirtschaft Deutschösterreichs war nicht imstande, der Bevölkerung ein Minimum an Nahrungsmitteln und anderen lebensnotwendigen Gütern zu bieten … Industriebetriebe vermochten ihre alten, unmodern gewordenen Maschinen nicht oder nur unzulänglich durch neue, moderne zu ersetzen. Ähnliches galt für die Erneuerung und Instandhaltung von Gebäuden, der Verkehrsmittel und anderer öffentlicher Einrichtungen. Das Leben von der Substanz war die eine Art der Vermögensaufzehrung, die andere war der Ausverkauf an das Ausland. Einerseits wurde österreichisches Eigentum in den Nachfolgestaaten verkauft: die adriatischen Schifffahrtsgesellschaften, die galizischen Petroleumfelder, die böhmischen Hüttenwerke und vieles andere. Andererseits kaufte ausländisches Kapital Aktien österreichischer Gesellschaften auf, die, obwohl ihre Kurse an den Börsen stark stiegen, für ausländische Käufer noch immer ›interessant‹ waren … Die Aufzehrung von Vermögen war nicht der einzige Preis, den Österreich dafür bezahlen musste, dass es versuchte, mehr als das Sozialprodukt zu verbrauchen. Der andere Preis war die Inflation.«[40]

Noch ist das Verhältnis zwischen Giuseppe Toeplitz und Camillo Castiglioni durch keinerlei Zweifel getrübt, lässt sich Toeplitz von Castiglioni in Erwartung grandioser Osteuropa-Geschäfte zur Gründung zweier weiterer Banken anregen: der Banca Orientale Italiana (Orientalbanco) und der Banca Commerciale Italiana e Bulgara (Bulcomit), einer in Sofia ansässigen Comit-Tochter. Zur selben Zeit wird die Presse auf Camillo Castiglioni aufmerksam. So heißt es im *Neuen Wiener Journal*: »Hier ist eine Persönlichkeit, die in unsere landläufige Schablone nicht passt. Was er in die Hand nimmt, gelingt ihm. Soviel steht fest, dass die finanzielle Potenz dieses triebstarken Mannes in den Kriegsjahren ganz außerordentliche Fortschritte gemacht hat, dass sein Feingefühl hinsichtlich der politischen und wirtschaftlichen Entwicklungen ihm beinahe immer recht gegeben hat … Er ist von einer blitzartigen Impulsivität, von einer geradezu wunderbaren Beweglichkeit des Geistes; sprudelnd von Laune und Witz und einer Flinkheit der Rede, die sogar seiner italienischen Abstammung alle Ehre macht. Über alles liebt er den Luxus, eine gewisse Höhe der Lebenskultur, der er jedes Opfer zu bringen bereit ist. Worin aber der Zauber der Persönlichkeit liegt, lässt sich schwer sagen. Castiglioni ist kein Apoll. Mittelgroß von Gestalt, macht er infolge eines prächtigen Embonpoints einen etwas vierschrötigen Eindruck. Aber die Augen in dem glattrasierten Gesicht, diese schwarzen, glühenden, lebendigen Sterne gewinnen leicht faszinierenden Einfluss. Auch seine leichte Hand, die gute Art, Geld auszugeben, müsse suggestive Wirkung ausüben. Alles in allem eine interessante Persönlichkeit, die im geschäftlichen und gesellschaftlichen Leben dieser Stadt noch viel von sich reden machen wird.«

In der Tat erscheinen Camillo Castiglionis Aussichten ein Jahr nach Kriegsende grenzenlos, scheint ihm darüber hinaus das »Schicksal« gefällig in die Hände zu spielen – als die italienische Regierung dem ungehemmten Kapitalabfluss der Lire ins Ausland, besonders nach Österreich, unversehens einen Riegel vorschiebt: »Es wird sowohl bestehenden Gesellschaften als einzelnen Unternehmern untersagt, fernerhin Kapital in ausländischen Unternehmungen zu investieren, sich an finanziellen Transaktionen im Auslande zu beteiligen, Aktien ausländischer Unternehmungen zu erwerben und Kredit im Ausland zu gewähren, endlich auch solche Geschäfte zu vermitteln. Dieses Verbot trifft auch unseren Staat. In den letzten Monaten sind auf den verschiedenen Plätzen und auch in Wien namhafte Käufe des italienischen Kapitals zu beobachten gewesen. Es ist bekannt, daß das Konsortium der Fiatwerke in Turin gegen 140 000 [!] Stück Alpine Montanaktien gekauft hat … Allem Anschein nach haben diese Erwerbungen einen großen Umfang erreicht, weshalb die italienische Regierung gegen weitere Kapitalinvestitionen einen Riegel vorschieben will.«

5. CAMILLO CASTIGLIONIS PRACHT UND HERRLICHKEIT

Das Palais Miller-Aichholz

Wenige Tage nach dem Tod Eugen Miller-Aichholz' erscheint im Feuilletonteil der *Wiener Zeitung* ein Essay, in dem die mit dem Kunstsammler befreundete Schriftstellerin Dora Stockert-Meynert die Erinnerung an jene Zeit wachruft, als das von dem bejahrten Kunstsammler allein bewohnte Anwesen in einer Art solitärem Dornröschenschlaf dahindämmerte: »Solange seine leise, ein wenig lispelnde Stimme noch darin herrschte, ist es selten laut gewesen in jenem Haus. Über die hohen, teppichbelegten Gänge ist nie der sorgende Schritt einer Hausfrau gegangen, noch durchhallte sie das Lachen eines Kindes. Eugen Miller war ein Einsamer geblieben inmitten all seiner Herrlichkeiten, denen er die große Leidenschaft seines Daseins weihte. Und die Schönheit seines Heims glich der einer träumenden Märchenprinzessin, die, umgeben von allen Kostbarkeiten dieser Welt, an den Geist vergangener Zeiten gekettet blieb. Nach Entwürfen des Baumeisters Streit gebaut, bot das Millersche Palais jedem Vorübergehenden einen reizvollen Anblick, ohne jedoch den unübersehbaren Reichtum ahnen zu lassen, den es hinter den Loggienfenstern seiner Fassade barg. Gleichsam zu deren Schutz schienen die beiden Seitenflügel dazustehen … Gleich beim Eingange lagen steinerne Ausgrabungsobjekte und alte, verwitterte Plastiken, und erweckten … den Eindruck, in einem Museum zu sein. Der Stiegenraum aber war ein Tempel für sich. Bildeten doch seine reichverzierten, farbigen Marmorwände den prunkvollen Rahmen für drei Kolossalgemälde, die der geniale Pinsel Giovanni Bat-

Palais Miller-Aichholz

tista Tiepolos vor dreihundert Jahren gemalt hatte ... Sodann trat man in das seltsamste Schlafzimmer der Welt. Es gab sich als solches nur durch das große geschnitzte Bett zu erkennen ... Seine Kopf- und Fußenden deckten grüne Atlaswattierungen, während von seinen Pfosten vier schlankgedrehte Säulen aufwärtsstrebten, die einen auf Holz gemalten sternbesäten Himmel trugen ... Von der anderen Seite des Schlafzimmers führte ein Durchgang an prachtvollen Bildern Pettenkofens, alten Niederländern und Italienern hinüber in jene berühmten Salons, deren kostbare Plafonds auf die mannigfaltigste und wunderreichste Ausstellung niederschauten ... Ein großer, prächtig modellierter Büffelkopf, den Andrea del Verocchio als Abzeichen für eine Schenke geschnitzt hat. Drei marmorne Porträtreliefs von Donatello, ein Kruzifix und eine nackte Jünglingsgestalt von Rafael Donner. Dann aus guterhaltenem Sandstein eine jugendsüße Madonna mit dem Kind, die Miller einmal hinter Zypressen versteckt in einem römischen Kirchenhof gefunden hatte ... Lebhaft erinnere ich mich noch ... einer dunkeläugigen Madonna von

Tintoretto … und eines riesenhaften, reich mit Figuren bemalten Weidlings … Kein Jahr verging, ohne daß ich meinen verehrten alten Freund aufgesucht habe und, von der Fülle überwältigender Kunstwerke, die ihn umgaben, betäubt, durch eines der mächtigen Fenster des Mittelsaales in den Belvederegarten hinunterblickte … Doch herrschte nur hier oben unter den Kunstwerken frohes, warmpulsierendes Leben, während einen nirgends so intensiv der Eindruck des märchenhaft Versunkenen überkam, als wenn man in Millers eigenen, rückwärts gelegenen Garten hinuntersah, dessen hohe Bäume so tiefe Schatten über ihn breiteten, daß alles in ihm selbstvergessen zu schlummern schien. Sogar der Speisesaal im Erdgeschoß erweckte trotz seines fürstlichen Kamins nicht den Eindruck traulicher Bewohnbarkeit, ebensowenig die umliegenden Räume …«[41]

Ein Jahr nach dem Kauf des Palais durch Camillo Castiglioni am 17. Juli 1918 zeigt sich das Palais auf den ersten Blick kaum verändert. Derselbe Donatello, dieselbe Madonna von Tintoretto, derselbe Büffelkopf von Verocchio sowie – vor allem – dieselben drei Kolossalgemälde des Giovanni Battista Tiepolo. Daneben zahllose weitere, von Eugen von Miller zu Aichholz gesammelte Kunstgegenstände. Dieselben Decken, dieselben Lüster, dieselben Teppiche, derselbe Weinkeller und dieselben im Erdgeschoss liegenden Wirtschaftsräume, Küche und Dienerschaftsräume. Allein atmosphärisch erinnert in dem Palais nicht das Geringste mehr an den alten Junggesellen, »wandelt« inzwischen sehr wohl »der sorgende Schritt« der erst vierundzwanzigjährigen Hausfrau über die Teppiche, sind die Gänge in der Tat vom Lachen zweier Kinder »durchhallt«. Fünf Tage vor Unterzeichnung des Kaufvertrags brachte Iphigenie Castiglioni die gemeinsame Tochter Livia Alexandra zur Welt. Auch Castiglionis inzwischen vierzehnjähriger Sohn Arturo aus erster Ehe wohnt gelegentlich beim Vater. Vor allem aber sorgt der Hausherr höchstpersönlich dafür, dass sich die bislang so diskrete Opulenz nun denkbar indiskret aller Welt enthüllt.

Wollte man – ohne allzu differenziert zu analysieren – die Psychologie bemühen, so ist der dominierende Wesenszug, der Camillo Castiglioni bei seinem Aufstieg vom Gummiwaren-Manager zum Konzernherrn und Bankier antreibt, wohl am ehesten mit dem Begriff »Kompensation« zu bezeichnen. Von Geburt an stand er im Schatten seines um vier Jahre älteren, besser aussehenden und höher gewachsenen Bruders Arturo. Dieser hatte die ausschließliche Beachtung und den Respekt des Vaters, Arturo studierte und kehrte als aufstrebender Arzt nach Triest zurück, als Camillo sich eben erst seine ersten Sporen als »agente« verdiente. Für Arturo schrieb Vittorio Castiglioni Sonette, für Camillo nie. Auch als Arturo in Wien studierte, suchte Camillo vergebens die Beachtung des Vaters zu gewinnen. Doch anstatt sich für die Belange seines zweitältesten Sohns über das geringste notwendige Maß hinaus zu interessieren, vergrub sich Vittorio in seine Studien, übersetzte die Heilige Schrift, lehrte an drei Schulen, schrieb Bücher und Aufsätze, hielt Vorträge und kümmerte sich um das Vermächtnis seiner eigenen Vorbilder und einstigen Lehrer. Selbst beim Blick in den Spiegel musste Camillo erkennen, dass er dem attraktiven Bruder auf keinem Gebiet das Wasser reichen konnte. Nur die fürsorgliche Zuwendung Arturos sorgte für Vertrautheit unter den beiden Brüdern. Camillos Minderwertigkeitsgefühle gerieten nicht zum Bremsklotz, sondern drängten zur Kompensation. Auf jenes gesellschaftliche Parkett, das er sich mit spitzfindiger Intelligenz und kaltblütiger Entschlossenheit erobert hatte, war er nie vorbereitet worden – er war nie in jene »höhere« Gesellschaft eingeführt worden, in deren devoter Bewunderung er sich nun spiegeln durfte.

Ende 1919 ist er »oben angekommen« – französisch: parvenu. So holt er sich denn jene Beachtung in überreichem Maß zurück, die ihm in den prägenden Jahren seiner Kindheit und Jugend versagt war. Bis zum Kauf des Palais in der Prinz-Eugen-Straße war Camillo Castiglioni in Wien »nur« Mieter, nun drücken sich Erfolg und Ansehen nicht mehr nur in Unternehmensbeteiligungen, Dividenden, Verwaltungsratsmandaten und Vorstandsposten aus, sondern in einer von aller Welt zu bestaunenden, »bildhaften« Weise. Und so, wie Camillo Castiglioni sich seinen geschäftlichen Eroberungen nach dem Prinzip »do ut des« – »ich gebe, damit du gibst« – nähert, offeriert er sich der Wiener Gesellschaft nun als offenherziger und großzügiger Gastgeber. Hatte er sich 1909 noch hinter seinem Schnauzbart und der obligaten »Prinz-Heinrich-Mütze« versteckt und seinem Freund und Wegbegleiter Ferdinand Porsche publizistisch den Vortritt gelassen, so ist er ab jetzt der perfekt glattrasierte, pomadisierte, nach Duftwässern riechende Protagonist seiner eigenen pracht- und machtvollen Inszenierung. Wann immer es Castiglionis zwischen Mailand und Berlin, zwischen Zürich und Bukarest straff gespannter Terminplan zulässt, lädt er die Wiener Gesellschaft in sein Palais ein, engagiert er populäre Musiker und Schauspieler, kredenzt er das kulinarische Spitzenprogramm und adelt die von ihm als wichtig erachteten Gäste, indem er ihnen türkische Zigaretten anbietet oder sie an der einen oder anderen, von ihm zuvor als »sicher« abgeschätzten Börsenspekulation teilhaben lässt.

Zur Inszenierung seiner eigenen Pracht und Herrlichkeit gehört für Castiglioni auch, dass die drei gleichsam als »Draufgabe« miterworbenen Tiepolo-Gemälde nicht einfach nur vorhanden sind, sondern hinter einem eigens angebrachten Vorhang darauf warten müssen, vom Hausherrn in einem passenden Moment der zur Beifallsbekundung bereiten Gästeschar »präsentiert« zu werden. In die Inszenierung eingebunden sind das inzwischen vervielfachte Dienstpersonal, sind Köche und Lakaien – ist vor allem auch Camillos junge Frau Iphigenie, deren Auftritt als Cleopatra einst manch schwüle Männerträume beflügelte. Seit ihrer Heirat trat sie nie wieder als Bühnenschauspielerin auf. Stattdessen folgt sie nun den Regieanweisungen ihres Mannes, zeigt sich einmal mondän, einmal verführerisch, ein anderes Mal im historischen Gewand – stets aber verkörpert sie allein und ausschließlich die Rolle der »Frau an seiner Seite«.

Doch auch außerhalb seines Prachtsitzes am Saum des Belvedere-Gartens drängt es den Parvenü nach Beachtung, wird die Selbstinszenierung zum Daseinsprinzip, das durch die beispiellose historische Situation begünstigte »Immer-Mehr« zum rastlosen Motor – ähnlich dem Märchen vom *Fischer und seiner Frau*. Wenige Monate nach dem Kauf des Palais bietet sich Camillo Castiglioni die Möglichkeit, den ausgemusterten Salonwagen Kaiser Franz Josephs I. zu erwerben. Camillo Castiglioni greift zu und bereichert die Selbstinszenierung um eine bislang allenfalls von Monarchen geübte Form des Reisens. Egal ob nach Mülheim an der Ruhr, nach Mailand, Triest oder nach Berlin – ab 1919 reist Castiglioni im Salonwagen an, während Bösenkopf, sein Privatchauffeur, die nämliche Distanz mit dem jeweils neuesten Austro-Daimler-Modell absolviert, um seinen Herrn am Zielbahnhof abzuholen und zur jeweiligen Adresse zu bringen. Einen dieser »Auftritte« schildert Giuseppe Toeplitz' Sohn Ludovico in seinem Buch *Il banchiere*: »Eines Morgens – ich weiß nicht mehr, ob 1920 oder 1921 – befand ich mich allein zuhause in Varese. Papa war in Mailand in der Bank ... Plötzlich sah ich ein überdimensionales Automobil in den Garten einfahren: ein Austro-Daimler außerhalb der Serie, gelenkt von einem auffällig livrierten Chauffeur, auf dessen Mütze ein silbernes, weithin sichtbares ›CC‹ prangte. Ich ging dem mir unbekannten und obendrein unangekündigten Besuch entgegen, als aus der Limousine ein kleiner unscheinbarer Mann ausstieg: wenig repräsentativ, aufgeschwemmt mit rundlicher Silhouette – etwa wie ein Ei. Dem Gesicht fehlte jeglicher markante Zug, und die Nase bog sich zwischen schwammigen Wangen über den Mund. Unter der Fleischmaske schien sich kein Skelett zu verbergen. Allein die Augen blitzten zwischendurch lebhaft auf und verliehen dem ansonsten leblosen Antlitz einen unerwarteten Ausdruck intelligenter Ironie. ›Camillo Castiglioni ist mein Name‹, sagte er wörtlich. ›Ihr Herr Vater schickt mich voraus, um ihn zum Frühstück anzukündigen.‹ Ein flüchtiges Lächeln huschte über sein ausdrucksloses Gesicht, bevor dieses wieder jenen seltsam unbewegten, nichtssagenden Ausdruck annahm. Wir begrüßten uns, aber ich spürte keine Erwiderung meines Händedrucks, während er seine Hand reglos und verloren in meiner ruhen ließ. Ich hatte dabei ein ungutes Empfinden, hatte ich doch stets sagen hören, dass man jemandem nicht trauen dürfe, der einem auf diese Weise die Hand reicht. Camillo Castiglioni ließ nicht im mindesten ahnen, welches enorme Maß an Gerissenheit und Willensstärke sich hinter der weichlichen Fassade verbarg. Wenn er sprach, formte er seine Sätze, wie wenn er sie wortwörtlich aus dem Deutschen übersetzte – mit einem hörbaren venezianisch-triestinischen Akzent. Ich hatte des öfteren von ihm reden gehört. Jedenfalls hatte ich ihn mir ganz anders vorgestellt: mit energiegeladener Physis – ein Abenteurertyp ohne Skrupel. Einer, der sich mit unglaublicher Klugheit und Geschwindigkeit jedes überlebensfähige Wirtschaftsgut in Österreich und Ungarn angeeignet hatte, indem er auf den tragischen Zusammenbruch des Habsburger Reiches spekulierte. Und so fand sich auch die Erklärung für das opulente Gefährt: Er selbst kontrollierte die Austro-Daimler-Werke. Obwohl er der veritable ›Haifisch‹ war, erinnerte er dennoch eher an eine Krake – stets auf der Lauer, die glitschigen Tentakel auszufahren und seine Beute an sich zu reißen. Die Chiffre ›CC‹ war indes seine Schwachstelle. So pflegte er mit dem Anschein von Bescheidenheit zu erzählen, dass ›gewisse Dummköpfe‹ behaupteten, sein ›CC‹ habe geradewegs das ›KK‹ der Nachfolgestaaten abgelöst. Das ›CC‹ prangte auf den Knöpfen seiner Livree, auf den Silbersachen in seinem Palais, auf den Türen seiner Automobile und sogar seines Privatwaggons, mit dem er exklusiv reiste. Obwohl Papa voller Bewunderung für Castiglionis vielgestaltige Aktivitäten war, pflegte er doch zu sagen, dass dessen protzige Selbstdarstellung in einer Epoche schrecklichen Elends in Österreich fehl am Platz sei.«

Selbst wenn sich hier vieles mit den Schilderungen anderer Zeitgenossen deckt – so wies etwa auch Ernst Heinkel auf den »seltsam weichen Händedruck« hin –, muss man wohl berücksichtigen, dass diese Schilderung erst rund fünfzehn Jahre später und im Wissen um Camillo Castiglionis Scheitern aufgeschrieben wurde.

Ab 1920 schleicht sich ein erstes Missbehagen in Castiglionis Existenz: Der Mokkatrinker, Vielraucher und Wenigschläfer beginnt an Nierenkoliken zu leiden. Nicht selten muss er eine Reise unterbrechen oder Verwaltungsratssitzungen verlassen, um ärztliche Hilfe in Anspruch zu nehmen. Ab 1. September fügt sich zu den Zielorten, denen Camillo Castiglioni im privaten Salonwagen entgegenrollt, der Kurort Bad Aussee. Von hier geht es im Wagen weiter an den nahen Grundlsee. Unter den wenigen Villen, die seit dem ausgehenden 19. Jahrhundert am Ufer des Sees errichtet wurden, ragt die im Auftrag des Wiener Arztes Gustav Jurié von Lavandal erbaute, schlossähnliche »Villa Grundlstein« als das wohl auffälligste Bauwerk heraus. Es passt zum Selbstverständnis Castiglionis, dass er sich unter den beiden zum Verkauf stehenden Villen nicht für die benachbarte, vergleichsweise zurückgenommene »Villa Seeblick«[42] entscheidet, sondern für die exponiertere, eindrucksvollere Immobilie.

Anders als das Palais Miller-Aichholz, dessen Opulenz sich nur dem Besucher enthüllt, prangt die »Villa Grundlstein« weithin sichtbar, ohne dass sich der äußere Glanz einstweilen auch im Inneren fortsetzt. Während sich die Pracht des Interieurs im Wiener Palais durch den Erwerb weiterer Kunstgegenstände allenfalls ergänzen ließ, eröffnet sich mit dem Erwerb der »Villa Grundlstein« die Möglichkeit, ihr den eigenen, unverwechselbaren Stempel aufzudrücken – und sich so allfälligen Besuchern gegenüber zum Kunstsammler zu stilisieren.

Zuerst lässt Camillo Castiglioni den zum Anwesen führenden Waldpfad zu einem bequem befahrbaren Zufahrtsweg ausbauen. Anschließend beauftragt er eine Berliner Baumschule mit der An-

Die »Villa Castiglioni« am Grundlsee

lage eines opulenten Landschaftsparks. Binnen Kurzem mischen sich heimische mit importierten Gehölzen, fügen sich Rhododendren, Schierlingstannen, orientalische Fichten und Scheinzypressen zu Buchen, Bergahorn, Sommerlinden und Rosskastanien. Die Zugänge zum Haupt- und Wirtschaftsgebäude werden durch Steintreppen erschlossen, die nach und nach von Marmorspringbrunnen, Zisternen, Wasserbecken, Spolien, einem hieroglyphenbeschriebenen Obelisken, steinernen Gartenkörben und Putti gesäumt werden. Alles innerhalb und außerhalb dieses neuen ländlichen Anwesens scheint sich der Maxime »Inszenierung und behagliche Opulenz« unterzuordnen. In diese Kategorie passt die Bibliothek ebenso – sie füllt sich mit deutschen und italienischen Büchern, mit Bühnentexten und Trivialliteratur – wie das exklusive Marmorbad und jener im Erdgeschoss gelegene Rauchsalon, dessen Türstöcke und Decken der Hausherr durch originale Renaissance-Einbauten ersetzen lässt. Wann immer Castiglioni geschäftlich in Mailand, Varese, Triest oder Venedig zu tun hat, führt ihn der Weg zu Antiquitätenhändlern, bibliophilen Antiquaren, Auktionen oder direkt zu dem einen oder anderen Schlossherrn in Finanznöten. Allein die von einer Empore umsäumte Eingangshalle ist beides: Zuschauerraum und Bühne für vom Hausherrn inszenierte Attraktionen – als unvergleichliche Kulisse wirkt das zum See hin geöffnete, durch ein Rosenspalier eingerahmte Seepanorama samt vorgelagerter Badeanlage. So ist es weniger das Flair des multinationalen Konzernherrn und Bankiers, das die Einheimischen rasch die Bezeichnung »Villa Grundlstein« zugunsten der »Villa Castiglioni« vergessen lässt, sondern jenes ganz und gar eigenständige, von allem Herkömmlichen unterschiedene Ambiente.

Camillo Castiglioni *ist* nicht nur Italiener: Mit jeder Reise nach Italien *fühlt* er sich zunehmend als Italiener. Dennoch ist und bleibt Österreich der Standort, von dem aus er am vorteilhaftesten operieren kann. Ungeachtet der sich verschärfenden Inflation, der desolaten öffentlichen Finanzen und der bedrückenden sozialen Missstände funktioniert Österreich als schrankenloser Tummelplatz eines Finanzjongleurs und Kapitalbeschaffers vom Schlage Camillo Castiglionis. Noch immer bedarf es in Österreich zur Gründung einer Bank lediglich einer simplen Gewerbeanmeldung, werden die zugunsten der emittierenden »Syndikate« vollzogenen Kapitalerhöhungen durch kein Gesetz, geschweige denn eine wirksame Bankenkontrolle eingedämmt. So floriert in Österreich infolge der für Investoren immer günstigeren »Einkaufsituation« und der im beschleunigten Sinkflug befindlichen Währung 1921 eine Art Sonderkonjunktur: »Industrieproduktion und Ausfuhr steigen beträchtlich, da österreichische Waren infolge der Kronenentwertung auf ausländischen Märkten preiswert angeboten werden können. Andererseits macht eine etwa zur gleichen Zeit auf den Weltmärkten einsetzende Absatzkrise Österreich als Käufer ausländischer Rohstoffe und Lebensmittel interessant. Letztere werden vielfach auf Kredit geliefert. Neue Industrien werden gegründet, um die durch das Zerreißen der Monarchie entstandenen Produktionslücken auszufüllen. Betriebe aus den Nachfolgestaaten, besonders der Tschechoslowakei, werden nach Österreich verlegt, die Landwirtschaft erholt sich zusehends, Handel und Fremdenverkehr erblühen.«[43]

Einzige Einschränkung: Wer im Inland lebt und nicht über Kapital in stabileren Referenzwährungen verfügt, wer folglich der Wucht der Inflation wehrlos ausgeliefert ist, für den wird alle Ware zunehmend unerschwinglich – für den dreht sich die Abwärtsspirale unerbittlich in Richtung Verarmung oder Verelendung. Mit seinem Zweitwohnsitz am Grundlsee hat sich Camillo Castiglioni unterdessen eine neue Basis geschaffen, die ihn nun auch geografisch nahe an jenen Ort herangeführt hat, der 1921 zum Schauplatz seines bislang größte Coups werden soll.

Obgleich er 1920 ein weiteres Anwesen in Berlin, Tiergartenstraße 26a, erwarb, zieht Camillo Castiglioni für geschäftliche Unterredungen – ähnlich wie Hugo Stinnes, der mittlerweile als Dauergast im Hotel Esplanade logiert – das behaglich-luxuriöse Ambiente des Hotel Adlon vor. Mehr noch als Castiglioni muss Stinnes, der fünfzigjährige Montanunternehmer, inzwischen dem Leben auf der Überholspur gesundheitlich Tribut zollen. Magen- und Darmbeschwerden setzen den Mülheimer Großinvestor immer öfter außer Gefecht. Neben erzwungenen Pausen und Kuraufenthalten wächst die Furcht vor möglichen Anschlägen. Lange bevor Castiglioni in den Medien als »Inflations- und Kriegsgewinnler« gebrandmarkt wird, wurde Stinnes in Deutschland mehr und mehr zum Sinnbild des »Raffke« und zum Feindbild des linken und rechten politischen Spektrums. Im Mai 1920 druckte die satirische Wochenbeilage des *Berliner Tageblatts* eine Karikatur des Vielunternehmers und Neo-Politikers: Mit Frack und Zylinder bekleidet, gespreizt über Hotels, Fabriken und Reedereien stehend, verteilt Stinnes aus einem Sack Geldscheine. Darunter die Zeile: »Der große Handelsmann der Deutschen Volkspartei. Stinnes kauft alles!«

Anfang Juli 1920 trat Stinnes im belgischen Spa auf einer Konferenz zur Umsetzung des Versailler Vertrags als Sachverständiger der deutschen Delegation derart arrogant auf, dass der britische Premier Lloyd George anschließend das Gefühl hatte, erstmals einem »wirklichen Hunnen« begegnet zu sein. Mit seiner ausschließlich den deutschen und damit seinen eigenen Wirtschaftsinteressen untergeordneten Politik bringt Stinnes zunehmend seinen auf Verständigung und Konsens erpichten Parteikollegen Gustav Stresemann in Verlegenheit. 1921 stellt die *New York Times* einigermaßen ratlos fest: »Einige sagen, ihm gehöre Deutschland. Einige nennen ihn einen aufgeblasenen Kapitalisten, der Deutschland in ein gigantisches Unternehmen zu verwandeln beabsichtigt. Wieder andere sehen in ihm einen Wegbereiter des Sozialismus, dessen Handeln darauf zielt, den Weg in Richtung einer Sozialisierung des deutschen Staates zu ebnen.«

Dennoch stehen dem Expansions- und Gestaltungsdrang des Mülheimers 1921 die im Versailler Friedensvertrag festgelegten Import- und Exportbeschränkungen im Weg, als sich ihm durch Camillo Castiglioni unversehens neue Perspektiven eröffnen. Im Herbst 1920 entschied Fiat, die Aktienmehrheit der österreichischen Fiat-Werke AG an Castiglionis Depositenbank zu veräußern. Indem er nun über die Aktienmehrheit an den drei größten automobilproduzierenden Unternehmen Österreichs – Puch, Daimler und Fiat – verfügte, schien sich Castiglionis Vorstellung von einer Verschmelzung der österreichischen Autoindustrie unter seiner Federführung endlich zu verwirklichen. Noch Ende 1920 übertrug er die Fiat- und Puch-Anteile auf die österreichische Daimler AG und begann, die Synergie-Potenziale der drei Unternehmen aufeinander abzustimmen.

Als sich Fiat im Januar 1921 auch von der Alpine-Mehrheit trennen will, eröffnet sich Castiglioni die Möglichkeit, mit Hugo Stinnes eine nachhaltige Geschäftsbeziehung aufzubauen. Noch immer hat Stinnes den Verlust seiner Montanbetriebe in den abgetrennten Reichsteilen (unter anderem in Lothringen) nicht aufgefangen. So sieht sich Castiglioni Stinnes gegenüber erstmals in einer privilegierten Position. Vor allem hält er genau jene fünfzigtausend Alpine-Aktien in seinem Besitz, ohne die Hugo Stinnes keine Mehrheit zustande bringen kann. Dennoch beeilt sich Camillo Castiglioni bei seiner erneuten Annäherung an Stinnes, zunächst seine Loyalität zu betonen und seine eigene Rolle in ein günstiges Licht zu rücken. Am 15. Februar lässt er Stinnes und dessen Bevollmächtigten Vögler wissen[44], dass er seine »Freunde bei Fiat dazu gebracht« habe, »ihre Aktien zu einem mäßigen Preis und gegen Ratenzahlung zu verkaufen und eine Zahlung in Lire statt in Dollar zu akzeptieren«. Doch die Zeit dränge, da Fiat auch »nach anderen Käufern Ausschau« halte. Um die von Hugo Stinnes erstrebte Mehrheit zu sichern, sei er jedoch bereit, seinen eigenen Aktienanteil in eine gemeinsame Holding einzubringen. Hugo Stinnes reagiert wie von Camillo Castiglioni erwartet, indem er sich postwendend die zweihunderttausend Alpine-Aktien von Fiat sichert. Unmittelbar danach lässt er einen

Vertrag zwischen Siemens, Rheinelbe und Schuckert (SRSU) und Castiglioni ausarbeiten. Zwei Wochen später kommt es im Schweizer Zug zur Gründung der von Castiglioni vorgeschlagenen Holding mit dem beziehungsreichen Namen Promontana SA. Als Präsident fungiert Stinnes, sein Vize ist Camillo Castiglioni.

Während sich für Hugo Stinnes damit die Tore nach Osteuropa öffnen – insbesondere der Zugang zum Textil-, Maschinen-, Stahl- und Finanzsektor –, liegen die Vorteile für Camillo Castiglioni auf der Hand. Mit einem Mal sitzt er mit dem mächtigsten deutschen Unternehmer in einem Boot, ohne dafür einen besonderen Einsatz geleistet zu haben. Daneben stärken die im Zusammenspiel mit Stinnes eröffneten unternehmerischen Spielräume Camillo Castiglionis Position gegenüber der Banca Commerciale. Im Dreieck Stinnes – Castiglioni – Toeplitz hat damit der Mann, der das geringste unternehmerische und finanzielle Risiko trägt, die Schlüsselposition inne.

Der Rückerwerb von BMW

Mit der Lizenzproduktion von Güterwaggonbremsen hatte sich BMW im Frühjahr 1920 zwar von dem seit Kriegsende zunächst unergiebigen Motorenbau unabhängig gemacht, war nun aber weitgehend von der Knorr-Bremse AG und deren Zusammenspiel mit der Reichsbahn und den bayerischen Ministerien abhängig. Diese Situation konnte nicht nach dem Geschmack Camillo Castiglionis sein. Beinahe folgerichtig veräußerte er im November seinen Einhundert-Prozent-Anteil an BMW an die Knorr-Bremse-Großaktionäre, deren Interesse darauf zielte, beide Unternehmen zu einem einzigen Großauftragnehmer der Reichsbahn zu verschmelzen. Doch da Franz Josef Popp – der Ex-Austro-Daimler-Ingenieur, den Castiglioni zu BMW geholt hatte – weiterhin Direktor von BMW ist, hat Castiglioni immer noch einen Verbündeten in dem Unternehmen. Daneben bemüht sich Castiglioni, den über die Motor-Luftfahrzeug-

Gesellschaft m.b.H. geschlossenen Vermittlungsvertrag für BMW-Flugmotoren mit neuem Leben zu erfüllen. Als er 1921 erfährt, dass die tschechoslowakische Regierung für den Aufbau eigener Luftstreitkräfte nach geeigneten Flugmotoren sucht, tritt er mit dem tschechoslowakischen Verteidigungsministerium im BMW-Auftrag in Verhandlung.

Am 15. Februar 1922 kommt es zum Vertrag – allerdings nicht mit Castiglionis MLG, sondern mit einer von Castiglioni neu gegründeten Gesellschaft, der International Investment Company (IIC) mit Sitz in Berlin und Zürich. Dass ihm die aus jenen Geschäften zufließenden Provisionen dereinst zum Verhängnis werden sollen, schätzt Camillo Castiglioni zu diesem Zeitpunkt ebenso wenig ab wie die negativen Folgen jener weiteren Entscheidung, von der gleich die Rede ist.

Ab Ende 1921 entschließt sich Castiglioni, wenigstens die Motorenbau-Abteilung der Bayerischen Motorenwerke für sich zurückzuerobern. Während die Osteuropa-Expansion der Mailänder Banca Commerciale erste Rückschläge verzeichnet und sich das Alpine-Engagement für Hugo Stinnes von Anfang an zu einem Zuschuss-Geschäft entwickelt, sinnt Camillo Castiglioni auf einen weiteren Coup. Seit Kriegsende liegt der Motorenbau bei BMW mehr oder weniger brach. Dabei hat Castiglioni bei dem Unternehmen inzwischen neben dem Flugmotorenbau weiteres ziviles Expansionspotenzial ausgemacht, allem voran die Motorradproduktion. Warum sollte ihm in Deutschland mit seiner derzeit schwächelnden Automobilindustrie mittelfristig nicht dasselbe gelingen, was er in Österreich auf den Weg brachte: eine Verschmelzung des gesamten Fahrzeugsektors?

Im Oktober 1921 tritt Castiglioni an die Darmstädter Bank für Handel und Industrie heran, den mit sechsundzwanzig Prozent drittgrößten Aktionär der Bayerischen Flugzeugwerke (BFW), und erklärt, das unweit BMW ansässige Unternehmen durch einen Aktientausch mit Austro-Daimler-Anteilen erwerben zu wollen. Während die Darmstädter Bank dem Vorschlag aufgeschlossen gegenübersteht, winkt der mit fünfunddreißig Prozent zweitgrößte Aktionär der BFW, die Münchner MAN, ab. Albatros-Eigentümer Hermann Bachstein, mit neununddreißig Prozent größter Aktionär der BFW, erklärt sich zu dem von Castiglioni vorgeschlagenen Geschäft jedoch gleichfalls bereit. Wenige Wochen später präsentiert sich Camillo Castiglioni bei der Generalversammlung überraschend als Mehrheitseigentümer der Bayerischen Flugzeugwerke.

Dass der erfolgreich durchgezogene, in Summe rund drei Millionen Mark teure Deal einzig dem Zweck diente, die Bayerischen Motorenwerke samt der zugehörigen Markenrechte unter seine Kontrolle zu bringen, wird erst im April 1922 offenbar, als Camillo Castiglioni an die Knorr-Bremse AG mit dem Angebot herantritt, den seit der Übernahme mehr oder weniger brachliegenden BMW-Motorenbau zu übernehmen. So kommt es am 24. Mai 1922 in München zum Übernahmevertrag für »alles, was zum Motorenbau gehört bzw. für diesen bestimmt ist«. Der Kaufpreis beträgt fünfundsiebzig Millionen Mark. Die von Camillo Castiglioni vorgeschlagenen, von Knorr-Bremse akzeptierten Zahlungsmodalitäten sehen dabei vor, dass der Käufer lediglich zehn Millionen Mark ad hoc anzahlen muss, um die restlichen fünfundsechzig Millionen bis zum 1. April 1923 zu entrichten. Trotz der sich nun auch in Deutschland dramatisch beschleunigenden Inflation scheint Camillo Castiglioni bei den Verhandlungen der Einzige zu sein, der die Geldentwertung ins Kalkül zieht. Tatsächlich wird der geschuldete Betrag binnen Jahresfrist zur Marginalie zerbröseln.

Zu den Vertragsdetails schreibt Christian Pierer: »Die Übernahme schloss neben Maschinen, Rohmaterial und den Anlagen der Gießerei sämtliche Patente und Zeichnungen aller jemals von BMW konstruierten Motoren ein. Ein Teil der Belegschaft um den Vorstand Franz Josef Popp und den Chefkonstrukteur Max Friz ließ sich ebenfalls abwerben. Entscheidend für Castiglionis Pläne war es, dass er nicht nur Patente, Maschinen und Personal übernehmen konnte, sondern mit dem Kaufvertrag auch die Marke BMW erhielt.«

Während die Güterwaggonbremsen erzeugende »alte« BMW AG am 6. Juli 1922 unter der Knorr-Führung in Süddeutsche Bremsen AG umfirmiert wird, zeigt sich Camillo Castiglionis Strategie in vollem Umfang: Noch am selben Tag überträgt er die Marke BMW samt dem erworbenen Equipment und dem zu ihm hinüberwechselnden Personal auf die im Herbst 1921 erworbene BFW AG, um das gesamte Unternehmen fortan unter dem Namen BMW AG weiterzuführen. Es ist das letzte Mal, dass Camillo Castiglioni sich im Spiegel seines eigenen Genies sonnen darf. Dass seine Erfolgskurve bereits flacher zu werden beginnt, wird ihm selbst erst im folgenden Jahr bewusst.

Der Bankier

Am 31. Oktober 1921 erscheint in einer Wiener Zeitung erstmals ein kritisches Porträt Castiglionis. Unter dem Titel »Camillo Castiglioni. Der Lebenslauf eines Bankpräsidenten von heute« heißt es in der *Montags-Zeitung*: »Herr Castiglioni ist der Typus einer Zeit, die wie kaum eine andere die Welt aus den Angeln gehoben, die Menschen sozial umgeschichtet, alte Größen gestürzt und neue auf den Schild gehoben hat. Ueberlieferter Reichtum und Kultur sind zerstört worden und an ihre Stelle ist ein neuer Reichtum getreten, der sich in den Regionen, in die er aufgestiegen ist, noch nicht heimisch fühlt und in dem ungewohnten Machtgefühl zu Uebertreibungen und Geschmacklosigkeiten hinneigt.

Ohne den Krieg und den Währungszusammenbruch mit seinem wilden Spekulationstaumel würde Herr Castiglioni wahrscheinlich noch im Verborgenen blühen, würde sein Name über einen engen Kreis kaum hinausgedrungen sein, würde er alle jene Stellen, die er dank seinem Milliarden zählenden Vermögen in sich vereinigt, niemals an sich gerissen haben. Leute, die ihn in seinen Anfängen gekannt haben, versichern, daß er sich, bevor er das Glück hatte, zu den reichsten Menschen Österreichs zu zählen, nicht über den Durchschnitt erhoben habe und daß er durch keine ungewöhnlichen Begabungen aufgefallen sei und daß nichts in seinem Wesen und Charakter auf jene Erfolge schließen ließ, die ihm das Schicksal beschieden hat ... Mit seinem Eintritt in die Wiener Depositenbank kam eine neue Note in das Wiener Bankwesen. Nie zuvor hat sich eine Bank mit ähnlichem Wagemut in eine Flut von Geschäften gestürzt, nie zuvor hat eine Bank in ähnlichem Tempo ihr Aktienkapital erhöht. Was von diesem ungestümen Betätigungsdrang auf seine Rechnung zu setzen ist ... läßt sich nicht beurteilen. Immerhin hat selten eine Bank einen Teilnehmer gefunden, der sich mit seiner ganzen Kapitalskraft so bereitwillig in ihre Dienste gestellt hätte, der eine so leichte Hand in Geschäften besaß und zu jedem Unternehmen ohne viel Ueberlegung bereit war. Die Depositenbank hat auch als erste ausländisches Kapital nach Oesterreich gebracht und den Anstoß gegeben, daß heute fast jede Wiener Bank mit irgendeiner ausländischen Aktionärsgruppe verbündet ist ... Das Uebergewicht eines Großaktionärs in einer Bank und noch dazu eines so vielseitigen und unternehmungslustigen hat freilich auch seine Kehrseite ... Nur zu leicht verschieben sich die Rollen und oft ist der Großaktionär nicht mehr der Kompagnon der Bank, sondern die Bank der Kompagnon des Großaktionärs. Und ist dieser Großaktionär gar ein Mann von noblen Allüren, der lebt und leben läßt, der freigebig auch seine Mitarbeiter, Geschäftsfreunde und Bekannte, ja sogar Schmeichler und Bewunderer bedenkt, und sie an den Geschäftserfolgen der Bank teilhaben läßt, dann sinkt der Minderheits-Aktionär zur bloßen Staffage herab und muß sich mit den Brosamen begnügen, die von der reichbedeckten Tafel abfallen. Es ist bekannt, daß die Direktoren, Sekretäre und Prokuristen bei keiner Bank so glänzend gestellt sind, wie bei der Depositenbank. Und wenn man sich wundert, daß die Aktien eines so überaus rührigen Instituts niedriger stehen als die Aktien der meisten anderen Banken, so ist dies nur zu verständlich, wenn der Aktionär sieht, in welchem Mißverhältniß seine Dividenden zu dem Vermögen stehen, die die Funktionäre der Bank anzusammeln in der Lage sind.«

In den fünf Jahren unter seiner Führung hat sich das Antlitz der Allgemeinen Depositenbank radikal gewandelt. Bestens beleumundet, von kleiner bis allenfalls mittlerer Größe, hatte sich die Bank vor dem Krieg vorzugsweise als Kreditinstitut des Textilsektors verstanden. Nach der Übernahme durch Castiglioni hatte sich die Depositenbank zu einer Art Holding für Camillo Castiglionis Expansionspläne gewandelt und war infolge des ungebremsten Kapitalzuflusses seitens der Mailänder Banca Commerciale zu einem der größten Kreditinstitute Österreichs herangewachsen.[45]

Fazit – wiederum aus dem Beitrag in der *Montags-Zeitung*: »Es gehört zu den Seltsamkeiten dieser aus den Fugen geratenen Zeit, daß die Verarmung des Staates das Wachstum der Einzelvermögen nicht verhindert, ja sogar beschleunigt hat. Etwas an dieser Rechnung kann nicht stimmen und den Fehler wird wohl erst die Zukunft aufdecken. Herr Castiglioni ist gewiß ein Mann, dem Fähigkeiten nicht abzusprechen sind, obwohl es nicht gerade klug von ihm ist, daß er in diesem bettelarmen Staat das Leben eines Grand Seigneurs führt, sich mit verschwenderischem Luxus ein Bankpalais eingerichtet hat, eine Villa am Grundlsee baut, im Salonwagen reist und eine große Dienerschaft hält.«

Mochte Camillo Castiglioni den Beitrag über seine Person als »Neid« oder »heimliche Bewunderung« abtun, so konnte ihn der zweite, direkt neben dem Porträt platzierte Beitrag in der *Montags-Zeitung* nicht unberührt lassen: »Zur Abwechslung erhöht die Depositenbank wieder einmal ihr Aktienkapital. Wir wissen nicht zum wievielten Male im Laufe des letzten Jahres. Es soll damit offenbar die große Tatkraft und der Geschäftsgeist dieses Institutes bewiesen werden; in Wirklichkeit stehen die Aktien weit unter dem Kurse anderer Mittelbanken, ja sogar kleiner Banken und werden wohl von der neuerlichen Verwässerung des Kapitals nicht unberührt bleiben. Ist der Geldbedarf einer Bank ein so großer oder der des Herrn Castiglioni? Wir glauben eher letzteres, zumal Herr Castiglioni sich durch die Wahl des bisherigen Generaldirektors der Bank, Paul Goldstein, zum Vizepräsidenten freie Bahn geschaffen hat, da heute niemand mehr in der Depositenbank ist, der seinem ›Geschäftsgeist‹ ernstlich Widerstand entgegensetzen könnte. Daß Herr Goldstein auch weiterhin Vorsitzender der Direktion bleibt, ist doch nur mehr oder weniger Formsache, um die Depositenbank nicht ganz als Castiglioni-Bank erscheinen zu lassen … Den Profit von dieser Kapitalsvermehrung wird ja doch wieder nur Herr Castiglioni und die einzelnen Direktoren der Bank haben, die bei solchen Kapitalserhöhungen, in den bei der Depositenbank üblichen Syndikaten und an der Börse selbst ihren Vorteil finden werden … Die Depositenbank hat übrigens in den letzten Tagen ein neues Manöver praktiziert … Die Aktien der steirischen Magnesitwerke wurden innerhalb von zwei Börsetagen von 2000 auf 10 000 K hinaufgetrieben. Niemand weiß warum … Man kann sich nur wundern, daß die Börse noch immer auf die Bluffs der Depositenbank hereinfällt, obwohl sie sich schon so oft dabei blutige Köpfe geholt hat.«

Dass Kursmanipulationen durch gezielte Aktienkäufe und -verkäufe, das Streuen von Gerüchten oder Insiderinformationen offenbar schon früh zum Handlungsrepertoire Camillo Castiglionis gehörten, lässt jene Episode aus dem Jahr 1918 vermuten, die Ernst Heinkel in seinen Lebenserinnerungen wiedergibt: »Manchmal ließ er mich tiefer hinter die Kulissen seines Lebens sehen. Es machte ihm Spaß, mir zu zeigen, wie man spekuliert. So sagte er zum Beispiel:

›Herr Heinkel, ich habe eben für 25 000 Mark Aktien für Sie notiert. Um wieviel Mark, schätzen Sie, werden Sie in einer Stunde reicher sein?‹

Ich hatte keine Ahnung.

›Ich wette, 5000 Mark‹, sagte er.

Eine Stunde später hörte er sich die Ergebnisse an. ›Was habe ich gesagt – 5000 Mark?!‹

Er hatte haargenau 5000 Mark für mich erobert. Die Genauigkeit seiner Schätzungen amüsierte ihn königlich.«

Auch wenn man berücksichtigt, dass Ernst Heinkels Darstellung von einer Mischung aus Dankbarkeit, Bewunderung und schlechtem Gewissen gefärbt ist, deutet die Episode darauf hin, dass Castiglioni die Praxis der Kursmanipulation beherrschte und nach Bedarf einsetzte. Untersucht man parallel sowohl Einkommensquellen als auch Expansionsstrategie des inzwischen zigfachen Mehrheitsaktionärs, so zeigt sich, dass Aktienpakete und deren vergleichsweise bescheidene Dividenden – neben der Machtausübung – vor allem der Kreditsicherung neuer Erwerbungen dienen. Bei diesen zahlt Castiglioni allenfalls einen Teil an – wie bei BMW –, die Tilgung des Restbetrags aber überantwortet er der sich immer rasanter beschleunigenden Inflation.

Auch die Rückflüsse aus den diversen Direktorengehältern und Aufsichts- oder Verwaltungsratsbezügen spielen nur eine vergleichsweise bescheidene Rolle auf der Skala der Einkommensquellen. Tatsächlich speisen sich jene Unsummen, die Camillo Castiglioni in seinen Lebensstil und seine quasi-feudale Hofhaltung investiert, zum Großteil aus den Provisionen für Vermittlungsgeschäfte, die er zugunsten seiner diversen Geschäftspartner in Wien, Berlin, Zürich, auf dem Balkan und in Italien bewerkstelligt. Daneben stehen vermehrt Gewinne aus jener Praxis, die in dem vorstehenden Artikel der *Montags-Zeitung* anklingt, und die Camillo Castiglioni inzwischen meisterhaft beherrscht: Kapitalerhöhungen.

Gedacht unter anderem als Instrument zur Kapitalsicherung in einer Zeit des galoppierenden Währungsverfalls, entwickelt sie sich unter den Augen der genehmigenden Börsenaufsicht im Verlauf der Inflationsjahre mehr und mehr zu einem Mittel wundersamer Geldvermehrung. Davon profitieren allerdings nicht die jeweiligen Aktiengesellschaften und schon gar nicht die Masse der Kleinanleger, sondern aus wenigen Verwaltungsräten und Vorständen gebildete »Syndikate«. Dass dieser Begriff nicht von ungefähr an »mafiose« Geschäftspraktiken erinnert, zeigt das von Karl Ausch in seinem Buch *Als die Banken fielen* skizzierte Prinzip: »Eine Bank, die von ihren Großaktionären (Syndikat) beherrscht wird, beschließt eine Kapitalerhöhung um beispielsweise 50 Milliarden Kronen. Das Syndikat übernimmt die jungen Aktien, bleibt jedoch das Geld ganz oder großteils der Bank ›schuldig‹, und hinterlegt stattdessen die jungen Aktien als Sicherstellung, sodass der Kapitalerhöhungseffekt zunächst einmal gleich Null ist. Bei steigenden Kursen geschah meist folgendes: Die jungen Aktien wurden vom Syndikat mit erheblichem Gewinn an der Börse losgeschlagen, sodass die Schulden bezahlt und ein erklecklicher Gewinn eingesackt werden konnte. In diesem Fall war der Effekt für die Bank eine tatsächliche (wenngleich um das Emissionsdisagio zugunsten des Syndikats gekürzte) Kapitalerhöhung.«

Zu Beginn der 1920er Jahre befinden sich die Aktienkurse in einer stetigen Aufwärtsbewegung, sodass die Syndikatspraxis zwar von Teilen der Presse zunehmend kritisch beleuchtet wird, von Politik, Gesetzgebung und Aufsichtsorganen zunächst aber weitgehend geduldet bleibt. Dafür wirkt ab 1922 der Missmut jener umso stärker, die von derartigen »Tafelrunden« ausgeschlossen sind. So geschieht es auch im Zusammenhang mit der Allgemeinen Depositenbank. Rund sechzig Zweigstellen umfasst das Filialnetz zu Beginn des Jahres 1922. An rund achtzig Unternehmen in Österreich, Bayern und auf dem Balkan ist die von Castiglioni beherrschte Bank beteiligt. Die Verdreizehnfachung des Kapitals (von rund achtzig Millionen auf eine Milliarde Kronen) in den fünf Jahren unter der Ägide Camillo Castiglionis relativiert sich indes durch den noch rasanteren Wertverfall der Krone (allein im Jahr 1921 verliert die Krone gegenüber dem britischen Pfund etwa neunzig Prozent ihres Wertes).

Anfang 1922 kommt es schließlich zu einem ernsthaften Versuch, Camillo Castiglioni von der Spitze der Depositenbank zu vertreiben. Am 14. März 1922 wird in der Zeitung *Der Abend* berichtet: »... scheint einer Gruppe von Direktoren ... Herrn Castiglionis Appetit im Laufe der Zeit zu groß geworden zu sein. Sie fühlten sich in ihrem eigenen Anteil verkürzt. Sie vereinigten sich daher mit Herrn Körner, einem Holzindustriellen, dessen Geschäfte so umfangreich geworden sind, daß er über eine eigene Bank verfügen will. Hinter der ganzen Gesellschaft soll die Kommerz- und Privatbank Berlin stehen ...«

Tatsächlich handelt es sich bei dem genannten Oskar von Körner allenfalls um die Hintergrundfigur einer »Gruppe von Industriellen aus dem Konzern der Depositenbank«, so im *Österreichischen Volkswirt*. Und so endet auch der Versuch, Camillo Castiglioni durch massive Aktienzukäufe zu entmachten, mit einem Teilerfolg. Am Ende hat die Industriellengruppe zwar ihr Ziel erreicht, bei weiteren Kapitalerhöhungen ein Bezugsrecht auf neue Aktien auszuüben, verfügt aber dennoch nur über eine Minderheit von rund 550 000 gegenüber 1 090 000 von Castiglioni kontrollierten Aktien. Vor allem aber steht allfälligen Bemühungen, Castiglioni von der Spitze der Bank zu verdrängen, jener Umstand entgegen, den der *Österreichische Volkswirt* 1922 auf den Punkt bringt: »Es ist nicht so, dass die Depositenbank das Fundament für den Aufstieg des Herrn Castiglioni gebildet hat, vielmehr war er es, der der Bank die Verbindungen mit dem großen, aus den ersten Industrieunternehmungen Deutschösterreichs gebildeten Konzern zubrachte, der unter seine Kontrolle geraten ist. Geht Herr Castiglioni und nimmt diesen Industriekonzern mit sich, dann bleibt von der Bank eine Hülse ohne Inhalt, an der die siegreiche Aktionärsgruppe wahrscheinlich nicht viel Freude hätte.«

Castiglioni ist dies natürlich deutlich bewusst. Andererseits sieht er seinen Handlungsspielraum durch die neue – seinen Interessen entgegenstehende – qualifizierte Minderheit eingeschränkt. Dennoch zeigen sich nicht wenige überrascht, als fünf Wochen nach dem gescheiterten Entmachtungsversuch folgende Presseerklärung durch die Medien geht: »Der Präsident der Allgemeinen Depositenbank, Herr Camillo Castiglioni, beabsichtigt in Ausführung seines schon vor Monaten gefaßten Entschlußes, seine Stelle im Präsidium und Verwaltungsrate dieser Bank zurückzulegen. Ausschlaggebend hiefür war der Umstand, daß in der letzten Zeit in dem Besitzverhältnisse der Aktien … eine Veränderung eingetreten ist, die eine neue Gruppe zur Entsendung ihrer Vertreter in die Verwaltung berechtigen würde. Die zwischen Herrn Castiglioni und der neuen Gruppe geführten Verhandlungen haben zu dem Ergebnisse geführt, daß er den größten Teil seines Besitzes an Aktien der Allgemeinen Depositenbank der neuen Gruppe überläßt. Auch nach dem Ausscheiden des um das Institut so außerordentlich verdienstvollen Herrn Camillo Castiglioni wird ein reges geschäftliches Verhältnis mit der Allgemeinen Depositenbank bestehen bleiben.«

Mit »regem geschäftlichem Verhältnis« gemeint ist die Verlängerung des Syndikatsvertrags zwischen Castiglioni und der Depositenbank sowie der vorläufige Fortbestand der von Castiglioni in die Bank eingeflochtenen Unternehmensbeteiligungen. Außerdem behält Castiglioni dreihunderttausend Aktien an der Allgemeinen Depositenbank und erwirkt für seine mehr als achthundert Millionen Kronen umfassenden Verbindlichkeiten gegenüber der Depositenbank ein Zahlungsziel, das die Tilgung durch die stetig sich beschleunigende Kronenentwertung in Aussicht stellt.

Die neuen Herren der Depositenbank heißen nun Ernst Sachsel und Adolf Drucker. Auf Castiglionis Präsidentensitz rückt der bisherige Generaldirektor Paul Goldstein nach. Als wolle er jene Geister bannen, die zwei Jahre später tatsächlich über die Bank kommen werden, beschwört Goldstein am 7. Mai 1922 in einem Interview mit dem *Neuen Wiener Journal* die nach wie vor guten »persönlichen Beziehungen«: »Castiglioni weiß, wie sehr ich seine Energie, seinen Scharfblick, seine staunenswerte Arbeitskraft schätze, und es wird meiner Frau und mir immer ein Vergnügen sein, unseren gesellschaftlichen Verkehr mit ihm und seiner entzückenden jungen Frau, Iphigenie Buchmann, in herzlicher Weise fortzusetzen.«

Der Alpine-Deal

Wirklich herzlich und vertrauensvoll sind die Beziehungen Camillo Castiglionis zu Gabor Neumann, seinem aus Budapest stammenden Freund und treuen Wegbegleiter seit den Zeiten der Ufag-Gründung. Neumann, bisher Stellvertreter Goldsteins, scheidet gemeinsam mit Castiglioni aus der Führungs-Troika der Depositenbank aus und wird neuer Generalbevollmächtigter in Castiglionis Konzern. Dieser jedoch steht inzwischen nur noch scheinbar auf denselben stabilen Beinen wie vor einem Jahr. Dabei hat Castiglioni bei der Alpine-Transaktion im Zusammenspiel mit Hugo Stinnes, Giovanni Agnelli und Giuseppe Toeplitz erst wenige Monate zuvor ein Bravourstück geliefert, an dessen Ende es zunächst nur zufriedene Beteiligte gab: Agnelli, weil er mit dem Verkauf seiner Alpine-Aktien einen Gewinn von zweiundzwanzig Millionen Lire[46] verbuchte. Giuseppe Toeplitz, weil seine Banca Commerciale nun mit zehn Prozent am größten Unternehmen des nördlichen Nachbarlandes beteiligt war. Hugo Stinnes, weil er nicht nur achtzig Prozent der fünfhundert Alpine-Anteile besaß, sondern zugleich die Tür nach Italien und zum Balkan aufgestoßen hat. Und zu guter Letzt Camillo Castiglioni, weil er als zweiter Zehn-Prozent-Partner mit Hugo Stinnes in einem Boot saß und die Bande zur Banca Commerciale fester denn je gezurrt hatte. Doch die von der Schweiz aus geführte Transaktion beschwor den Unmut der französischen und der englischen Regierung herauf, da man Stinnes' Einstieg als Verletzung der Friedensverträge bewertete. Daneben sah die italienische Regierung die Normen für Auslandstransaktionen verletzt. Als sich Agnelli daraufhin mit dem Argument verteidigte, er habe die Aktien ja an seinen Landsmann Castiglioni verkauft, und Stinnes in seiner Funktion als

Reichstagsabgeordneter die Einmischung Frankreichs und Großbritanniens als einen »Versuch mit allen Mitteln« geißelte, Deutschland »abzuschnüren« (»Und man sieht es mit äußerster Empörung, daß Deutschland sich durch die Alpine-Beteiligung aus der Umklammerung herauswindet«), beruhigten sich die Gemüter wieder. Nachdem Hugo Stinnes sich seitens der deutschen Regierung die Erlaubnis sicherte, Koks an die Alpine liefern zu dürfen, indem er sich im Gegenzug zur Versorgung der Reichsbahn mit billigerer und besserer Lokomotivkohle verpflichtete, kam es im März 1921[47] bei der Alpine zu einer ersten Kapitalerhöhung, bei der sich der Anteil Castiglionis und der Banca Commerciale geringfügig erhöhte.[48]

Am 8. April 1921 reist Stinnes in Begleitung seiner Direktoren Kirdorf und Vögler erstmals nach Leoben, um die erneute Inbetriebnahme der Alpine zu regeln. Doch schon sechs Monate später beginnt Hugo Stinnes zu ahnen, dass sich der Kauf zum Zuschussgeschäft entwickeln könnte. Als sich nämlich Camillo Castiglioni im Oktober 1921 mit der »dringenden Bitte« um weitere Zahlungen zur Deckung der Alpine-Verbindlichkeiten an Stinnes wendet, wundert sich dieser: »Bei den getätigten Exportverkäufen und den eingehenden Liren ist es meines Erachtens nicht denkbar, daß die Schulden steigen, im Gegenteil, sie müssen erheblich fallen.« Als die Alpine-Direktion daraufhin erklärt, man werde die Bankschulden »bis Ende Dezember 1921 oder spätestens im Januar 1922 ausgleichen«, leistet Stinnes die erforderliche Zahlung. Darüber hinaus erklärt er sich bereit, den seit Monaten schwelenden Konflikt mit den österreichischen Gewerkschaften zu beschwichtigen, indem er eine Einrichtung zum Einkauf von Lebensmitteln für die schlecht ernährten steirischen Arbeiter in Aussicht stellt.

Es ist der Beginn eines durch die Inflation dramatisch verschlimmerten Hungerwinters, bei dem es in Österreich mehrmals zu gewaltsamen Aktionen kommt. So marschieren etwa am 1. Dezember Tausende Arbeiter aus dem Wiener Gemeindebezirk Floridsdorf in die Wiener Innenstadt und demolieren dort mehr als einhundert

Geschäfte und Kaffeehäuser. Wenige Tage danach schreibt Camillo Castiglioni in seiner Eigenschaft als Alpine-Vizepräsident einen weiteren Brandbrief an Hugo Stinnes, und zwar mit der Bitte, »unverzüglich 15–20 Millionen Mark« zur Deckung kurzfristig einzulösender Bankverbindlichkeiten an die Alpine zu überweisen. Als Stinnes daraufhin bei der Geschäftsführung die »niedrigen Produktionsziffern« anmahnt, werden ihm die »Lieferengpässe« an Erz und Koks entgegengehalten. Als Stinnes daraufhin zu »höheren Preisen« rät, macht ihm die Geschäftsführung deutlich, »dass die von der Alpine kalkulierten Preise bereits jetzt über dem deutschen Inlands- und Weltmarktniveau liegen, sodass jede weitere Preiserhöhung die Wettbewerbsfähigkeit – sogar in Österreich selbst – zunichte machen wird«. Rettung könne nur eine Kapitalerhöhung oder ein Kredit in Devisen bringen.

Vier Monate später, am 26. April 1922, hat Camillo Castiglioni die nächste Kapitalerhöhung vorbereitet und die erforderlichen Genehmigungen sichergestellt. Wie nur wenige andere Dokumente gibt das am selben Tag an Hugo Stinnes gerichtete Schreiben über Castiglionis Denk- und Vorgangsweise Aufschluss: »Sehr geehrter Herr Stinnes, inliegend schicke ich Ihnen einen Brief, den ich noch gestern Nachmittag, knapp vor meiner Abreise nach Wien, erhalten habe. Dr. Hoynigg ist ein ausserordentlich tüchtiger Mensch, der für mich die Kapitalerhöhungen, Statutenänderungen, Gesellschaftsgründungen etc. durchführt. Er war erster Finanzrat im Finanzministerium und hat ausgezeichnete Beziehungen. – Ich habe ihm, als er mir gestern Früh die Angelegenheit mündlich vortrug, gesagt, er solle mir noch vor meiner Abreise ein Exposé[49] für Sie und Herrn Vögler schicken, machte ihn aber gleich darauf aufmerksam, dass, wenn angesichts der österreichischen Verhältnisse und der Leichtigkeit, sich darüber zu einigen, die ersten zwei Punkte diskutierbar seien, man natürlich auch da sehr vorsichtig sein müsse, denn die Garantie eines gewissen Investitionsprogrammes bedingt, dass man etwas Genaueres mitteilt, und das macht Herrn Feilchenfeld und mir gewisse

Bedenken wegen der späteren Steuerkontrollen und der grossen Abschreibungen dieser Investitionen. Aber darüber wird man sicher hinwegkommen. Auch die Garantie der Kokslieferungen ist unbedenklich, besonders bei der Art, in welcher österreichische Behörden gewöhnlich solche Kontrollen vornehmen. Als unannehmbar betrachte ich den dritten Punkt, und obwohl Dr. Hoynigg behauptet, dass dieser späterhin ausserordentlich lax behandelt werden wird und ich, bis zu einer gewissen Grenze, seiner Meinung bin, so würde ich doch nie empfehlen, eine so weitgehende Verantwortung zu übernehmen, vor allem aber dem Staate das Recht zu geben, bei uns Kontrollen vorzunehmen und herumzuschnüffeln. Es ist richtig, dass der Staat alle diese Rechte eigentlich gesetzlich schon hat und dass der Staatskommissär Einsicht in alle Bücher, Kalkulationen, etc. verlangen könnte. Das ist aber bis jetzt praktisch noch nie geschehen und es wäre ein gefährliches Präjudiz, sich über so etwas auch nur in Unterhandlungen einzulassen. Wie Sie sehen, steht aber die Sache nicht schlecht. Ich habe nach meiner Rückkehr aus Mülheim eine zweistündige Unterredung mit dem Finanzminister Dr. Gürtler in dieser Angelegenheit gehabt und darauf ist auch sein ausserordentliches Entgegenkommen und seine bedeutend ruhigere Auffassung der Situation zurückzuführen. Ich hatte damals diese Aussprache mit ihm umso dringender gesucht, als am Tage vorher in einer stark gelesenen Montagszeitung ein geradezu blödsinniger Artikel erschienen war, in dem in zwei oder drei Kolonnen hervorgehoben wurde, dass die Pfundgewinne der Gruppe zufliessen, etc. etc. Es scheint doch vor untergeordneten Organen der Alpine gesprochen worden zu sein, anders könnte ich mir das nicht erklären. Auch der Besitzer der ›Neuen Freien Presse‹, Chefredakteur Benedikt, mit dem ich gestern Vormittag eine lange Aussprache in anderen Angelegenheiten hatte, fragte mich gelegentlich: ›Warum nimmt eigentlich die Stinnesgruppe die Zahlung nur in Pfunden, das schwächt doch die Alpine ausserordentlich.‹ Ich musste ihm Aufklärungen geben und ihm versichern, dass von diesen Zahlungen nicht ein Penny daneben geht. – Es wird notwendig sein, dass wir vielleicht bei Ihrer Anwesenheit in Wien eine kurze Notiz bringen, in der wir diesen törichten Gerüchten ein für allemal ein Ende machen. Ich erwarte gerne, dass Sie mich womöglich noch morgen, Montag, brieflich, sonst Dienstag kurz telefonisch im Hotel Esplanade wissen lassen, wie Sie sich zu diesem Brief stellen, damit ich nach meiner Rückkehr nach Wien, am Samstag, noch einmal mit dem Finanzminister sprechen und die Angelegenheit in die richtigen Bahnen leiten kann … Ohne Sonstiges und mit verbindlichsten Grüssen bin ich Ihr sehr ergebener Castiglioni.«[50]

Während Camillo Castiglioni etwa zeitgleich in München von der Knorr-Bremse AG die Marke BMW erwirbt, geht im Mai 1922 die nächste Kapitalerhöhung der Alpine über die Bühne. Zu dem dabei festgelegten Schlüssel (Stinnes 300 000/SICMI[51] 75 000 neue Aktien) heißt es bei Luca Segato: »Die im Mai durchgeführte Kapitalerhöhung wurde von Castiglioni in derart ungewohnter Manier ausgetüftelt, dass sogar Giuseppe Toeplitz darüber verwirrt war. Castiglionis Plan zielte darauf, die Hälfte der Neuemission den Altaktionären in der üblichen Weise als Option anzubieten, während die zweite Hälfte im Rahmen eines Syndikats-Pakts direkt an die Promontana gehen sollte – eine im wirtschaftlichen Sinne unnütze Vorgangsweise, die Giuseppe Toeplitz zum Protest veranlasste, sodass statt der von Castiglioni vorgesehenen 50 % nur 40 % an das Promontana-Syndikat gingen.«[52]

So beginnt es in der bislang reibungslos verlaufenden und für Camillo Castiglioni besonders ergiebigen Verbindung mit der Banca Commerciale 1922 erstmals zu knirschen. Seit jenen ersten kritischen Pressestimmen und seinem Ausstieg bei der Depositenbank trachtet Camillo Castiglioni danach, seine – die Legalität zunehmend strapazierenden – Handlungen publizistisch abzusichern. Im Frühjahr beteiligt er sich gemeinsam mit Siegmund Bosel, dem zweiten großen Wiener Inflationsgewinner der frühen 1920er Jahre, und dem

Imre Békessy

Bankier Richard Kola an dem von Imre Békessy gegründeten Kronos Verlag, dessen Blätter *Die Börse* (Wirtschaft; seit 1920), *Die Stunde* (Boulevard; ab 1923) und *Die Bühne* (Theater und Film; ab 1924) bald zu den meistgelesenen der Republik gehören. Békessy, ein aus Budapest stammender Ex-Boulevardreporter, der unter anderem dadurch auffiel, dass er teils erfundene Storys publizierte, und der Budapest 1920 fluchtartig Richtung Wien verlassen hatte, glaubt zu wissen, was er seinem Förderer schuldig ist. So bedankt sich denn *Die Börse* mit einem so missratenen wie peinlichen Gedicht: »Im Süden bei den dunklen Pinien, / Im Land, wo die Zitronen blüh'n, / Dort münden seines Lebens Linien, / Dorthin wird er im Alter zieh'n. / Kein Blick nach rückwärts, er steht oben, / Zum höchsten Sitz Erfolg ihn trug. / Man mag ihn tadeln, mag ihn loben, / Ihm ist's egal. Er hat genug. / Man spielt im Leben viele Rollen, / Und ewig grüßt der Wanderstab. / Doch schöpft man einmal aus dem Vollen, / Spielt man sich selbst. – Und schminkt sich ab.«

Polemik

Nicht nur in Békessys Verlagsprodukten, auch in der auflagenstarken *Neuen Freien Presse* wird Camillo Castiglioni Förderung zuteil. Die Behauptung, Castiglionis Beteiligungen, die einen Großteil der österreichischen Papierindustrie (unter anderem Leykam) kontrollierten, hätten die von den Papierlieferungen abhängige Presse zu einer positiven Berichterstattung »gedrängt«, darf jedoch bezweifelt werden. Fakt ist, dass insbesondere österreichische Zeitungen ab 1922 zunehmend kritisch bis abfällig über Camillo Castiglioni zu berichten beginnen. Hauptgrund ist jener bereits angedeutete Fehler, der dem »Condottiere«[53] im Sommer 1922 unterläuft.

Zwei Monate nach dem Tod des letzten österreichischen Kaisers Karl am 1. April im Exil auf der Insel Madeira wird der knapp sechsundvierzigjährige Prälat Ignaz Seipel am 31. Mai in Wien zum Bundeskanzler einer christlichsozialen-großdeutschen Koalition gewählt. Sechzehn Tage zuvor kostete der US-Dollar an der Wiener Devisenbörse 10 000 Österreichische Kronen, zwei Wochen nach Seipels Amtsantritt hat sich der Wert der Krone bereits halbiert (1 US-Dollar = 19 400 Kronen). Der Handlungsbedarf zur Rettung der österreichischen Währung, seiner Binnenwirtschaft und des sozialen Friedens ist derart drängend, dass die neue Regierung Seipel Mitte Juni – als die deutsche Mark in ähnliche Turbulenzen stürzt wie die Krone und kurz bevor die Nachricht von der Ermordung des deutschen Außenministers Walter Rathenau im Berliner Grunewald durch die Weltpresse geht – einen konkreten Plan zur Restrukturierung des österreichischen Finanz- und Bankensystems präsentiert: Die Schaffung einer mit einem Kapital von hundert Millionen Schweizer Franken ausgestatteten, vom Staat unabhängigen Nationalbank. Das Kapital soll nach den Regierungsplänen in voller Höhe von den großen Wiener Banken bereitgestellt werden. Deren Verantwortliche reagieren im Bewusstsein der damit verbundenen Risiken zunächst zurückhaltend. Zum Mitmachen seien sie nur dann bereit, wenn auch die in Wien ansässigen ausländischen Geldinstitute herangezogen werden. Als daraufhin neben allen anderen ausländischen Banken auch die Itabank und die Banca di Credito Italo-Viennese ihre Bereitschaft zu einer Beteiligung signalisieren, ist der im Mai 1922 zum Mehrheitsaktionär der Unionbank aufgestiegene und in Wien als der eigentliche Wahrer italienischer Interessen angesehene Camillo Castiglioni der Einzige, der ein striktes Nein zu den Regierungsplänen erklärt.

In einem eilends verfassten Memorandum deklariert sich Castiglioni kurzerhand zum »einfachen Bürger«, der bereits mittels seiner »umfangreichen Beteiligungen an diversen österreichischen Banken« hinreichend viel zur Schaffung besagter Staatsbank beitrage, und der daher keinerlei Maßnahmen zu unterstützen gedenke, in welche die österreichische Regierung involviert ist. In Wahrheit würde Camillo Castiglioni mit dem in harten Devisen zu entrichtenden, nicht unerheblichen Solidarbeitrag die Stabilität seines auf den weiteren Währungsverfall setzenden Finanzierungssystems und damit den Zusammenhalt seines Konzerns gefährden. Fast jede neue Beteiligung hängt von der Tilgung bestehender Verbindlichkeiten ab. Und diese erfolgt nach wie vor zu einem bedeutenden Teil durch die Inflation. Dass Camillo Castiglioni den Mythos sagenhaften Reichtums unwidersprochen lässt, wird ihm nun vor allem in der österreichischen Presse zum Verhängnis, die eine wütende Kampagne entfacht.

Am 8. August 1922 heißt es auf der Titelseite der sozialdemokratischen *Arbeiter-Zeitung* unter der Überschrift »Herr Castiglioni und die Notenbank«: »Camillo Castiglioni war bei Kriegsausbruch ein recht unbemittelter Mann, Direktor der Oesterreichisch-Amerikanischen Gummiwarenfabrik, deren Dienste er sehr plötzlich verließ … Heute gilt Castiglioni als einer der reichsten Menschen in Oesterreich und ganz zweifellos als derjenige, der es am besten verstanden hat, in der kurzen Zeit von vier Jahren ganz ungeheure Schätze zusammenzuraffen. Personen, die genauen Einblick haben, schätzen ihn auf mindestens achtzig Millionen Schweizer Franken, eine Zahl die in österreichischen Kronen auszudrücken bereits astronomische Zahlen erfordern würde. Gewiß ist, daß mit dem Vermögen dieses einzigen Mannes der gesamte Banknotenumlauf Oesterreichs nicht nur wie er jetzt ist, sondern wie er voraussichtlich im Oktober sein wird, fundiert werden könnte. Es gibt kaum irgend ein Unternehmen größten Stils, an dem Castiglioni und sein weitverzweigter Konzern nicht beteiligt wären … Sein Palais … ist schon bis zur Decke gefüllt mit den erlesenen Kunstschätzen, die einen weit größeren Wert repräsentieren als die vielgerühmten Gobelins. Dieser und ein feudaler Besitz am Grundlsee sind aber eigentlich nur Kleinigkeiten gegenüber jenen Reichtümern, die schon ins Ausland verschoben wurden … Castiglioni ist auch zusammen mit Kola der Geldgeber des Wochenblattes ›Die Börse‹ dessen Animiernotizen über chancenreiche Papiere dauernd eine sehr ergiebige Einnahmequelle bilden. Dieser Mann wurde nun in den letzten Tagen gleichfalls aufgefordert, an der Zeichnung von Aktien der neuen Notenbank teilzunehmen. Castiglioni hat dies rundweg mit der Begründung abgeschlagen, daß er Privatmann sei … Klar und deutlich aber soll auch schon heute ausgesprochen werden, daß Herr Camillo Castiglioni zu jenen Aasgeiern gehört, die Stücke Fleisch aus diesem sterbenden Oesterreich herausreißen, daß seine Tätigkeit nicht zuletzt eine der Ursachen dieses im Sturmtempo sich vollziehenden Niedergangs ist. Es gibt eine Bestimmung, die den Behörden das Recht einräumt, ›lästigen Ausländern‹ den Aufenthalt in Oesterreich zu verbieten. Man spricht von dieser Bestimmung nur zumeist, wenn es sich um Ostjuden handelt, und sicherlich sind auch unter diesen recht viele unsympathische Figuren. Aber sie alle zusammengenommen haben diesem Oesterreich nicht einen Bruchteil des Schadens zugefügt wie Herr Castiglioni …«

Und dann wird am Ende des Artikels erstmals jenes unterschwellige Attribut bemüht, das fortan in keiner Publikation über Camillo Castiglioni fehlen wird: »Die Regierung wird gefragt werden müssen, ob es nicht endlich an der Zeit wäre, ihm das Handwerk zu legen, und wenn Herr Ségur [Anm.: der Finanzminister] sich trotz des Korbes, den er sich bei Herrn Castiglioni geholt hat, doch schützend vor ihn stellen sollte … dann sei dem christlichsozialen Minister das Geheimnis verraten, daß sein Protektionskind – der Sohn des Oberrabbiners von Triest ist. Vielleicht bringt jetzt Herr Ségur den Mut auf mit Herrn Castiglioni eine etwas kräftige Sprache zu führen.«

Doch die österreichische Regierung zieht es zunächst vor, den »Sohn des Oberrabbiners von Triest« zu schonen. An der Tatsache, dass Castiglioni etliche marode österreichische Unternehmen – darunter als größtes die Alpine – vor dem Kollaps bewahrte und dass er ganz nebenbei einer der größten Arbeitgeber des Landes ist, führt ebenso wenig ein Weg vorbei wie an Castiglionis guten Beziehungen zur italienischen Regierung. Mit dieser entwickelt die Regierung Seipel im Sommer 1922 eine rege Geheimdiplomatie.

Trotz Castiglionis persönlichen Kontakten zu Benito Mussolini und dessen Fasci Italiani di Combattimento, und obwohl Castiglioni seit 1921 Mussolinis in Triest erscheinende Parteizeitung *Era Nuova* mitfinanziert, nimmt die italienische Regierung Bonomi die Dienste Castiglionis gerne in Anspruch. So war der »Condottiere« etwa am 7. Juli 1921 in Venedig auf der Seite Italiens in die Verhandlungen um die Festlegung der Burgenlandgrenze zwischen Österreich und Ungarn involviert, und so wird Camillo Castiglioni aus Anlass des am 24. August 1922 anberaumten Treffens zwischen hochrangigen Vertretern der österreichischen und der italienischen Regierung nach Verona eingeladen. Gegenstand der Konferenz ist eine von der Industrie und den Banken unterstützte Zollunion beider Länder. Der in die Verhandlungen eingebundene Sektionschef im Wiener Außenamt, Richard Schüller, wird sich später erinnern: »Nahm Handtasche mit einem Hemd, fuhr mit dem nächsten Zug nach München. Kein Schlafplatz, aber Inspektor sagt: ›Herr Minister werden ein Bett bekommen.‹ Gab mir ein Coupé, das Castiglioni für seinen Sekretär genommen hatte. Dieser fragte früh, ob mich Castiglioni sehen könnte. Castiglioni war sehr dick und häßlich, erzählte, er fahre nach Verona, von italienischer Regierung eingeladen, stelle mir dort sein Auto zur Verfügung. Gegen Eins in Verona … Dort Seipel und Ségur, Schanzer (ital. Außenminister) und Staatssekretär Contarini. Schanzer sagt gerade, die italienische Regierung möchte helfen, aber Exzellenz vermögen ja selbst keinen positiven Vorschlag zu machen. Seipel antwortet: ›Den Vorschlag wird Sektionschef Schüller machen.‹ Ich schlug eine Zoll- und Münzunion mit Italien vor, die ich mir nachts im Zug überlegt hatte … Contarini sprang auf: ›Voilà une idée!‹ Schöner römischer Kopf, südliches Temperament; sehr klar und intelligent, wie ich später kennenlernte … Ségur sagte mir wütend: ›Wie konnten Sie so einen Vorschlag machen, ohne vorher mit mir zu sprechen.‹ Seipel: ›Sei still. Er war ausgezeichnet.‹ Er läßt sich die Sache näher von mir erklären. Versteht sofort vollständig. (Er versteht immer alles, sein Kopf ist eine Präzisionsmaschine – nur kommt er oft zu überraschend anderen Schlußfolgerungen als der Vortragende. Diesmal nicht.) Nach dem Essen sagte Contarini: ›Wir sind einverstanden mit Schüllers Plan, nur muß er gleich nach Rom, um ihn zu verhandeln.‹ Seipel: ›Er fährt heute.‹ Und so fuhr ich. Castiglioni war unsichtbar.«

Berücksichtigt man, dass Camillo Castiglioni im Anschluss an das Treffen von der Regierung Ivanoe Bonomi zum Commendatore del Regno ernannt wurde, so kann sein Beitrag nicht so gering gewesen sein, wie es der Sektionschef in seinen später verfassten *Nachgelassenen Schriften* glauben machen will. Nichtsdestoweniger ist die Schonzeit für Camillo Castiglioni, dessen Nein den Sanierungsplan der österreichischen Regierung zunächst zu Fall bringt, vorbei. Ende August erklärt Seipel, dass er sich außerstande sehe, Österreich mit den vorhandenen Mitteln weiterzuregieren. Am 17. September 1922 (der Wert der Krone büßte seit Juni weitere achtzig Prozent ihres Wertes ein und steht gegenüber dem US-Dollar mit 74450 zu 1 auf buchstäblich verlorenem Posten) legt die *Arbeiter-Zeitung* gegen den »Oberrabbinersohn« nach: »Wir haben bereits Gelegenheit gehabt, Herrn Kamillo [sic!] Castiglioni als den vielleicht erfolgreichsten Kriegsgewinner und als einen der eifrigsten Steuernichtzahler vorzustellen, und haben ihn dann in der Rolle des ›Privatmannes‹ gezeigt, der sich ganz und gar nicht verpflichtet fühlt, sei es auch nur in der ertragreichen Form der Aktienzeichnung für die Notenbank, irgend ein Interesse für das Land zu bekunden, an dessen Ausplünderung er zum Billionär geworden ist.

Wir sind heute in der Lage, das letzte Stückchen, das sich der famose Herr geleistet hat, dem Urteil der Oeffentlichkeit zu unterbreiten. So vernichtend dieses Urteil über Herrn Castiglioni zweifellos ausfallen wird, so muß es schier noch schärfer sein gegenüber dem Bundesministerium der Finanzen, das auch über diese schmachvolle Begebenheit wieder den Schleier der christlichen Nächstenliebe gebreitet hat, mit dem es die Taten des Oberrabbinersohnes aus Triest so bereitwilligst bedeckt.«

Wer den ausladenden Vorspann zu Ende gelesen hat, wird am Ende des Artikels mit der eigentlichen, vergleichsweise dürren Meldung belohnt: »Es handelt sich einfach darum, daß sich Herr Kamillo Castiglioni, der Besitzer ungezählter Milliarden, des gemeinen Antiquitätenschmuggels schuldig gemacht hat. Er wurde ertappt und man hätte nun erwarten dürfen, daß gerade gegen diesen Herrn, dessen in Kronen gar nicht auszudrückender Reichtum gewiß auch den leisesten Entschuldigungsgrund vermissen ließ, mit der schärfsten Strenge vorgegangen worden wäre. Statt dessen wurde das ordnungsgemäße Verfahren gegen ihn nicht durchgeführt, sondern sogenannte ›Ablaßverhandlungen‹ eingeleitet, mit dem Ergebnis, daß man sich schließlich mit einem Erlag von 361 000 Lire begnügte, so daß der findige Italiener auch bei diesem Anlaß, wo er wirklich endlich einmal gefaßt wurde, den österreichischen Staat drangekriegt hat.«

Diese »Schmuggel«-Meldung ist nur der Auftakt zu einer Reihe weiterer, aus dem Regierungsumfeld gegen Camillo Castiglioni lancierter Meldungen und Maßnahmen. Kurz nach Castiglionis Weigerung, sich an einer Staatsbank zu beteiligen, startet die österreichische Finanzverwaltung eine weitere Kampagne gegen ihn, indem sie die aus unterschiedlichen Abgabenquellen herrührenden Steuerrückstände aus den Jahren 1920 und 1921 auf »mehrere hundert Millionen Kronen« hochrechnet und die diesbezüglichen Informationen an die Castiglioni gegenüber kritisch bis polemisch eingestellte Presse weiterreicht, die den Steuerrückstand postwendend auf »achtunddreißig Milliarden Kronen« aufbläst. Anfang Juni gibt auch das *Neue Wiener Journal* seine bislang geübte Zurückhaltung auf und vermerkt süffisant: »Dieser Rabbinersohn aus Triest und Kompagnon des arischen Herrn Stinnes, der die deutschnationale Presse aushält und die Hakenkreuzler und Frontkämpfer subventioniert, verdient natürlich die Schonung der Regierung.«

Am 1. November 1922 legt man mit einem Dossier nach: »Es kommt vor, daß er, von Angst gepeinigt, plötzlich in Tränen ausbricht, Gott anruft und seine Umgebung um Trost und Hilfe bittet. Doch selbst in solchen Stunden spielt er sich selber. Castiglioni ist nämlich einer der größten Schauspieler Wiens … Die Tränen stehen ihm jeden Augenblick zu Gebote. Von der Behörde zur Begleichung rückständiger Steuern gemahnt, weinte Castiglioni dem ganzen Instanzenzug vom Finanzrat bis zum Sektionschef und zum Finanzminister seine tränenreichen Verzweiflungsarien vor. Diesen Mann unterscheidet von den sachlichen Lenkern der Finanzen und der Industrie die Gabe, einen großen Teil des Erfolgs nicht vom technischen Apparat, nicht von Gehilfen und Mitarbeitern bestreiten zu lassen, sondern selber zu sichern. Er ist darin vielleicht altmodisch, daß er mit dem ganzen Einsatz seiner Person am Geschäft sich beteiligt, darin aber jedenfalls neu, daß er die primitive Methode psychologischen Bauernfanges in den Dienst der großen Aktion stellt. Er benutzt Frauen, Vertraute und Lakaien zur Erspähung von Geschäftsgeheimnissen; er mimt den Verliebten vor der Sekretärin des Konkurrenzunternehmens, um ihr Vertrauen zu gewinnen, er wirbt mit einer Liebenswürdigkeit und mit dem Charme seines Wesens um die Gunst der Tänzerin A., der er die Fähigkeit zutraut, der geschickte chargé d'affaires bei der heimlichen Verfrachtung edler Valutengüter zu werden; er besticht, nicht mit Geld, [sondern] mit schönen Worten und Versprechungen die Telephonistin des großen Berliner Hotels, darin Stinnes wohnt, die Telephongespräche des Gewaltigen abzulauschen und Wissenswertes zu notieren; er mißbraucht alle und jeden. Und bleibt die Zeche schuldig.«

Liest man, was Hugo-Stinnes-Biograf Gerald D. Feldman über das zur selben Zeit wirksame Zusammenspiel zwischen Stinnes und Castiglioni schreibt, so zeigt sich ein ganz anderes Bild als jenes, das von Teilen der Wiener Presse kolportiert wurde: »Der anscheinend unverwüstliche und stets optimistische Castiglioni war offenkundig sehr daran interessiert, die Alpine zu retten und bemühte sich Anfang Oktober, die Tilgung der am dringendsten fälligen Schulden in tschechischen Kronen zu ermöglichen sowie über seine österreichischen und schweizerischen Kontakte einen Goldkredit zu besorgen. Für die Bewältigung einer solchen Situation bildeten Stinnes und Castiglioni das perfekte Gespann, nicht nur weil sie bei allem Krisenmanagement nie ihre expansionistischen Ambitionen aus den Augen verloren, sondern auch weil sie eine nützliche Arbeitsteilung praktizierten. Während Castiglioni die Banken bearbeitete, kümmerte Stinnes sich um die betriebswirtschaftlichen Probleme.«

Mitte Oktober schickt Stinnes seinen Sohn Edmund nach Österreich. Der findet ein »am Boden zerstörtes« Land vor, das sehnsüchtig »nach Genf schaut«, wo unter anderem die Vertreter Frankreichs, Großbritannien und Italiens über eine Völkerbundanleihe zur Stabilisierung der österreichischen Wirtschaft beraten. Dazu Feldman: »Alles war wesentlich teurer als in Deutschland, die Löhne waren höher als in den Vorkriegsjahren, und die Produktivität und die Arbeitsdisziplin schienen trotz einer beachtlichen Produktionssteigerung einen Tiefstand erreicht zu haben. Bei einem Besuch der Alpine erfuhr er, dass man es mit maßgeblicher Hilfe Castiglionis geschafft hatte, an britische Pfund heranzukommen und mit ihnen einen Teil der in tschechischen Kronen aufgelaufenen Schulden zu tilgen, dass Herz aber nicht den ›Mut‹ habe, weiterhin Pfund zu kaufen, um die Kronenschulden ganz abzubauen.«

In den Wiener Zeitungen brodelt unterdessen eine Affäre, die der Hauptschriftleiter des Boulevardblatts *Der Abend*, Sándor (Alexander) Weiß gegen Castiglioni anzettelte. Weiß verlangte im März 1922 von Castiglioni vierundzwanzig Millionen Kronen. Sollte man sie ihm verweigern, würde er Castiglionis »private Verhältnisse« in der Presse »erörtern«. Obwohl Castiglioni sogleich die Hilfe des Wiener Rechtsanwalts Gustav Harpner in Anspruch nahm und Klage gegen Weiß führte, wird der diffuse Anwurf vier Jahre lang im Raum stehen, bevor Weiß im April 1926 zu sieben Monaten »schweren Kerkers« verurteilt wird.

Inzwischen hat auch der Satiriker Karl Kraus in seiner Zeitschrift *Die Fackel* damit begonnen, spitze Pfeile auf Camillo Castiglioni zu richten: »Wie er [Anm.: der österreichische Staat] zu seinen bedeutendsten Steuerhinterziehern Küß die Hand Euer Gnaden sagt, für den Bettel von 200 Millionen Kronen, mit dem jener Castiglioni sich bei der Kultur vom Strafgericht loskauft; wie dieser Trinkgeldnehmer von einem Staat für das, was ihm über die Grenzen tour und retour geschmuggelt wurde, den Zoll der Hochachtung entrichtet und wie er durch seine Funktionäre, die es noch immer nicht satt haben, in solchem Milieu verbindlich zu sein, seine Journalisten zusammenrufen läßt, um ihnen über die Verwendung des Schandlohns Informationen zu erteilen, weil sich ja die Kunst schon diebisch freut, unter solchem Mäzenatentum aufzublühen: über die Verwendung von 14 000 Friedenskronen, die als eine pietätvolle Ablösungsspende für Steuern und Gefällsstrafen die ältesten Sektionschefs,

Wagentürlaufmacher und Kulturbewahrer in Rührung versetzen, von einer Summe, für deren Erwerb sich der Herr Castiglioni weiß Gott weniger angestrengt hat als ich für den zehnten Teil, welchen ich den durch diesen Mißstaat Verkürzten gespendet habe, ohne dessen Dank anders als in tagtäglicher Verhöhnung meines Wirkens und Wollens zu ernten. Aber die Geister werden wieder wach, wenn die Haifische Zeitungen gründen dürfen, und es ist eine Lust zu leben, da die Castiglionis, vor denen, wenn sie ein Schlachtfeld betreten wollten, Hyänen sich in Leidtragende verwandeln würden, ein augustisch Zeitalter etablieren. Und wenn sich im Triumphzug des Raubes auf der Stätte des Menschenmords, wie es das Zeremoniell der bürgerlichen Welt in jeder Verfassung und Verkleidung verlangt, die Spitzen der Behörden einfinden und diese ganze Lüge von einer Staatshoheit aufmarschiert, so könnte die Pietät des Hasses, die ich diesen Gespenstern bewahre, zwar imstande sein, mich auf die Rede verzichten zu lassen, aber nicht auf das Gelächter!«[54]

Trotz BMW-Erwerb, trotz seines Ausstiegs aus der Allgemeinen Depositenbank, trotz des mit Hugo Stinnes und Giuseppe Toeplitz erfolgreich durchgezogenen Alpine-Deals, trotz seiner Steuerprobleme, der Notenbank-Beteiligungsaffäre und allfälliger Skandalisierungen und trotz der nach Mussolinis Marsch auf Rom im November 1922 veränderten Machtverhältnisse in Italien sollte sich etwas ganz anderes als das mit Abstand einschneidendste Ereignis des Jahres 1922 aus der Sicht Castiglionis erweisen: das Ergebnis der Genfer Protokolle. Durch diesen im Oktober 1922 geschlossenen Vertrag im Rahmen des Völkerbunds wird Österreich eine auf zwanzig Jahre terminierte Anleihe in Höhe von sechshundertfünfzig Millionen Goldkronen zugewiesen. Die damit einhergehende Währungsstabilisierung und das De-facto-Ende der Inflation bescheren Camillo Castiglioni insbesondere zwei Probleme: Erstens verteuern sich damit die österreichischen Exporte, zweitens fällt ab sofort die Inflation – zumindest in Österreich – als Finanzierungspartner weg.

Einem möglichen finanziellen Engpass Castiglionis wirkt einstweilen die internationale Verzweigung seiner Beteiligungen sowie die mit der Stabilisierung der Krone einhergehende Hausse der Börsen – also die Erhöhung der zur Kreditsicherung hinterlegten Aktienwerte – entgegen. Hugo Stinnes, dem die sich verschärfende Reparationskrise[55] zwischen Deutschland und Frankreich zunehmend auf die Verdauungsorgane schlägt, zeigt sich dennoch besorgt und warnt Camillo Castiglioni brieflich: »Es darf uns nicht passieren, daß wir uns der über Österreich hereinbrechenden Katastrophe nicht gewachsen zeigen.«

Am unverminderten Kapitalbedarf der Alpine haben auch die Genfer Protokolle nichts geändert. So muss die Alpine im Dezember 1922 erneut bei der Banca Commerciale um einen Kredit ansuchen und erhält diesen durch die Vermittlung Camillo Castiglionis auch sofort gewährt. Während Stinnes über den Zinssatz von fünfzehn Prozent klagt (»Uns Deutschen fällt es immer noch schwer, uns an die ungeheuerlichen Zinssätze zu gewöhnen, durch die auf die Dauer jede Geschäftstätigkeit zerstört werden muß …«), bereitet Camillo Castiglioni die dritte Alpine-Kapitalerhöhung des Jahres 1922 vor. Diesmal wird der Schlüssel Stinnes 275196/SICMI 68799 Aktien angewandt.

Als das ereignisreiche Jahr 1922 zu Ende geht, erklärt sich Camillo Castiglioni doch noch zu der Beteiligung an der Österreichischen Nationalbank bereit. Er tut dies, indem er sich mit zwanzig Prozent einer von der Banca d'Italia angeführten Staatsanleihe in Höhe von drei Millionen Goldkronen anschließt. Erst am 23. April 1923 berichtet das von Castiglioni mitfinanzierte Boulevardblatt *Die Stunde*: »Mit dieser Beteiligung wurde natürlich auch der Vorwurf hinfällig, daß sich Präsident Castiglioni an der Zeichnung der Notenbank nicht beteiligen wolle. Selbst die dem Präsidenten Castiglioni feindlich gegenüberstehenden Zeitungen mußten zugeben, daß Castiglioni in der Frage der Notenbank vielleicht seine eigenen Wege gegangen wäre, aber, wenn auch spät, seine Pflicht dem Staate

Siegmund Bosel

gegenüber, dessen Gastfreundschaft er in so großem Maße in Anspruch nimmt, erfüllte.«

Tatsächlich beschert der unter dem Druck der Verhältnisse geleistete Beitrag Castiglioni unmittelbar Entlastung. So erteilt ihm beispielsweise das Finanzministerium Anfang Februar 1923 die bis dahin verschleppte Konzession zur Gründung einer eigenen Bank. Kurz nachdem er bei der Allgemeinen Depositenbank ausgestiegen war, erwarb Camillo Castiglioni gemeinsam mit der Banca Ungaro Italiana (ein Geschäftszweig der Banca Commerciale), der Böhmischen Union-Bank sowie der Dresdner Bank die Mehrheit an der Wiener Unionbank. Noch während Castiglioni seinen Generalbevollmächtigten Gabor Neumann mit der Geschäftsleitung betraute, hatte sich der zweite bedeutende Inflationsgewinner Österreichs, der gerade erst neunundzwanzigjährige Ex-Schwarzmarkthändler und -Schmuggler Siegmund Bosel, über die Börse fünfundzwanzig Prozent des Unionbank-Aktienkapitals und damit eine Sperrminorität erworben, bevor er sich durch weitere Zukäufe in die Position brachte, bei der folgenden Kapitalerhöhung Camillo Castiglioni Paroli bieten und schließlich die Präsidentschaft der Unionbank an sich reißen zu können. Diese Niederlage empörte Camillo Castiglioni derart, dass er seinem Protegé, dem Zeitungsherausgeber Imre Békessy, gegenüber erklärte, »nie in seinem Leben in einer Bank eine aktive Stellung mehr einzunehmen«.[56]

Insgesamt achtzig Bankkonzessionen werden 1923 in Österreich neu ins Handelsregister eingetragen. Dazu kommen die vorhandenen fünfundsiebzig Aktienbanken, zweihundertachtzig Privatbanken und rund anderthalbtausend nicht konzessionierten Geldinstitute. Es ist das letzte Jahr, in dem jedermann mittels Gewerbeanmeldung eine Bank als freies Gewerbe gründen kann. Unterdessen nimmt das mit einer Milliarde Kronen Kapital ausgestattete C. Castiglioni Bank- und Kommissionsgeschäft im Februar 1923 seine Geschäftstätigkeit auf. Der Firmensitz wird in Wien 1., Kolowratring 14, eingerichtet. Einziger Geschäftszweck der Bank ist die Vermögensverwaltung der weitverzweigten Geschäftsfelder des Castiglioni-Konzerns. 1923 findet auch das Steuerproblem seinen – wenngleich zweifelhaften – Abschluss. Nachdem über die tatsächlich geschuldeten Rückstände, die Stundungen und die von Castiglioni ins Feld geführte Verrechnung mit den von ihm gezeichneten Kriegsanleihen komplette Unklarheit herrschte, löst sich die Angelegenheit im Mai 1923 buchstäblich in Luft auf, als die »Steuerakte Castiglioni« aus den Räumen des Finanzministeriums auf Nimmerwiedersehen verschwindet. Zwar fordern daraufhin einige Zeitungen und auch der eine oder andere Parlamentsabgeordnete, dass man mit allem Nachdruck darauf bestehen müsse, die Affäre restlos aufzuklären, dennoch sollten sich die publizistischen Wogen erstaunlich rasch wieder glätten.

Ungeachtet seines opulenten Lebensstils und seines unverändert feudalen Auftretens darf man annehmen, dass Camillo Castiglioni die durch das Ende der Inflation zu seinen Ungunsten veränderten Prämissen durchaus realistisch einschätzte. Wusste er die welt- und finanzpolitischen Umstände seit 1918 zielstrebig zu nutzen und stand ihm dabei jahrelang immer wieder auch das Glück zur Seite, so sollte sich der seit 1922 spürbare Gegenwind ab 1923 nicht mehr zu seinen Gunsten drehen. 1909 hatten unternehmerischer Weitblick, Tatkraft und zielgerichtetes Networking Castiglionis Aufstieg eingeleitet. Ab 1914 hatten der Weltkrieg und die innovative Luftfahrtindustrie Castiglionis Aufstieg zu internationaler Größe begünstigt. Nach Kriegsende hatten der Wechsel der Staatsangehörigkeit, der Zusammenbruch der Währungssysteme und die Kooperation mit der Banca Commerciale als scheinbar unerschöpflicher Geldquelle jene Maßlosigkeit befördert, die Castiglioni dazu verführte, die gesetzlichen Spielräume immer mehr auszureizen. An die Stelle langfristiger Strategien und visionärer Ideen, wie er sie etwa 1917 bei seinen Planungen einer zivilen (Post-)Luftfahrt bewiesen hatte, trat ab 1919 das kurzatmige Schnappen nach den jeweils lukrativsten und am raschesten realisierbaren Gewinnen. Hatte Camillo Castiglioni bis Anfang 1923 jederzeit die Möglichkeit, seinen Expansionsdrang zugunsten einer längst fälligen Konsolidierung zu bremsen, so beginnt sich diese Option im Laufe des Jahres 1923 aufzulösen.

Während sich Österreich 1923 dank der Genfer Protokolle von seinen Nachkriegsnöten zu erholen beginnt, gerät Deutschland in immer dramatischere Turbulenzen. Im November 1922 trat mit Joseph Wirth der fünfte frei gewählte deutsche Reichskanzler seit 1919 zurück. Grund war das parlamentarische Patt über die Erfüllung oder Nichterfüllung der von den alliierten Siegermächten diktierten Reparationsforderungen von einhundertzweiunddreißig Milliarden Goldmark. Seit Billigung der Forderungen des Versailler Vertrags durch den Reichstag im Mai 1921 ist »Erfüllungspolitik«[57] das meistgebrauchte Schlagwort, »Erfüllungspolitiker« das gängige Feindbild.

Dass es Deutschland nicht schafft, sich von seinen alten (militärnahen) Eliten zu emanzipieren und zwischen den polarisierenden linken und rechten Kräften eine tragfähige demokratische Mitte zu bilden, wird sich als weiterer Grund dafür erweisen, dass das Land am Ende in eine noch größere Katastrophe gerät. Ein ums andere Mal gelingt es den Demokratiegegnern von rechts und links, sich gewaltsam in Szene zu setzen: Im März 1920 besetzte ein sechstausend Mann starkes Freikorps unter der Führung des rechtsradikalen Wolfgang Kapp und des Weltkriegs-Generals Walther von Lüttwitz Berliner Regierungsgebäude und zwang das Kabinett zur Flucht. Im selben Monat eroberten fünfzigtausend bewaffnete, sich als »Rote Ruhrarmee« bezeichnende Linksradikale das Industrierevier zwischen Rhein und Ruhr. 1921 wurden in München der USPD-Führer Karl Gareis und der Unterzeichner des Waffenstillstandsabkommens, Matthias Erzberger, ermordet. 1922 folgte der tödliche Anschlag auf Walter Rathenau, die gleichfalls geplante Ermordung Philipp Scheidemanns scheiterte nur knapp. Als Deutschland im Verlauf des Jahres 1922 mit den Reparations-Lieferungen an Holz und Kohle zunehmend in Verzug gerät, besetzen im Januar 1923 sechzigtausend französische und belgische Soldaten das Ruhrgebiet. Als Antwort ruft die deutsche Reichsregierung die Ruhrbevölkerung zum passiven Widerstand auf und beginnt diesen zu subventionieren, indem sie Kredite an Unternehmen gibt und die Gehälter der streikenden Beamten aus der Staatskasse weiter bezahlt. Da diese Kassen aber leer und Auslandskredite außer Reichweite sind, werden zur Finanzierung in immer rasanterer Folge neue Geldscheine gedruckt – mit absehbaren Konsequenzen: War die Mark gegenüber dem Dollar 1922 von 2500 : 1 auf rund 45 000 : 1 gesunken, so wird sich die deutsche Währung bis November 1923 bei einem Kurs von 4 200 000 000 000 : 1 in nichts auflösen.

Der Bruch mit Porsche

Ungeachtet der zahlreichen Verbindungen Castiglionis nach Deutschland – die Zusammenarbeit mit Hugo Stinnes, seine Engagements in München und Berlin (wo Castiglioni im Oktober 1921 die Austro-Daimler Motor AG als deutsche Vertriebsgesellschaft des Wiener Neustädter Werkes gegründet hatte) und seiner Pläne, in Deutschland einen Automobil-Pool von Daimler, BMW, Opel und anderen Unternehmen zu initiieren – liegen die Hauptschauplätze von Castiglionis Aktivitäten nach wie vor in Österreich, den Balkanländern, Oberitalien sowie der Schweiz als Sitz der gemeinsam mit Hugo Stinnes respektive Giuseppe Toeplitz gehaltenen Holdings. Die meisten seiner früheren Weggefährten hat Camillo Castiglioni mittlerweile weit hinter sich gelassen. Mit Körting-Generaldirektor Alexander Cassinone trifft er sich nach wie vor im Rahmen des Aero-Clubs. Ernst Heinkel zog sich nach dem Krieg zunächst in seine baden-württembergische Heimat zurück, um dort in aller Stille Militärflugzeuge für den zivilen Gebrauch umzurüsten, bevor er 1922 in Rostock-Warnemünde mit den Ernst Heinkel Flugzeugwerken sein erstes eigenes Unternehmen gründete. Für Ludwig Lohner sollte es sich als fatal erweisen, dass er während des Kriegs einen Großteil seines Firmenvermögens in nunmehr wertlose Kriegsanleihen hatte fließen lassen. Dazu entwickelte sich der Wagenbau des Floridsdorfer Unternehmens kontinuierlich nach unten. Als Lohner im Herbst 1920 mit einem Finanzierungsersuchen an Castiglioni herantrat, lehnte dieser höflich, aber bestimmt ab. Flugpionier Igo Etrich lebt seit Kriegsende in seiner tschechischen Heimat und kümmert sich wieder um den elterlichen Textilbetrieb.

Während der von Camillo Castiglioni aus Wiener Neustadt nach München geholte Austro-Daimler-Ingenieur Franz Josef Popp als Castiglionis BMW-Statthalter loyal zu seinem Alleinaktionär steht, bahnt sich Anfang 1923 eine weitere Trennung an. Die Rede ist von Ferdinand Porsche, der seit knapp vierzehn Jahren die technischen großen gelben Riesen aus der Halle. Nun begann Oberingenieur Kiefer seine Arbeit, den Ballon durch das Füllen der Ballonets ins Gleichgewicht zu bringen. Der Motor arbeitete mit langsamer Tourenzahl und durch die Ventile wurde Luft bald in das vordere, bald in das hintere Ballonet gebracht.

Jetzt stieg Oberingenieur Kiefer als vierter Passagier in die Gondel und nun wurde es ernst. Die Schraube beginnt sich zu drehen, die Leinen werden nachgelassen, „Gut Land!" tönt es von allen Seiten, und der erste österreichische Militärballon beginnt seinen Aufstieg.

„Ein Hoch auf den Kaiser!" rief Direktor Marcus, und sein Ruf fand Widerhall. Gespannt ver-

Zwanzig Minuten hatte die Fahrt gedauert; obgleich man die Maschine nur mit 900 Touren laufen ließ, betrug die zurückgelegte Distanz in dieser Zeit 12 Kilometer.

Trotzdem es zu schneien begann, wurde alles zur zweiten Fahrt klar gemacht. Die Passagiere wechselten. An Stelle des Oberleutnants v. Berlepsch trat Oberleutnant Franz Mannsbarth an das Steuer und Hauptmann Hinterstoißer trat seinen Platz an den Direktor Castiglioni ab. Merkwürdigerweise hatte sich der Wind im Laufe einer Stunde um 180 Grad gedreht. Die Abfahrt erfolgte diesmal gerade in entgegengesetzter Richtung. Oberleutnant Mannsbarth versteht ebenfalls die

Der österreichische Militär-Lenkballon I.

Direktor Porsche, Direktor Castiglioni, Oberingenieur Kiefer, Oberleutnant von Berlepsch in der Gondel des Parseval.

(Phot. Filius.)

folgte man den Abflug, denn jetzt mußte sich die Höhensteuerung bewähren. Und sie bewährte sich. In schlanker Fahrt stieg der Ballon empor und nahm seinen Kurs direkt gegen die Donau. Anfangs war er in etwa 80 Meter Höhe, dann machte er eine graziöse Wendung nach links und stieg auf 150 Meter Höhe. Kurz vor der Donau passierte er Fischamend und fuhr in der Richtung gegen Wien weiter.

„Er will nach Wien fliegen," sagten die Zurückbleibenden. Und fast schien es so, denn rasch entfernte sich das prächtige Luftschiff. Doch bevor es noch den Blicken entschwand, kehrte es zurück, wurde größer und größer, bald hörte man das Brummen des Motors, eine rote Fahne wurde an Bord gehißt, das Zeichen der Landung. Das Schleppseil fiel zu Boden, zahllose Hände faßten es und der Ballon landete glatt und sicher.

Führung eines Lenkballons, er brachte ihn rasch auf 150 Meter Höhe. In einem etwas engeren Bogen überflog man den Kirchturm von Fischamend, kehrte zur Ballonhalle zurück, schloß an den ersten Kreis einen zweiten und landete dann. Beide Fahrten waren vollkommen geglückt. Der Lenkbare hatte sich nach jeder Richtung hin bewährt und die Gratulationen, die den Direktoren der Motorluftfahrzeug-Gesellschaft, den Herren Fischer und Castiglioni, sowie Herrn Direktor Marcus zuteil wurden, waren wohlverdient.

Der sensationelle Flug über Wien fand Sonntag den 28. November statt. Vorher wurde von einer militärischen Kommission die Schnelligkeit festgestellt. Das Wetter war günstig, nämlich nur wenig windig.

Das Tor der riesigen Ballonhalle war bereits weit zum „Weg ins Freie" geöffnet, als die militärische Ueber-

Castiglioni (Mitte) neben Ferdinand Porsche (links) in der Parseval-Gondel

Geschicke von Austro-Daimler leitet. Im September 1920 ging Porsches erste Nachkriegskonstruktion – die vier- beziehungsweise sechssitzige Limousine AD-617 – in Serie. Drei Monate später nahmen Porsche und Castiglioni im Fond dieses neuen castiglionischen Lieblingsgefährts Platz und ließen sich von Bösenkopf nach Brüssel kutschieren, wo man das Fahrzeug beim ersten Nachkriegs-Autosalon der Weltöffentlichkeit präsentierte.

Auch 1921 erwies sich als fruchtbares Jahr. Zweitausenddreihundert Pkw verließen die Wiener Neustädter Werkshallen, während Porsches Rennerfolge bei Rallyes und Bergprüfungen ein zusätzliches strahlendes Licht auf Austro-Daimler warfen. Während die zum Castiglioni-Konzern gehörigen Puchwerke 1921 etwa eintausend Kleinwagen und die Floridsdorfer Fiat-Werke ebenso viele Lastkraftwagen produzierten, hatte sich Austro-Daimler als »Edelmarke« im Konzern etabliert, weshalb Porsche mit seiner wiederholt vorgetragenen Vision eines Daimler-»Volkswagens« bei Castiglioni regelmäßig auf taube Ohren stieß. Darüber hinaus fürchtete Castiglioni, dass – von den hohen Kosten, die Porsches Rennleidenschaft verursachte, einmal abgesehen – ein einziger tödlicher Unfall das positive Daimler-Image ins Gegenteil verkehren könnte. Doch Porsche raste (und siegte) ungerührt weiter. Als Porsche im April 1922 an der XIII. Targa Florio – einem einhundertacht Kilometer langen, viermal zu durchfahrenden Rundkurs auf Sizilien mit mehr als sechstausend Kurven – mit drei »Sascha«-Wagen[58] teilnahm, forderte Castiglioni in der folgenden Aufsichtsratssitzung eine generelle Reduzierung der Rennaktivitäten. Porsche drohte daraufhin mit seinem Rücktritt als Generaldirektor und Chefkonstrukteur, weshalb Castiglioni zunächst nachgab. Am Samstag, dem 9. September 1922, kam es in Monza – vor den Augen von Iphigenie und Camillo Castiglioni – zu der befürchteten Katastrophe. Beim letzten Training für das am Sonntag geplante Rennen auf dem Autodromo Nazionale di Monza geriet Daimler-Spitzenfahrer Fritz Kuhn in der Lesmo-Kurve so sehr ins Schleudern, dass sein »Sascha«-Wagen seitlich ausbrach und sich zweimal überschlug. Der aus dem Fahrersitz geschleuderte Kuhn war auf der Stelle tot. Als Unfallursache wurde ein Materialfehler (Speichenbruch) festgestellt. Damit war für Castiglioni das Maß voll, und er ließ den Daimler-Rennbetrieb unmittelbar stoppen. Ein halbes Jahr lang schwelte der Konflikt zwischen Porsche und Castiglioni, dann quittierte Generaldirektor Dr. h. c. Ferdinand Porsche seinen Posten und empfahl sich[59] als neuer technischer Direktor und Vorstandsmitglied zu den Stuttgarter Daimler-Werken, wohin ihm Ingenieur Alfred Neubauer, Porsches enger Freund und Mitarbeiter, folgte. Porsches Position bei Austro-Daimler übernahm der aus Pottendorf stammende Ingenieur Karl Rabe. Porsches Abgang ist nicht allein unter dem Aspekt der Katastrophe von Monza zu sehen. Als gravierender ist wohl der Absatzeinbruch gegen Jahresende 1922 zu sehen, der zur teilweisen Werksstilllegung und zur Entlassung von rund zweitausend der insgesamt etwa dreieinhalbtausend Arbeiter führte.

In Deutschland ist es zu dieser Zeit um die Automobilbranche allerdings kaum besser bestellt als in Österreich. Nahezu neunzig Automobilhersteller drängen sich mit insgesamt einhundertvierundvierzig Autotypen auf einem Markt, den – so BMW-Chronist Christian Pierer – im Grunde »ein einziger Produzent hätte abdecken können«, da es dem von der Hyperinflation gebeutelten Land an potenten Käufern fehlt.

Rückzug der Banca Commerciale

Während sich die wirtschaftliche Situation der Alpine infolge der durch die »Ruhrkrise« veränderten Wettbewerbssituation und der aus Italien beschafften Kredite verbesserte, kündigt sich 1923 in der Zusammenarbeit zwischen Camillo Castiglioni und Giuseppe Toeplitz eine Wende an. Mit der Übernahme der Holzbank und deren Umwandlung in die von der Banca Commerciale mit einem Anteil von achtzig Prozent dominierte Holding Foresta hatte die Zusammenarbeit zwischen Toeplitz und Castiglioni 1919 begonnen. Seine diesbezüglichen Vermittlungsdienste hatte sich Castiglioni mit 3,5 Millionen Lire honorieren lassen. Und so sollte es auch in den folgenden Jahren weitergehen: Während Castiglioni an den von ihm angeregten und in die Wege geleiteten Bankengründungen, Unternehmenskäufen und Beteiligungen glänzend verdiente, oblag es der Banca Commerciale, die von Castiglioni unermüdlich forcierte Expansion zu finanzieren. Doch die erwarteten Rückflüsse blieben in den folgenden Jahren aus. »1923 war das Beteiligungsnetz derart ausgefranst«, schreibt Luca Segato in seinem Essay über die Banca Commerciale, dass die Foresta am Ende sogar im Automobilsektor engagiert war.

Tatsächlich deutet sich für 1923 ein derart mageres Ergebnis an, dass Giuseppe Toeplitz erstmals einem von Camillo Castiglioni betriebenen Projekt eine Absage erteilt: Die Foresta hat zwar mit dem Erwerb der rumänischen Holzhandelsfirma Goetz das Monopol auf dem rumänischen Nadelholzmarkt erobert, doch an der von Castiglioni vorgeschlagenen Umwandlung des Unternehmens (in deren Verwaltungsrat er sitzt) in eine Aktiengesellschaft namens Foresta Romana SA zum Zweck der Kapitalbeschaffung an den internationalen Börsenplätzen will Giuseppe Toeplitz Ende 1923 nicht mehr teilnehmen. Obwohl es auch 1924 noch zu der einen oder anderen Kooperation kommt, beginnt Giuseppe Toeplitz die Beziehung zu Camillo Castiglioni ab Dezember 1923 zu lösen, indem er zunächst die Hälfte der von der Banca Commerciale an Castiglionis Böhmischer Union-Bank gehaltenen Anteile an Castiglioni zurückverkauft.

Wollte man die Umschichtungen von 1923 im Beteiligungsverhältnis zwischen der Banca Commerciale und Camillo Castiglioni mit den Stabilisierungstendenzen auf den Währungs- und Finanzmärkten vergleichen, so verliefen die daraus resultierenden Diagramme gegenläufig. Während sich in Österreich infolge der Völkerbundanleihe eine allmähliche Ordnung der Währungs- und Lebensverhältnisse abzeichnet, geht im Mai im komplizierten Beteiligungsverhältnis zwischen Mülheim (Stinnes), Wien (Castiglioni), Mailand (Toeplitz) und Zürich (Promontana und SICMI) die nächste Umschichtung über die Bühne. Auslöser ist diesmal die österreichische Regierung, die sich von ihrer lange geübten Willfährigkeit verabschiedet. Als die Alpine-Führung aufgrund anhaltender Versorgungsschwierigkeiten den Ankauf zweier schlesischer Unternehmen beschließt – Bismarckhütte AG und Kattowitzer AG –, sieht das Finanzministerium die Chance, den »deutschen« Einfluss in dem größten österreichischen Unternehmen zurückzudrängen. So soll das von der Regierung gestellte Verwaltungsratsmitglied der zum Ankauf erforderlichen Kapitalverdoppelung nur unter der Bedingung zustimmen, dass Hugo Stinnes die alleinige Kontrolle über das Unternehmen abgibt. Als Folge sieht Camillo Castiglioni sich zur »vielleicht komplexesten und heißesten finanztechnischen Entscheidung seiner gesamten beruflichen Karriere« (Luca Segato) gezwungen: Hugo Stinnes zugunsten des von der österreichischen Regierung aus politischen Gründen favorisierten französischen Unternehmens Schneider-Creusot[60] aus der Alpine hinauszukomplimentieren! Um sich gegenüber Stinnes nicht zu sehr zu exponieren, überträgt Castiglioni die Federführung bei der Kapitalerhöhung der Niederösterreichischen Escompte-Gesellschaft. Der Deal soll in drei Schritten erfolgen:

1. Die Niederösterreichische Escompte-Gesellschaft erhält die Hälfte der neuen Alpine-Emission zu fünfzig Prozent des am Stichtag geltenden Börsenkurses zugesichert.
2. Anschließend übereignen Castiglioni und Stinnes der Gesellschaft einen Teil ihres Aktienbestandes, sodass jene zunächst die Alpine-Mehrheit halten.
3. Die zu Schneider-Creusot gehörige Union européenne industrielle et financière (UEIF) erwirbt von der Escompte-Gesellschaft das Alpine-Aktienpaket.

Doch dem Deal sollte noch ein – von Castiglioni nicht eingeplanter – vierter, fünfter und sechster Schritt folgen. Im Zuge der mit der Kapitalerhöhung einhergehenden Umschichtungen hält Giuseppe Toeplitz die Stunde für gekommen, sich von den restlichen, für ihn wenig profitablen gemeinsamen Engagements mit Camillo Castiglioni zu trennen. Im Handumdrehen legt die Banca Commerciale Castiglioni den Ankauf sämtlicher in ihrem Besitz befindlicher Alpine-Anteile nahe. Als Nächstes tritt die Banca Commerciale auch die von der SICMI gehaltenen Anteile an der stahlverarbeitenden Industrie Österreichs an Castiglioni ab. Schließlich soll Camillo Castiglioni noch die SICMI-Anteile an dem gemeinsam gehaltenen Syndikat (Austro-Daimler, Österreichische Brown-Boveri Werke, Feinstahl Traisen und Škoda-Wetzler) zum Preis von siebzehn Millionen Lire übernehmen. Als sich Giuseppe Toeplitz darüber hinaus zunächst weiteren gemeinsamen Engagements mit Castiglioni verweigert[61], steht dieser unversehens ohne seinen bisherigen Hauptfinanzier da.

Savoir-vivre: Castiglioni, sein spitzzüngiger Kritiker und die Kultur

Juni 1923. Zwei Monate nachdem in Nürnberg Julius Streicher das nationalsozialistische Hetzblatt *Der Stürmer* gegründet hat, um aus dem sich verschärfenden Massenelend propagandistisch-politisches Kapital zu schlagen, steht einem wachsenden Teil der Wiener Bevölkerung der Sinn wieder nach Feiern. Inner- und außerhalb der Inneren Stadt, zwischen Burgtheater und Franz-Josephs-Kai, zwischen Schottenring und Stubentor, öffnet plötzlich ein Etablissement nach dem anderen seine Pforten. Am gefragtesten sind Kabarett und Musikrevue. Die Ingredienzien sind Aktuelles, Witz, Varieté- und Zirkuselemente, Nostalgie, Mode, Nacktheit, Girls, Glamour, Glitzer, Divas, Schlager und Jazz. Im Simpl kreiert Wortakrobat Karl Farkas den Schüttelreim »die Frankfurter werden mit Senf garniert – die Wiener werden in Genf saniert« und führt mit Fritz Grünbaum, unbestrittener König des Wiener Kabaretts dieser Ära, die hohe Kunst der Doppelconférence zur Blüte. Im Ronacher ist neben Ex-Burgschauspieler Arnold Korff auch der Hamburger Schauspieler Hans Albers zu sehen. Außerdem macht ein zweiundvierzigjähriger »Jungschauspieler« mit einem *Dienstmann*-Sketch erstmals das Wiener Publikum auf sich aufmerksam. Begeistert wird im Boulevardblatt *Die Stunde*[62] rezensiert: »Eine Überraschung ist Hans Mosers Leistung. Dieser Episodist, dessen nun so seltene Begabung ganz im Wiener Volkstum wurzelt, hat in der Figur eines Dienstmannes ... Gelegenheit, sein noch immer viel zu wenig gewürdigtes Talent zu zeigen.« Im Chat Noir auf der Mariahilfer Straße gastieren seit November die Münchner Publikumslieblinge Karl Valentin und Liesl Karlstadt, und die längst totgesagte Operette erlebt mit Franz Lehárs und Emmerich Kálmáns neuen Kompositionen enorme Erfolge.

Trotz Währungsstabilisierung repräsentiert die Krone noch immer einen Minimalwert. So kosten Theaterkarten je nach Etablissement und Vorstellung zwischen zwanzig- und sechzigtausend Kronen, ein Paar Schuhe um zweihunderttausend Kronen und ein Ei knapp zweitausend Kronen.

Unterdessen hat Karl Kraus Camillo Castiglioni zum Lieblingsziel seiner satirischen Angriffe erkoren. Im Juli 1923 liest man in der von Kraus im Eigenverlag herausgegebenen *Fackel* unter der Überschrift »Absage«: »Prag, 18. Juli. Camillo Castiglioni hat sich, einer Einladung des Präsidenten Masaryk zum Lunch folgend, heute nach Schloß Lana begeben und dort mehrere Stunden verbracht.

Nun ja, ich sehe schon ein, daß Staatsgeschäfte den ehrenhaftesten Mann zwingen können, manches hinunterzulunchen ... Aber ich hätte doch nie geglaubt, daß ich einst etwas mit dem Castiglioni gemeinsam haben würde; und so wird denn niemand es begreiflicher finden als der würdige Präsident Masaryk, daß ich – schon um der

Gefahr eines Turnus vorzubeugen – einer zweiten Einladung nicht Folge leisten könnte. Daß ich bei der ersten nicht zum Lunch zugezogen wurde – was nach dem höfischen Zeremoniell der Republiken ja einem Schriftsteller auch nicht gebührt – und daß mit Herrn Castiglioni wieder kaum über Goethes ›Pandora‹ gesprochen worden sein dürfte, sind zwar immerhin unterscheidende Merkmale, die mir aber beiweitem nicht genügen.«

Unter dem Titel »Metaphysik der Haifische« heißt es ein paar Seiten weiter: »Castiglioni vertritt den imperialistischen Typus des Reichtums. Er stammt aus einer italienischen Rabbiner- und Gelehrtenfamilie, er hat eine sorgfältige Erziehung genossen und er begriff mit allen Poren seines Körpers die Zusammenhänge jeglichen Geschehens. In seiner Jugend ein wilder Student, Raufbold, hemmungslos und ungezügelt, brauste er wie eine pfauchende Lokomotive in das Wirtschaftsleben Wiens. Mit 21 Jahren war er schon Direktor einer großen Gummifabrik, dann stürzte er sich auf die Automobilindustrie, hernach war er der stärkste Propagandist des Flugzeugwesens in Österreich und der erste Mann, der in Wien höchstpersönlich über den Stephansturm flog … Er ist der Mann des großen finanziellen Konzepts … Er ist hart bei aller äußeren Weichlichkeit, unerhört willenskräftig, trotzdem immer eine Tränenwolke von Sentimentalität über ihm hängt. Seiner imperialistischen Art gemäß arbeitet er mit pathetischen Gebärden und seine Sprache ist voll Bildkraft, dabei behangen mit Spitzenornamenten. Neben dem Geschäft kennt er nur noch die Kunst und er, der Meister der jüngeren Generation, hat in seiner Wohnung nur alte Meister hängen. An den Nägeln lächelt die schönste Tradition auf die stärkste Ellenbogenkraft des modernen Kapitalismus herab.«

Auch Iphigenie Castiglioni ist vor Karl Kraus' spitzer Feder nicht sicher. Seit dem Kauf der Villa am Grundlsee teilt die inzwischen Achtundzwanzigjährige ihr Leben zwischen Wiener Gesellschaft und privater Zurückgezogenheit am Grundlsee. Zeitgenossen beschreiben sie als zurückhaltend, allenfalls als gewinnend und betont schmucklos. 1923 spottet Karl Kraus: »In einer Loge entdeckte man Frau Iphi Castiglioni, ganz eingehüllt in veilchenfarbigem Samt mit einer eigenartigen grauen Perücke.

Nein, aber wie lieb! Also in solchen Momenten spüre ich erst, was ich alles nicht mitmache. Bei der Entdeckung der Iphi Castiglioni möchte ich dabeigewesen sein. Nichts hat man zuerst gesehen als etwas Blaues und wie man es auftat, war sie drin, ein Verborgenes, das hinter Veilchen blüht.«

Seit der Hochzeit vor sieben Jahren spielte Iphigenie nicht mehr Theater. Freilich hatten Kritiker, Kollegen und Regisseure ihre sympathische Persönlichkeit und ihr Aussehen stets höher gelobt als ihre Schauspielkunst. Dennoch hat sie die Sehnsucht nach jenem Milieu, in dem ihr bereits als Sechzehnjährige öffentliche Zuneigung und Aufmerksamkeit zuteilwurde, nie verlassen. So pflegte sie den Kontakt zu ehemaligen Kolleginnen und Kollegen. Und so rückt in jenem ersten Nachinflationsjahr, da in Wien Vergnügungslust und traditioneller Kulturhunger neu erwachen, das Theater vermehrt auch in Camillo Castiglionis Bewusstsein. Neben dem Burgtheater blicken drei Theater außerhalb der Ringstraße auf eine lange Tradition zurück: das Theater an der Wien, das Carltheater – wo einst die Stücke Johann Nestroys ihre Uraufführung erlebten – sowie das 1788 gegründete Theater in der Josefstadt. Am Abend des 20. Juni 1923 hebt sich hier zum letzten Mal unter der alten Direktion der Vorhang zu dem Drama *Wetterleuchten*. Zwei Tage danach unterschreibt der aus Baden bei Wien gebürtige Max Reinhardt – Mitbegründer der Salzburger Festspiele und Leiter der Berliner Reinhardt-Bühnen – den Vertrag als neuer Direktor des Hauses. Doch das Josefstädter Theater befindet sich in einem erbärmlichen Zustand: »Das Foyer des alten Theaters riecht wie ein Stall, und die schmutzigen Wände mit den armseligen Holzverkleidungen, der gepflasterte Boden haben etwas vom Charakter eines Stalles«, wird sich Reinhardts Privatsekretärin Gusti Adler später an Reinhardts ersten Erkundungsgang erinnern: »Im Geiste sieht er aber darüber schon eine gewölbte Stuckdecke mit italienischen Deckengemälden; Mosaikböden werden an Stelle des Zementpflasters treten, venezianische Türen in das zweite, intimere Foyer, in den Zuschauerraum führen.«

Die Realisierung der Träume scheint noch in weiter Ferne, als sich für Reinhardt »völlig unerwartet, völlig unverhofft« eine grandiose Möglichkeit eröffnet: »Camillo Castiglioni, der finanzielle Condottiere, Kriegsgewinnler und Spekulant der Nachkriegsjahre, erklärte sich in einem spontanen Brief an Reinhardt bereit, die gesamten Kosten der Theaterausgestaltung zu tragen. Dieses uneigennützige Anerbieten ließ Reinhardt vollkommen freie Hand. Es waren ihm keine Geldschranken gesetzt, er konnte den Architekten wählen, alle Baufragen entscheiden, er konnte kaufen und bestellen. Unsagbar beglückend war für ihn diese überraschende Wendung.«

Sei es, weil Camillo Castiglioni sich seiner Frau verpflichtet fühlte, sei es, weil er unversehens eine Möglichkeit erkannte, sein beschädigtes Image aufzupolieren, indem er sich öffentlichkeitswirksam als Mäzen in Szene setzt: Castiglioni hält Wort und stellt die Finanzierung des luxuriösen Umbaus sicher. Wie bei nahezu allen seinen Projekten und Akquisitionen seit 1919 sucht und findet Camillo Castiglioni auch diesmal Mitstreiter, die Kosten und Risiko mit ihm teilen, ihm jedoch den Part des Spiritus Rector überlassen – allen voran der seit Jahren ebenfalls mit Zweitwohnsitz am Grundlsee ansässige Textilindustrielle Isidor Mautner. Im Handumdrehen gründen die Teilhaber die Wiener Schauspielhaus AG und bringen das Josefstädter Theater für kolportierte drei Milliarden Kronen (damals der Gegenwert von etwa fünfzehntausend Paar Schuhen) in ihren Besitz. Die von Reinhardt geplante Renovierung wird noch einmal rund das Doppelte kosten.

Während Castiglioni mit Unterstützung des steirischen Landeshauptmanns Anton Rintelen seinen nächsten Coup plant – die Beteiligung eines italienischen Banken- und Industrietrusts (darunter Banca Commerciale, Feltrinelli, Edison und Credito Italiano) an der öffentlich-rechtlichen Steirischen Wasserkraft- und Elektrizitäts-AG (Steweag)[63] –, geht Max Reinhardt einkaufen. Für sein neues Theater schwebt ihm, erzählt Gusti Adler, eine Wiener Variante von Venedigs Teatro La Fenice vor: »Er fuhr nach Italien, um dort, vor allem in venezianischen Antiquitätengeschäften, einzukaufen. Jedes Detail im Foyer und Zuschauerraum, Glasluster, venezianische Türen, Bilder und Statuen, wurde von ihm selbst ausgewählt, der Fortuny-Vorhang nach seinen Angaben angefertigt. In Monaten intensivster Verhandlungen hatte er dem Architekten Carl Witzmann die Richtlinien für die Umgestaltung des Theaters gegeben. Pläne waren ausgearbeitet, in langen Nächten durchgesprochen worden … Das Heraufschweben des Lusters, das langsame Verglimmen seiner Lichter zu Beginn der Vorstellung, war Reinhardts Idee.«

Daneben ist Max Reinhardt mit der Vorbereitung eines weiteren großen Projektes beansprucht, weil er Anfang 1924 Karl Gustav Vollmoellers Bühnenwerk *Das Mirakel* am New Yorker Broadway zur Aufführung bringen soll. Anfang November 1923 – die Studentenschaft der Wiener Hochschule für Bodenkultur hat soeben lautstark einen Numerus clausus für »inländische jüdische Studenten« gefordert – tritt Reinhardt auf der RMS Aquitania die Überfahrt nach New York an. Mit jedem Tag wachsen in ihm Zweifel an dem New Yorker Engagement – vor allem aber treibt ihn die Sorge um den Baufortschritt in Wien. Am 10. November schreibt er einen siebenseitigen Brief an seine Lebensgefährtin, die Schauspielerin Helene Thimig. Der Inhalt wirft ein Licht auf Reinhardts Gemütsverfassung wie auch auf seinen Charakter: »Werden die Dekorationen fertig sein oder auch nur gebaut werden? Wer wird die Nonne spielen? … Wo werde ich probieren können? … Wie werden sich Presse und Publikum verhalten? … Wo werde ich wohnen … Die nächste Reise möchte ich unbedingt mit Dir machen … Ich habe im Lesezimmer begonnen, schreibe in der Kabine weiter … Wie hat wohl Castiglioni auf mein an ihn persönlich gerichtetes Telegramm reagiert? Wird er den Tiepolo vererben? Wird die Sache so, wie wir gedacht

Max Reinhardt (3. v. r.) mit dem Ensemble des Theaters in der Josefstadt

haben, fährst Du mit Castiglioni nach Italien? … In jedem Fall sorge doch dafür, dass wir die blau gestreifte Garnitur behalten, wie wir es besprochen haben. Witzmann wird mühelos Ersatz dafür finden. Auch die drei echten alten Stühle wären sehr traumhaft … Ach, ich bin mit meinem ganzen Herzen bei Dir, mit allen Interessen dort, in der Josefstadt und in Leopoldskron.[64] Es ist hart, das alles missen zu müssen und es fällt mir schwer, meine Interessen darauf zu konzentrieren, was nun vor mir liegt … Letzten Endes ist es schade, dass in der Josefstadt ein Fremdkörper wie Castiglioni sitzt, dass wir nicht allein die Herren im Haus sind. Das hat mir der Vertrag … zum Bewusstsein gebracht … Diese Ohnmacht, das zu sagen, was mich bedrängt, furchtbar bedrängt und diese Ohnmacht, diesem Drängen nachzugeben. Was soll ich nur anfangen?«

Die Medienresonanz auf Castiglionis Beitrag zur Neugestaltung des Josefstädter Theaters hält sich indessen in Grenzen. Allein das *Neue Wiener Journal* lässt sich zu einer Würdigung herbei: »Das ist vor allem Herrn Camillo Castiglioni zu verdanken, dem großzügigen Mäzen, der nicht nur den Gedanken aufgegriffen hat, Reinhardt die Möglichkeit zu geben, in Wien seine Kunst zu zeigen, sondern auch andere Persönlichkeiten dafür zu gewinnen verstand … Man wird auf die Fertigstellung dieses interessantesten und sicherlich hübschesten deutschen Schauspielhauses sehr gespannt sein.«

Vor dem Fall

Lässt man den Rückzug der Banca Commerciale außer Acht und misst Camillo Castiglionis Situation Ende 1923 an der Zahl und dem Gewicht seiner Unternehmensbeteiligungen, Vorstands- und Verwaltungsrats- beziehungsweise Aufsichtsratsmandate, so scheint der Vierundvierzigjährige auf dem Höhepunkt seiner Macht und Herrlichkeit angekommen. »Castiglioni ist in vielen Industrien Oesterreichs tonangebend«, resümiert der Journalist Paul Ufermann in seinem 1924 erscheinenden Buch *Könige der Inflation*: »Die Zentrale seines riesigen Besitzes ist die Firma: Camillo Castiglioni, Bank- und Kommissionsgeschäft, Wien … [Daneben] ist Castiglioni noch an der Export- und Industriebank AG und an der Niederösterreichischen Escomptegesellschaft beteiligt. Letztere steht in engem Konnex mit französisch-belgischem Kapital … Von den Industrieunternehmungen, an denen das Haus Castiglioni maßgebend beteiligt ist, seien folgende genannt:

Eisenwerke: Alpine, Stahlwerke Schoeller-Bleckmann, Leobersdorfer Traisen AG, Böhler Stahlwerke AG, Austro-Daimler Motoren AG, Oesterr. Brown-Boveriwerke, Felten Guilleaume AG.

Papierwerke: Leykam-Josefsthaler AG, Elbmühl Papier- und Verlags AG, die mit der Graphische Industrie AG und der AG für Papierindustrie in Wels unter seiner Führung verschmolzen wurde.

Ferner: Pittener Papierfabrik, Natron- und Papierfabriken AG … Holzhandels AG, Foresta Wien, Omnium AG für Petroleumindustrie, Galizische Naphtagesellschaft, Floridsdorfer Mineralölfabrik AG, Clotilde AG, Holzgas-Autogeneratoren AG, Kovina, Marburg, Elektro-Legierwerke AG, G. Lloyd Triestino, Steirische Elektrizitätswerke AG, S. Rothmüller Textilapparate AG, Reithoffer-Werke Steyr, Oesterreichische Metallhütte AG, Böhmische Metallhütte Prag, Metalla, Triest, Negrelli & Co. Bau AG usw. usw.

Durch die Elbmühl Papier- und Verlags AG kontrolliert Castiglioni folgende Zeitungen: *Extrablatt*, Wien, *Mittagszeitung*, Wien, *Wiener Allgemeine Zeitung*, *Sonntags-* und *Montags-Zeitung* und ein illustriertes Wochenblatt.

Nach Ungarn griff Castiglioni hinüber, indem er hier mehrere Werke in seinen Interessenkreis zog. Zu nennen sind hier außer den … Werken mit Stinnes: Ungarische-Italienische Bank, Holzhandels-AG, Foresta, S. Rothmüller AG, Eisenhandelsgesellschaft Wm. Szallay & Sohn u.a.

Von den Erwerbungen Castiglionis in anderen Staaten[65] wollen wir nur diejenigen in Deutschland mit einigen Worten schildern. Zum Interessenkreis Castiglionis gehören außer den Werken im Stinnes-Konzern: Bergina, Bergwerks- und Hütten AG, München, Bayerische Motorenwerke München … Oertz-Werft Hamburg, Austro-Daimler Motoren AG, Berlin, Deutsche Hobéwerke, Berlin u.a. …

Castiglioni ist das typische Bild eines internationalen Faiseurs [Anm.: Macher], dessen Werdegang an den eines amerikanischen Milliardärs erinnert.«

Gegen Ende des Jahres 1923 setzt auch in Deutschland eine Stabilisierung der Währungsverhältnisse ein. Am 15. November, sechs Tage nachdem der Putschversuch des Ex-Reichswehrgenerals Erich Ludendorff und des vierunddreißigjährigen Adolf Hitler in München mit der Inhaftierung des Letzteren endete, und drei Tage nachdem in New York Max Reinhardt von Bord der RMS Aquitania geht, bringt die deutsche Reichsbank unter dem Ex-Darmstädter- und

Nationalbank-Vorstand und neuen Reichswährungskommissar Hjalmar Schacht die Inflation zum Stillstand. Das alte Papiergeld kann man nun zum Kurs von einer Billion zu einer Mark umtauschen, so man es nicht anderweitig verwendete – wie etwa zum Tapezieren oder zum Ausstopfen feuchter Schuhe. Wie schon in Österreich steht nun auch in Deutschland der kleinen Zahl jener Inflationsgewinner, die beizeiten in US-Dollar oder Schweizer Franken geflüchtet sind, die Masse der Inflationsverlierer gegenüber. Kamen die öffentlich Bediensteten noch vergleichsweise glimpflich davon, weil der Staat ihr Salär dem Währungsverfall gleitend angepasst hatte, so war der bürgerliche Mittelstand, der seine Ersparnisse auf deutschen Bankkonten angelegt hatte, der am meisten geschädigte Verlierer. Pensionäre und Sparer hatten alles verloren. Wer ein paar antike Möbel, Silberbesteck oder andere verkäufliche Wertsachen besaß, konnte diese auf dem Schwarzmarkt zu Dumpingpreisen gegen Valuten oder Essbares eintauschen. Wer dazu nicht in der Lage war, der war nun buchstäblich am Ende. Nicht wenige ältere Ehepaare begehen deswegen gemeinsam Selbstmord.

Inflationsbereinigt haben sich auch in Deutschland – wie ein Jahr zuvor in Österreich – die Aktienkurse wieder erholt und eilen Ende 1923 auf ein neues Zwischenhoch zu. Was sollte also einem multinational vernetzten »Faiseur« wie Camillo Castiglioni schon viel passieren? Indes steht sein Imperium nur noch scheinbar auf denselben stabilen Beinen wie zu jener Zeit, da er sich des finanziellen Rückhalts der Banca Commerciale sicher sein konnte. Zwar verkehren Castiglioni und Toeplitz nach wie vor im selben distanziert-höflichen Ton wie zuvor, zwar hat sich Giuseppe Toeplitz zu dem neuen gemeinsamen Engagement bei den Steirischen Wasser- und Elektrizitätswerken überreden lassen, doch Camillo Castiglionis Beteiligungskonglomerat ist seit dem Ende der großen Geldentwertung und den in Deutschland wie in Österreich zunehmend wirksamen Finanzmarkt-Regularien auf eine anhaltend positive Kursentwicklung angewiesen. Sie bildet – nach dem Wegfall des »Finanzierungspartners« Inflation – die einzige Garantie dafür, dass sich der in Aktien hinterlegte Gegenwert der auf Pump erworbenen Unternehmensbeteiligungen erhält. In dieser Situation entschließt sich Camillo Castiglioni, den bislang begangenen Pfad zu verlassen und zur Deckung seines Finanzbedarfs einen neuen Weg zu beschreiten: den des Zockers.

6. DER ANGRIFF AUF DIE FRANZÖSISCHE WÄHRUNG

Spekulation

Als das Theater in der Josefstadt am 1. April 1924 mit Max Reinhardts Inszenierung des Commedia-dell'Arte-Lustspiels *Der Diener zweier Herren* von Carlo Goldoni eröffnet wird, fehlt in den lobenden Kritiken und schwärmerischen Feuilletons meist der Name dessen, der dies ermöglichte. Dieser Abend kennt nur *einen* Star: Max Reinhardt. Selbst sein hochkarätiges Schauspieler-Ensemble (darunter Hugo, Hermann und Helene Thimig sowie Gustav Waldau) scheint in den Feuilletons nur am Rande auf. »Erster Abend bei Reinhardt«, heißt es in der *Neuen Freien Presse*: »Rundum tritt die Wiener Neugierde vor dem Theaterereignis ans Gewehr. Gleich gegenüber auf dem engen Gehsteig Menschen in Reihen. Sie kleben fast an den Geschäftsläden … Man empfindet, als riesele und flösse es von den Wänden. Es blendet angenehm, erfüllt mit Wärme. Mildere Töne von ermattetem Gold alter Venetianerrahmen, halberblindeter Spiegel und abgeblaßter Bilder versuchen vergeblich diese heißen Wellen zu sänftigen … Es ist ein kultiviertes Raffinement … Man träumt wahrhaftig Rot, und ein bißchen Gold flimmert drein … Es soll der frohen Genugtuung Ausdruck gegeben werden, daß Reinhardt nunmehr nach vielem Zögern und nach Widrigkeiten aller Art in Wien beheimatet ist und sich sozusagen als Direktor hier angekauft hat. Ein alter sehnlicher Wunsch des künstlerischen Wien ist in Erfüllung gegangen. Das Theater hat in den letzten zwanzig Jahren kein leidenschaftlicheres Talent hervorgebracht.«

Doch die Euphorie der Premiere verebbt denkbar rasch. Als zehn

Tage später Hugo Stinnes in Berlin im Alter von erst vierundfünfzig Jahren seinem langjährigen Leiden erliegt, muss dies Camillo Castiglioni wie das Menetekel eines Epochenwandels erscheinen. Zur Beerdigung in Mülheim reist er gemeinsam mit Iphigenie an. Neben einer Hundertschaft von Industriellen und Bankiers trifft das Paar auch Ernst Heinkel. Als spiele er auf seine eigene Situation an und verdränge diese zugleich, sagt Castiglioni zu seinem einstigen, inzwischen zum Luftfahrtunternehmer aufgestiegenen Chefkonstrukteur: »Das ist das Ende. Hugo Stinnes hat einen großen Fehler gemacht. Er hat sein Reich ganz auf seine Person gestellt. Es ist, wie es bei uns in Österreich-Ungarn war. Niemand hat an Österreich gehangen. Alle haben an Kaiser Franz Joseph gehangen. Und als er tot war, war es das Ende. So wird es bei Stinnes sein.«

Was war geschehen?

Wie alle anderen Kriegsparteien hatte auch Frankreich die Kriegsausgaben mittels gewaltiger Papiergeld-Emissionen finanziert. Nach dem Krieg versuchte die französische Zentralbank der Inflation zunächst entgegenzusteuern, indem sie das Geld verknappte. Da sich dies auf Wirtschaft und Arbeitsmarkt desaströs auswirkte, griff die Regierung zu einem neuen Instrument: Sie teilte den Staatshaushalt in zwei Hälften: Die eine enthielt die üblichen Haushaltsausgaben und musste ausgeglichen bilanzieren. Die andere enthielt die Reparationskosten der verheerenden Kriegsschäden, die laut Friedensvertrag komplett von den Deutschen zu begleichen waren. In sicherer Erwartung der deutschen Reparationszahlungen ließ der französische Schatzminister Papiergeld im Gegenwert dieser Ansprüche drucken. Als jedoch klar wurde, dass Deutschland nicht in der Lage war, jene Zahlungen zu leisten, ließ die französische Regierung das Ruhrgebiet besetzen. Für die französischen Staatsfinanzen brachte die Militäraktion kein greifbares Resultat. Frankreich fand sich mit einem gewaltigen Defizit und mit einem gegenüber der realen Kaufkraft deutlich überbewerteten Franc wieder, der daraufhin im Laufe des Jahres 1923 zu fallen begann. Beschleunigt wurde der Sinkflug durch eine – in Erwartung steuerlicher Maßnahmen sich verschärfende – Kapitalflucht inländischer Vermögen und eine ebenso massive wie nachhaltige Baisse-Spekulation an den großen westeuropäischen Börsen Paris, Amsterdam, Berlin und besonders in Wien.

Als Anfang Januar 1924 die internationalen Zeitungen mit dem Franc-Verfall aufmachten (»Weiterer Rückgang des Franc!« – »Preoccupazioni per il franco!« – »Le Franc en chûte libre!« – »Höchstkurs des Dollars!« – »Der Sturz des Franc!« – »How to hold the fall of the franc?«), hat die französische Währung allein seit Oktober 1923 dreißig Prozent ihres Wertes eingebüßt. Und nichts deutete auf eine Trendwende hin. Im Gegenteil. Doch damit bot sich aus der Sicht Camillo Castiglionis, Siegmund Bosels und anderer österreichischer und deutscher Spekulanten zum vielleicht letzten Mal die Chance, die erprobte Methode des Inflationsgewinns erneut durchzuziehen. Die Aktienkurse standen seit November auf gleichbleibend hohem Niveau und verhießen einstweilen keine nennenswerten Profite. So konzentrierte sich die Spekulation – nach dem Beispiel der Österreichischen Krone und der deutschen Mark – zunehmend auf den vermuteten weiteren Verfall des Franc. Allein Hugo Stinnes, der ungekrönte König aller Kriegs- und Inflationsgewinner, musste wegen seines sich verschlechternden Gesundheitszustandes passen. Zudem zählte Stinnes mittlerweile zu denjenigen, die von der Notwendigkeit einer Verständigung mit Frankreich überzeugt waren. So schien der Weg frei für jenen Mann, den die französische Regierung als den Protagonisten jener identifizierte, die sich den Angriff auf die französische Währung zum Ziel gesetzt hatten. »Camillo Castiglioni mit italienischem Konsortium in Paris eingetroffen«, notierte das französische Außenministerium am 19. Januar 1924 in einem hastig erstellten Dossier. Er und all die anderen, die bei den Währungsturbulenzen der Jahre 1918 bis 1923 riesige Vermögen angehäuft hatten, fühlten sich vom Franc-Rückgang wie die Wespen vom Apfelkuchen angezogen und strömten, so sie nicht an ihren Heimatbörsen spekulierten, dem Pariser Schauplatz zu. Tatsächlich wurde dieser konzertierte

Angriff auf die französische Währung insbesondere von den Wiener Banken und einem Teil der Wiener Presse publizistisch angefeuert.

»Was bedeutet es, eine Währung ›anzugreifen‹«, fragte der Börsenspekulant André Kostolany, einst jugendlicher Zeitzeuge des Pariser Spekulations-Hypes, und gab darauf die Antwort: »Sich Riesenkredite in der betreffenden Währung zu verschaffen und diese Beträge dann auf allen Finanzplätzen anzubieten – wenn möglich, mit viel Tamtam, Zeitungsartikeln, Mund-zu-Mund-Propaganda usw. Die Währung gleitet zunächst langsam in die Tiefe, der Rückgang verbreitet Pessimismus unter dem Publikum, und durch eine Kettenreaktion wird es von Angst ergriffen und wirft – wie in diesem Fall – seine Franc-Guthaben über Bord. Die Schuldner können dann mit Hilfe der hervorgerufenen Panik die geschuldeten Francs bei tiefem Kurs einkaufen.«

In der Praxis der Franc-Spekulation zu Jahresbeginn 1924 dominierte das einfache Franc-Dollar-Termingeschäft. Das heißt, man kaufte im Januar Dollar auf Termin, indem man sich beispielsweise dazu verpflichtete, im März 100 000 Dollar zum Preis von 1 500 000 Franc (Januar-Kurs 1 : 15) zuzüglich eines Optionsaufschlags zu kaufen. Dazu bedurfte es an den Börsen in der Regel eines Ad-hoc-Einschusses von fünfundzwanzig Prozent des Kaufpreises (in diesem Fall 375 000 Franc). Wer seinen Kontrakt auf Anfang März ausgerichtet hatte, konnte am Stichtag die 100 000 Dollar übernehmen, davon die fällige Franc-Schuld (1 125 000) zum März-Kurs von rund 40 000 Dollar tilgen und die restlichen 60 000 Dollar (1,8 Millionen Franc) als Gewinn verbuchen. Damit hätte sich der Einsatz binnen zweier Monate um die Hälfte vermehrt.

Wer hätte angesichts dieser scheinbar »todsicheren« Aussicht auf rascheste Geldvermehrung nicht die Lust zum Mitmachen verspürt! Mit siebenhunderttausend Dollar sei Camillo Castiglioni persönlich in die Spekulation eingestiegen, schätzte das französische Außenministerium, während die *New York Times* bereits vorauseilend titelt: »Inflation thrones new money kings in Europe!«

Tatsächlich ist der finanzielle »Hebel«, den Camillo Castiglioni mittels Verpfändung von Aktienpaketen und mithilfe rühriger Mitstreiter wie des deutschen Bankiers Fritz Mannheimer betätigt, um ein Mehrfaches größer: Mit rund zwanzig Millionen Dollar lassen sich Castiglionis Gewinnaussichten – und sein Risiko! – beziffern. Doch was soll bei einer Währung schon Unberechenbares geschehen, deren Volkswirtschaft und Finanzsystem als zerrüttet gelten, und deren Regierungen etwa im selben Rhythmus wechseln wie in der benachbarten Weimarer Republik? Und ließ nicht sogar die renommierte New Yorker Brokerfirma Morgan, Harwood & Co. in der renommierten *New York Times* verlauten, dass auch sie auf den anhaltenden Fall der französischen Währung setzt: »Sell short and bring France to her knees!«

Wie sehr das Urteilsvermögen von Presse und Anlegern durch Faktoren wie Gier und Sensation zu vernebeln ist, zeigt sich exemplarisch an eben diesem Beispiel. So machte – trotz des Namenshinweises – offenbar hinter der Firma Morgan, Harwood & Co. niemand jenen Mann aus, der zu den finanzmächtigsten Unternehmern seiner Zeit zählt und der hier sein eigenes, wohlkalkuliertes Spiel betreibt: den siebenundfünfzigjährigen New Yorker Großbankier John Pierpont Morgan junior.

In dem 1933 in Bern erschienenen Dossier *Morgan, der ungekrönte König der Welt* analysiert Autor Fritz Schwarz die Franc-Spekulation aus der Perspektive seines Titelhelden: »Morgan erkannte bald, daß die Finanzlage Frankreichs durchaus gesund war. Darauf begründete er seinen Plan. Eine mit ihm verbundene Firma, Morgan, Harwood & Co., verbreitete ein Zirkular folgenden Inhalts, vornehmlich unter den Deutschen und den deutschfreundlichen Kreisen der Vereinigten Staaten: ›Die Zeit ist für alle Deutschen gekommen, die Verluste, die sie am Fall der Mark erlitten haben, wettzumachen und darüber hinaus etwas Tatsächliches zur Verbesserung der beklagens-

J. P. Morgan, Jr. – der Mann,
der Castiglionis Sturz einleitete.

werten deutschen Verhältnisse zu tun. Der französische Franc ist auf dem gleichen Wege wie die Mark, alle Umstände stempeln diese Tatsache zur absoluten Gewißheit. Verkauft Francs auf Termin, d. h. verkauft Francs zu einem späteren Lieferungstermin und drückt den Wert des Francs herab! Sie werden imstande sein, Francs zu 1 Cent zurückzukaufen und für die jetzt zu 5,5 Cents verkauften Francs zu liefern. Unsere Firma führt diese Verkäufe mit fünfundzwanzigprozentiger Deckung aus. Der verminderte Wert des Francs wird die Kosten der Ruhrbesetzung bedeutend vergrößern, die finanzielle Situation Frankreichs untergraben und dieses zwingen, infolge seiner wirtschaftlichen Schwäche die Ruhr zu räumen. Durch den Verkauf von Francs drücken Sie deren Wert herunter und beschleunigen das Ende des Ruhrkampfes. Die heroische Bevölkerung des Ruhrgebiets lechzt nach dieser Hilfe, Sie können ihr helfen und sich dabei bereichern.‹ Diesen Rat befolgte die Spekulation der ganzen Welt … Es wurde ›leer gekauft‹ oder ›gefixt‹, d. h. man verkaufte Francs, die man noch gar nicht besaß, lieferbar auf einen späteren Zeitpunkt, und dann kaufte man sie später billiger ein als man sie verkauft hatte und lieferte sie ab. Gleichzeitig begannen die großen Firmen aller Länder, riesige Verkäufe in Paris vorzunehmen, auf Francs lautend. Beim Fälligwerden der Rechnungsbeträge in Francs hofften sie diese ebenfalls billig zu erwerben und so ein gutes Geschäft zu machen ... Im Januar und Februar 1924 wurden die Erwartungen der Spekulanten wirklich erfüllt. Sie erhielten die Francs immer billiger als sie sie verkauft hatten und verdienten daher. Das gab Mut. Neue Terminverkäufe wurden abgeschlossen – der Appetit kam mit dem Essen! –, bis schließlich Morgan fand, jetzt seien genug ins Garn gegangen! Poincaré hatte unterdessen mit steigender Besorgnis das Sinken des Francs verfolgt. Er wußte, wie sich später heraus stellte, nicht, daß Morgan, Harwood & Co. bloß der Deckname für den Mitspieler J. P. Morgan war, sondern glaubte, es handle sich um eine dem Hause Morgan feindliche Firma. Unterdessen ließ sich J. P. Morgan noch weiter an allen Hauptbörsen riesige Beträge von Francs ›anfixen‹, ohne daß die Verkäufer merkten, wer eigentlich hinter den Käufern stand.«

Unterdessen erschien der Name des New Yorker Bankiers am 8. März in einer Presse-Randnotiz, die scheinbar nichts mit der Franc-Spekulation zu tun hatte: »J. P. Morgan sails today for a cruise«, meldete die *New York Times* über den Beginn einer Kreuzfahrt und platzierte zwei Tage später die Nachricht: »J. P. Morgans Yacht erreicht Neapel.«

Welches Bild könnte wohl stimmiger sein als das eines Haifisches, der sich im Bewusstsein seiner Überlegenheit langsam, aber sicher auf seine Beute zubewegt? Als J. P. Morgan, Jr. schließlich am 11. März 1924 im Yachthafen von Monte Carlo anlegt, um sich auf dem Landweg nach Paris zu begeben, wo der Krieg gegen den Franc ungebremst fortschreitet, ist Camillo Castiglioni weit entfernt davon zu ahnen, dass ihn das Desaster binnen kürzester Frist ereilen wird.

Am 12. März in Paris angekommen, macht Morgan den Sack zu: »Als er die Ernte als gesichert betrachten konnte und Poincaré beinahe den Mut sinken ließ, anerbot er sich, der französischen Regierung 100 Millionen Dollar ›zur Stützung des Francs‹ zu leihen. Gleichzeitig machte er die letzten Käufe in aller Öffentlichkeit – und der Franc stieg – stieg – stieg – von 19 auf 20, auf 22 –, dann setzte das Zutrauen ein und die Horde derjenigen, die jetzt vom Steigen des Francs profitieren wollten, trieb ihn schließlich bis auf 31 hinauf. Die Francs, die Morgan für 19–22 gekauft hatte, verkaufte er nun für 31.«

Später wird sich der Gewinn des Morgan-Konzerns an dieser Aktion auf umgerechnet 114 Millionen Schweizer Franken berechnen. Der größte Hai im Haifischbecken der Finanzmärkte hatte es allen anderen Haien gezeigt! Die *New-York-Times*-Schlagzeile des folgenden Tages – »Franc-Kurswende lässt Spekulanten in die Falle gehen« – klingt bereits wie ein Nachruf auf die Verlierer des Coups.

Was sich wie ein Lehrstück über Manipulierbarkeit und das Aussetzen des kritischen Verstandes durch die reine Gier liest, erweist sich allenfalls als ein weiteres Beispiel für die in der Börsengeschichte stetig wiederkehrende Abfolge Boom – Blase – Crash und die dabei wirksamen Mechanismen.

Für die Verlierer der Franc-Spekulation brachte die nachhaltige Erholung des Franc nun jene dramatischen Verluste, die sie eigentlich als kräftige Gewinne verbuchen wollten. Für viele bedeutet dies bereits das wirtschaftliche »Aus«. Für andere – darunter Camillo Castiglioni und Siegmund Bosel – hat sich dagegen eine gnadenlose Abwärtsspirale zu drehen begonnen. Dabei wäre der auf mehrere Millionen Dollar geschätzte Verlust für Camillo Castiglioni vermutlich ohne weiteres zu tragen gewesen, hätte er in den zurückliegenden Jahren die schrankenlose Expansion nicht auf Kosten der Konsolidierung betrieben. So beginnt zehn Tage nachdem sich in Frankreich die Verhältnisse zu stabilisieren beginnen, ein weiterer Faktor unmittelbar desaströs zu wirken: der Kurssturz an der Wiener Börse.

7. CRASH IN RATEN

Das Ende der Depositenbank

Acht Tage nach der glanzvollen Wiedereröffnung geht im Theater in der Josefstadt Schillers *Kabale und Liebe* über die Bühne. Am 16. April schließlich folgt mit Hugo von Hofmannsthals *Der Schwierige* die dritte Premiere innerhalb von zwei Wochen. Zwei Tage später erscheint in der *Neuen Freien Presse* eine Rezension Felix Saltens: »Das Lustspiel von Hofmannsthal ist ein Ergebnis, eine Bilanz, ein Spiegelbild von unendlicher Leere, aber nichts weniger als eine leere Unterhaltung. In dem wunderschönen Theater, das Max Reinhardt mit Hilfe der neuen Gesellschaft, dieser neuen österreichischen Gesellschaft, errichtet hat, führte er das Lustspiel von Hofmannsthal glanzvoll auf. Er balanciert es meisterhaft auf der schmalen Kante zwischen Langweile und intensivster Anregung, auf der es schwankend errichtet ist.«

Am 23. April 1924 erfolgt schließlich die Gründung der Wiener Schauspielhaus Aktiengesellschaft mit Sitz am Wiener Kolowratring 14 (heute: Schubertring), der Firmenzentrale Camillo Castiglionis. Alleiniger Zweck der Gesellschaft ist die Erhaltung und der Betrieb des Theaters in der Josefstadt. Zum künstlerischen Leiter und Geschäftsführer bestimmt der Verwaltungsrat Max Reinhardt, der das Theater mittels Pachtvertrag auf Gewinnbeteiligungsbasis in eigener, unabhängiger Verantwortung führt. Dass Reinhardt nie in die Verlegenheit kommen wird, diese Gewinnbeteiligung an die Aktionäre auszahlen zu müssen, ist im Monat der glanzvollen Eröffnung ebenso wenig zu ahnen wie die bis in die frühen 1950er Jahre sich immer wieder verändernden, teils erzwungenen Wechsel der Eigentumsverhältnisse.

Für Camillo Castiglioni dürfte im Frühjahr 1924 die Zukunft des Josefstädter Theaters die geringste Sorge bedeuten. Zwar hat ihm die Übernahme des österreichischen Energieversorgers Steirische Wasserkraft- und Elektrizitäts-AG (Steweag) durch eine italienische Investmentgruppe (33,33 Prozent Castiglioni – Comit, Credit, Edison und Feltrinelli je 16,6 Prozent) in Italien viel Medienaufmerksamkeit sowie den Respekt des »Duce« eingebracht, ansonsten aber scheint sich seine Situation von Tag zu Tag zu verschlechtern. Während sich die Aktienhausse an der Wiener Börse nach der fehlgeschlagenen Franc-Spekulation infolge des schlagartig gestiegenen Liquiditätsbedarfs und des dadurch ausgelösten Verkaufsdrucks seit Ende März in eine Baisse verwandelt hat, zwingt eine Absatzkrise die Österreichisch-Alpine Montangesellschaft zur vorübergehenden Schließung all ihrer Eisen- und Stahlwerke sowie zur Entlassung von elftausend der rund neunzehntausend Mitarbeiter.

Darüber hinaus macht Anfang Mai ein weiteres, Castiglioni scheinbar nur mehr indirekt betreffendes Ereignis Schlagzeilen: der Niedergang der Allgemeinen Depositenbank. Nun traf ein, was Insider nach dem Rückzug Castiglionis zwei Jahre zuvor prophezeit hatten – die Implosion des unter Castiglioni hypertroph aufgeblähten Geschäftsvolumens. Um der Talfahrt gegenzusteuern, hatte sich die Depositenbank in gewaltigem Umfang bei der Franc-Spekulation engagiert und hat nun entsprechende Verluste zu tragen. Den Auslöser zum Zusammenbruch bildet Anfang Mai ein in Prag publizierter Artikel über die diesbezüglichen Probleme. Die Folge ist ein unmittelbarer Kursverfall der Aktie und ein Kundenansturm auf die Bankschalter. Binnen drei Tagen werden der Bank siebzig Milliarden Kronen an Einlagen entzogen, bevor sich die Vorstände Goldstein und Drucker endlich um Hilfe bemühen. Am 7. Mai 1924 wird in den Zeitungen berichtet, dass ein aus fünf Wiener Großbanken (Creditanstalt, Boden-Credit-Anstalt, Eskompte-Gesellschaft, Bankverein und Unionbank) gebildetes Konsortium in begrenztem Umfang Mittel zur Verfügung stelle, damit die Einlagen gesichert seien und die Depositenbank weitergeführt werden könne. Zugleich sei deren komplettes Management durch Vertreter besagter Großbanken ausgetauscht worden. Tatsächlich erwerben die fünf Banken die Aktien zu weniger als einem Drittel des ursprünglichen Kurses und verpflichten sich auf Bitten des Nationalbankpräsidenten Richard Reisch, mindestens weitere dreihundert Milliarden Kronen zur Rettung der Bank bereitzustellen.

Wie stets in vergleichbaren Fällen ging es den Verantwortlichen auch hier zunächst darum, die Gefahr einer Panik samt der zu befürchtenden Kettenreaktion abzuwenden. Tatsächlich vollzieht sich der endgültige Fall der Depositenbank nun wesentlich »leiser« und in den Auswirkungen weniger folgenreich.

Am 24. Mai 1924 wird Camillo Castiglioni unversehens ein letztes Hoch zuteil, als ihn Italiens Staatschef Benito Mussolini mit der bedeutendsten Auszeichnung des Landes, La Gran Croce dell'Ordine della Corona d'Italia, ehrt. Nun darf Castiglioni sich mit dem Titel »Grande Ufficiale« schmücken – auch wenn er in Wahrheit ein »Grande« mit schwindenden Ressourcen ist. Am 24. Juni erklären die fünf Großbanken ihren Rückzug aus der Depositenbank-Rettungsaktion. Am 25. Juni schließen sämtliche Filialen ihre Schalter, tausendfünfhundert Mitarbeiter verlieren ihren Arbeitsplatz. Die Aktie, die wenige Monate zuvor noch mit rund einhundertzwanzigtausend Kronen pro Stück notierte, wird vom Kurszettel gestrichen. Einen Entschädigungsanspruch haben nur jene Kunden, die ihre Einlagen zwischen dem 7. Mai und dem 25. Juni 1924 – also im Vertrauen auf das Bankenkonsortium – bei der Depositenbank platziert haben.

Der Absturz beginnt

Unterdessen hat – von der Presse zunächst unbeachtet – die Auflösung des Castiglioni-Konzerns begonnen. Zur Seite stehen dem »Condottiere« dabei zunächst derselbe Mann und dieselbe Bank wie in den Jahren seines fulminanten Aufstiegs: Giuseppe Toeplitz und die Banca Commerciale. War es 1922 zunächst Toeplitz' feste Absicht, die Geschäftsbeziehungen mit Camillo Castiglioni dauerhaft zu lösen, so hatte der von den italienischen Medien und der italienischen Politik beklatschte Einstieg bei der Steirischen Wasserkraft- und Elektrizitäts-AG die einstige »Waffenbrüderschaft« neu belebt. Hatte Toeplitz 1923 ein größeres Paket Böhmische-Union-Bank-Aktien an Camillo Castiglioni verkauft, so schickt er sich im Juni 1924 an, zur Liquiditätssicherung des Landsmanns 107 500 Aktien zu einem um fünfzehn Prozent reduzierten Stückpreis zurückzukaufen. Doch die dadurch hereinfließenden 28,5 Millionen Lire sind bloß der sprichwörtliche Tropfen auf dem heißen Stein.

Ein Zahlungstermin jagt den nächsten, während zugleich die Börsenkurse und damit der Gegenwert der von Castiglioni hinterlegten Kreditsicherungen fallen. Wo immer Castiglioni eine Etappe der Schuldentilgung erfolgreich bewältigt, reißen an anderer Stelle zwei Löcher auf. Binnen eines halben Jahres hat sich der Index der an der Wiener Börse gehandelten Aktien mehr als halbiert: 2680 Punkte waren es im Januar, im Juli nur noch 1141. Es zeigt sich, dass der »Konzern« des vermeintlichen Krösus auf tönernen Füßen steht. Im Juli sieht sich Camillo Castiglioni genötigt, das Verwaltungspersonal seiner Konzernbank zu entlassen und Giuseppe Toeplitz um Hilfe zu bitten. Toeplitz, der wenige Tage zuvor noch ein Joint Venture zwischen Exportbank und Montecatini mit Castiglioni erwogen hat, schickt umgehend seinen Direktor Adolfo Rossi nach Wien. Im Gepäck hat dieser ein Nothilfepaket in der Höhe von 5,8 Millionen Lire (etwa 250 000 Dollar), das jedoch allenfalls dafür ausreicht, den sofortigen Konkurs Castiglionis zu vermeiden. Darüber hinaus findet Adolfo Rossi Buchhaltung und Geschäftsunterlagen in der Konzernzentrale am Kolowratring in einem derart »chaotischen und verworrenen Zustand« vor, dass Toeplitz seinen Bevollmächtigten (mit Castiglionis Zustimmung) mit der Verwaltung des gesamten castiglionischen Vermögens und aller Beteiligungen beauftragt, um die notwendigen Verhandlungen mit den Gläubigerbanken führen zu können. Jene Prophezeiung, die Castiglioni beim Begräbnis von Hugo Stinnes Ernst Heinkel gegenüber ausgesprochen hat – »Das ist das Ende. Er hat sein Reich ganz auf seine Person gestellt …« –, beginnt sich nun, wenige Wochen später, an ihm selbst zu erfüllen.

Als sei all dies nicht schon schlimm genug, fügen sich ab Mai 1924 zu den finanziellen vermehrt auch juristische Probleme. So wird unversehens ein fünf Jahre zurückliegender Vorgang zum Thema, den Castiglioni allem Anschein nach aus den Augen verloren hat. Die Rede ist von einem im September 1919 in Prag geschlossenen Spiritus-Export-Syndikat, an dem die Depositenbank mit insgesamt 37,5 Prozent beteiligt war. Nachdem damit knapp vierzig Millionen Tschechenkronen (etwa hundert Milliarden Papierkronen) buchmäßiger Gewinn eingefahren wurde, hatte die Depositenbank-Gruppe die übrigen Beteiligten wissen lassen, dass sie ihren Anteil an die International Investment Company (IIC) in Zürich veräußert habe. Der Alleininhaber der IIC war Camillo Castiglioni, der den Gewinnanteil auf diese Weise – mithilfe seines treuen Adlatus Gabor Neumann – unter seine Kontrolle brachte. Letzteres mit der Maßgabe, auf diese Weise den Finanzierungsbedarf des Syndikats sicherzustellen. Anfang Juni – einen Monat nach Beginn der Depositenbank-Rettungsaktion durch die fünf Wiener Banken – erstatteten zwei der Syndikatsmitglieder, die Brüder Wladimir und Milos Bondy, ihres Zeichens Repräsentanten der Prager Handelskammer, Anzeige gegen Camillo Castiglioni und den seinerzeitigen Depositenbank-Vorstand. Zugleich nahm die Staatsanwaltschaft Wien I Ermittlungen gegen den Depositenbank-Vorstand wegen des Verdachts der Veruntreuung auf. Obwohl Camillo Castiglioni zwei Jahre zuvor aus allen Funktionen bei der Depositenbank ausgeschieden war, betrafen die Ermittlungen vor allem ihn.

Während die Auflösung des Castiglioni-Konzerns im Sommer 1924 in aller Stille voranschreitet, Austro-Daimler mit seiner auf zweihundert Mitarbeiter geschrumpften Belegschaft unter die Kontrolle des Wiener Bankvereins gerät, die Feinstahlwerke Leobersdorfer Traisen AG an die Creditanstalt und Leykam an die Böhmische Union-Bank gehen, werden in der Wiener Presse die gegen »Castiglioni und Konsorten« laufenden Anzeigen und Ermittlungen zum Thema. So lassen sich nun auch politische Stimmen hören, die Camillo Castiglioni die Alleinschuld am Fall der Depositenbank anlasten und von ihm Aufklärung über eventuell als »unzulässig« zu erachtende Geschäfte fordern. Es ist, als hätten die gegen Castiglioni aufgestellten Bataillone nur auf jene Blöße gewartet, die er ihnen nun seit der fehlgeschlagenen Franc-Spekulation bietet. Es hilft Camillo Castiglioni wenig, dass er darauf insistiert, die Depositenbank vor zwei Jahren mit einem Aktivsaldo verlassen zu haben. In der öffentlichen Wahrnehmung haben sich der Depositenbank-Konkurs, die Spiritus-Affäre, die staatsanwaltschaftlichen Ermittlungen und die Auflösung des Castiglioni-Konzerns zu einem hässlichen Ganzen zu vermischen begonnen. Sogar im ansonsten stets gemäßigten *Österreichischen Volkswirt* ist am 24. August 1924 zu lesen: »Von dem Inhalt der Strafanzeige gegen Castiglioni und von dem ungeheuerlichen Versagen des österreichischen Justizapparates – an nichts lässt sich das moralische Niveau eines Gemeinwesens deutlicher erkennen als an dem Zustand und der Unabhängigkeit seiner Justiz – hat außer der *Arbeiter-Zeitung* und der *Österreichischen Volkszeitung* keine einzige Wiener Zeitung auch nur mit einer Silbe Notiz genommen.«

Am 10. September 1924 geht mit der Übertragung der Foresta-Geschäftsführung auf die Münchner Gebrüder Rosenberg GmbH und dem gleichzeitigen Ausscheiden Camillo Castiglionis aus dem Verwaltungsrat die Auflösung des ältesten Joint Ventures zwischen Castiglioni und der Banca Commerciale über die Bühne. Sechzehn Tage später platzt in Wien die Bombe: Aufgrund der Anzeige der Staatsanwaltschaft gegen Camillo Castiglioni, Gabor Neumann und Paul Goldstein leitet der zuständige Untersuchungsrichter eine Voruntersuchung ein. Am 27. September ergehen Haftbefehle gegen Neumann und Goldstein. Von der Verhaftung Castiglionis soll gegen Erlag einer Kaution von hundert Milliarden Kronen binnen »angemessener Frist« abgesehen werden. Als die Kriminalbeamten am frühen Morgen des 28. September in der Prinz-Eugen-Straße 28, der Argentinierstraße 36 (Wohnung Gabor Neumanns) und der Seilerstätte 15 (Wohnung Paul Goldsteins) anklopfen, treffen sie jedoch keinen der Verdächtigten an. Der Ungar Gabor Neumann hat sich am Vorabend schleunigst nach Budapest abgesetzt, der Deutsche Paul Goldstein nach Berlin. Und der Italiener Camillo Castiglioni weilt in Mailand. Während Neumann und Goldstein offenbar gewarnt wurden und sich der Verhaftung durch Flucht entzogen, verhandelt Camillo Castiglioni mit der Direktion der Banca Commerciale die weitere Auflösung seines Konzerns zur Abwendung des nach wie vor drohenden Konkurses. Dessen ungeachtet wird in der Öffentlichkeit insbesondere Camillo Castiglionis Abwesenheit als Flucht ausgelegt. Dass am Vortag maßgebliche Ermittlungsakten der Spiritus-Affäre aus den Räumen des Ermittlungsrichters verschwanden, marginalisiert sich angesichts des aktuellen Skandals ebenso zur Randnotiz wie die Schließung ganzer Alpine-Betriebsstätten und die Nachricht von den Selbstmorden der ehemaligen Depositenbank-Direktoren Hilbert Pick und Imre Kun.

Unterdessen schlägt die Justizaktion gegen Castiglioni auch außerhalb Österreichs Wellen. Mehr noch als in Wien verschwimmen dabei Ursachen und Tatsachen. So heißt es etwa in der angesehenen Berliner *Vossischen Zeitung* am 29. September auf Seite 2[66]: »Ungeheures Aufsehen erregt heute in Wien eine Affäre, in die der österreichische [!] Großindustrielle Camillo Castiglioni verwickelt ist … Der Haftbefehl gegen Castiglioni steht im Zusammenhang mit einem Diebstahl, der vor einigen Tagen bei der Depositenbank [!] in Wien verübt worden ist. Es handelt sich um das geheimnisvolle Verschwinden eines Aktenstückes …«

Genauer wird in der *New York Times* berichtet, wo am 30. September unter dem Titel »Austria is shaken by big bank crash« folgende Meldung zu lesen ist: »Castiglioni, reichster Mann im Land, flieht nach Italien. Der in Wien seit Monaten erwartete Bankskandal ist jetzt ausgebrochen, und Camillo Castiglioni, bekannt als reichster Mann Österreichs, ist bankrott.« Alle vorausgegangenen Skandale erscheinen wie ein schwaches Vorspiel zu diesem großen und endgültigen Crash.

In Österreich beginnt sich die Berichterstattung in zwei Lager zu spalten: in jene, die sich entweder abwägend neutral verhalten oder Camillo Castiglioni »kritik- und vorbehaltlos«[67] anhängen (darunter die *Reichspost*, das *Neue Wiener Tagblatt* und die *Neue Freie Presse*), und solche, die seine vermeintliche Flucht als Schuldeingeständnis interpretieren und die Gelegenheit zur Begleichung offener Rechnungen nutzen – allen voran die rechtsnationale *Deutschösterreichische Tages-Zeitung* und die links der Sozialdemokraten stehende Tageszeitung *Der Abend* (»der größte Plünderer österreichischen Volksvermögens«). Wie schon früher bei so manchen vorverurteilenden Kommentaren darf auch diesmal der Hinweis auf die »Herkunft« Castiglionis nicht fehlen. So resümiert etwa die Linzer *Tages-Post* am 1. Oktober 1924 unter der Schlagzeile »Die Geschäfte des Herrn Castiglioni«: »Die Inflation war das Sprungbrett, von dem sich Castiglioni, der Sohn eines bescheidenen Triester jüdischen

Kantors [!], zu seiner Größe emporschwang. Es war kein wohlgefügtes, Stück für Stück aufgebautes Gebäude, sondern eine wirre Anhäufung.«

Einen Tag zuvor hatte die *Deutschösterreichische Tages-Zeitung* eine »jüdische Verschwörung der Wiener Großfinanz mit dem Juden Castiglioni« imaginiert und den »Triumph des Verbrechens gegen die Gerichtsbarkeit« mit dem »Triumph der Judenschaft über die bodenständige Bevölkerung« gleichgesetzt.[68]

Dagegen wurde in der Castiglioni freundlich gesinnten *Neuen Freien Presse* bereits am 29. September der Aktendiebstahl heruntergespielt: »Es war also klar, daß hier jemand absichtlich Akten fortgebracht hat, um sie vor den Augen des Untersuchungsrichters verschwinden zu lassen … Es ist aber nicht anzunehmen, daß es sich um irgendwelche Beweisstücke von Belang handelt. Diese sind bereits seinerzeit von Kun fortgebracht und befinden sich im Besitze der Strafbehörde …« Und bereits am Tag darauf wurde die »Mögliche Rückkehr Kamillo Castiglionis nach Wien« in Aussicht gestellt: »An Stellen, die sich pflichtgemäß mit der Depositenbankangelegenheit und ihren Weiterungen befassen, sind gestern Nachrichten eingelangt, denen zufolge mit großer Wahrscheinlichkeit anzunehmen ist, daß Kamillo Castiglioni, der sich gegenwärtig in Triest befindet, nach Wien zurückkehren und der an ihn ergangenen gerichtlichen Vorladung Folge leisten wird.«

Welche Wellen die Causa Castiglioni inzwischen in und außerhalb Wiens schlägt und welche Befürchtungen mit dem zu erwartenden endgültigen Zusammenbruch des Castiglioni-Konzerns verbunden sind, zeigt jenes Statement, das Bundeskanzler Ignaz Seipel am 1. Oktober vor dem Nationalrat abgibt (und das in der italienischen Tageszeitung *La Stampa* zitiert wird): »Selbst wenn das Finanzdebakel des Mannes, der einen so bedeutenden Anteil am wirtschaftlichen Leben in Österreich hatte, unvermeidlich wäre, könnten wir uns nicht vorstellen, dass sich das italienische Kapital von den übernommenen Aufgaben zurückziehen wollte.«

Währenddessen lässt Giuseppe Toeplitz in Mailand verlauten: »Die genauen Fakten und Zahlen, sowohl im Allgemeinen als auch auf die Beteiligung und Verpflichtungen der Banca Commerciale bezogen, sind reichlich weit entfernt von den fantasievollen Übertreibungen, wie sie in Wien und einigen ausländischen Medien kursieren. Ich möchte hinzufügen, dass die bisherigen Beziehungen zwischen der Banca Commerciale und Castiglioni stets auf höchst reguläre Weise abliefen.«

Am 3. Oktober 1924 trifft Camillo Castiglioni tatsächlich in Wien ein (weder der nach Berlin geflohene Paul Goldstein noch der in Budapest untergetauchte Gabor Neumann werden jemals wieder nach Wien zurückkehren), um sich der Justiz zu stellen und die geforderte Kaution zu hinterlegen. Indem er wenige Stationen vor dem Erreichen des Endbahnhofs den Zug verlässt und sich in vertrauter Manier von Chauffeur Bösenkopf zum Gerichtsgebäude chauffieren lässt, enttäuscht er die Erwartungen jener, die auf einen Schnappschuss von seiner möglichen Festnahme lauern. Noch am selben Tag wird in der *Neuen Freien Presse* aus dem vermeintlichen »Skandal Castiglioni« ein »Justiz-Skandal«: »Das hätte man billiger haben können, und der gewaltige Lärm scheint nicht im Verhältnis zu stehen zu dem erzielten Resultat. Was ist durch den Vorstoß der Justizbehörden eigentlich bewirkt worden? Zwei von den Beschuldigten haben Gelegenheit gefunden, das Weite zu suchen, und es ist vorläufig unmöglich, ihrer habhaft zu werden … Nun wird es darauf ankommen, die ganze Angelegenheit aus der Atmosphäre des Sensationellen herauszuheben und vielleicht ausnahmsweise in Oesterreich einmal sachlich zu sein und sachlich zu urteilen. Man mag noch so gewichtige Vorwürfe gegen Castiglioni schleudern, der Staat ist doch nicht dazu da, den Rufmord gleichsam in eigene Regie zu nehmen und aus dem Verdacht strafrechtliche Folgerungen zu ziehen, solange noch nicht ernste Ursachen dafür vorhanden sind.

Das soll keinerlei Verteidigung der leitenden Personen der Depositenbank bedeuten, sondern nichts anderes sein als eine Warnung vor juristischer Zerfahrenheit und vor einem System, wo der eine Hü sagt und der andere Hott. Die Justiz muß unbeirrt bleiben vor jedem politischen Einfluß. Sie darf nicht hysterisch werden und sich nicht in unkontrollierbaren Zuckungen zum Ausdruck bringen. Die Ankunft des Präsidenten Castiglioni gibt jedenfalls die Möglichkeit einer solchen Rückkehr zum Sachlichen, und deswegen ist dieser Schritt vielleicht eine Etappe zur völligen Klärung der ganzen Angelegenheit.«

Während Castiglionis viertägiger Anwesenheit brachten ehemalige Depositenbank-Angestellte mittels gerichtlichen Eilantrags eine Schadenersatzforderung gegen Castiglioni ein und erwirkten die vorübergehende Beschlagnahmung von dessen Vermögen, was wiederum Vermögensverwalter Adolfo Rossi dazu veranlasste, die Angelegenheit auf eine diplomatische Ebene zu heben. Die Folge ist eine Serie von Unterhandlungen, an denen neben Rossi und einem Rechtsanwalt der Banca Commerciale auch der italienische Botschafter Antonio Chiaramonte Bordonaro, der österreichische Bundeskanzler Ignaz Seipel, höchste Regierungsvertreter und schließlich Camillo Castiglioni selbst teilnehmen. Castiglioni nutzt die Gelegenheit, um sich als Opfer einer »infamen«, von seinen Gegnern »losgetretenen Pressekampagne« darzustellen, und bestreitet dabei jeglichen Bezug zum Spiritus-Kartell. Daneben weist er auch die Beschuldigungen der Ex-Angestellten der Depositenbank zurück, erklärt sich aber zur Zahlung einer freiwilligen Entschädigung bereit, falls jene im Gegenzug die gegen ihn lancierten Attacken aussetzten.

Im *Österreichischen Volkswirt* vom 4. Oktober werden die Vorgänge dahingehend interpretiert, dass »einflussreiche politische Persönlichkeiten, Parlamentarier, Diplomaten und Journalisten für Castiglioni aufs eifrigste bei den maßgebenden Stellen intervenierten«, in *La Stampa* notiert man, dass sich »in Wien der Ton versachlicht« habe. Am 5. Oktober gibt es in der *Neuen Freien Presse* folgende Einschätzung der Situation: »Im Laufe des heutigen Nachmittags ist in der Angelegenheit Castiglioni insoferne eine entscheidende Wendung eingetreten, als die Vertreter der Banca Commerciale, Direktor Rossi und der Rechtsanwalt der Bank, aus Wien abgereist sind, nachdem sie die Erklärung abgegeben haben, auf den bisherigen Grundlagen eine Sanierungsaktion nicht durchführen zu können. Die Folgen dieses Schrittes müssen sich schon in den nächsten Stunden zeigen, denn entweder muß die Banca Commerciale sich entschließen, neue Delegierte mit weiteren Vollmachten zu entsenden, oder es muß ein Ersatz für den Rücktritt des italienischen Bankinstituts gefunden werden.

Die Sanierungsaktion beruhte darauf, daß die Banca Commerciale in Mailand sich bereit erklärt hatte, einen Kredit von 125 Millionen Lire zur Verfügung zu stellen ... Vom Beginne an war es aber nicht klar, ob in diesen 125 Millionen Lire auch frühere Verpflichtungen des Hauses Castiglioni an die Banca Commerciale inbegriffen waren, die vorweg getilgt werden müßten ... Eine andere wichtige Frage ist die nach den Sicherheiten, welche für diesen Kredit gegeben waren, namentlich ob sie sich aus internationalen Werten oder guten Aktien zusammensetzen, aus Industriebeteiligungen, die leicht flüssig gemacht werden könnten, oder ob schwer veräußerliche Aktienpakete, Palais und Kunstsammlungen den Grundstock der Aktiven bildeten. Es ist ein alter Erfahrungssatz, daß Sammlungen, sie mögen noch so hochwertige Schätze darstellen, in einem Augenblicke an Wert gewaltig verlieren, wenn sie in großer Masse auf den Markt geworfen werden ...

Das Haus Castiglioni hat in den letzten Monaten sich eines großen Teils von Aktien entledigt, die auf dem Markte Unterkunft finden konnten, und die rückgängige Börsenbewegung der letzten Monate ist durch die Verkäufe stark beeinflußt worden ... Was an guten Aktien vorhanden war, ist sicherlich schon veräußert worden und für die Abwicklung der anderen Engagements dürfte gesorgt werden, besonders wenn es gelingt, die Banca Commerciale oder einen anderen Ersatzmann als Garanten zu finden.«

Am 6. Oktober kommt aus Mailand die Entwarnung: »Die Banca Commerciale bietet gegen Sicherheitsleistung aus Castiglionis Beteiligungen usw. an, mit 3,7 Millionen Dollar für Castiglionis Verpflichtungen einzustehen.« Ergänzend hält man in der *Wiener Sonn- und Montagszeitung* fest, das Angebot der Banca Commerciale gelte nur für den Fall, »dass die Gläubiger der Depositenbank ihre gegenüber Castiglioni geltend gemachte Forderung deutlich herunter fahren«. Schließlich strebt der »Justizfall Castiglioni« seiner Lösung zu, für die Castiglionis treuester Weggefährte einen wesentlichen Part spielt: Am 8. Oktober stellt sich Gabor Neumann in Budapest der Polizei, übernimmt für das »Spirituskartell« die gesamte Verantwortung und erklärt, dass er Camillo Castiglioni über sämtliche diesbezügliche Vorgänge im Unklaren gelassen habe. Fünf Tage später bestätigen die fünf zur »Rettung« der Depositenbank angetretenen Banken, dass Camillo Castiglioni 1922 die Bank tatsächlich »mit einem positiven Aktivsaldo« verlassen habe. Als Castiglioni sich zudem bereiterklärt, die Ex-Angestellten der Depositenbank mit 4,8 Millionen Lire abzufinden, beginnen sich in der Wiener Presse mangels weiterer »Enthüllungen« die Wogen zu glätten.

In der *Neuen Freien Presse* wird am 14. Oktober ein Beitrag mit dem Titel »Die Angelegenheit Castiglioni auf dem Wege der Lösung« versehen, wobei man aber im folgenden Text einräumt: »Es ist so offenkundig, daß Castiglioni durch die letzten Ereignisse ins Mark getroffen wurde, es ist so offenkundig, daß seine Glorie verblaßt und der Umfang seiner Tätigkeit aufs äußerste beschränkt wurde, daß dieser Sturz wohl schon als harte Strafe gewertet werden muß. Es sei denn, daß man einem besonderen Kitzel Folge leistet und seinen Ehrgeiz darauf setzt, zu zerschmettern und zerstampfen, was ohnehin bereits am Boden liegt. Wir glauben: Es ist jetzt nicht der Augenblick, solche Freuden eines geschwellten Selbstgefühles zu genießen … Man mag mit noch so großer Schärfe manches verurteilen, was Castiglioni unternommen hat, so steht es jedoch in keinem Fall, daß auf der einen Seite alles dunkel ist und auf der anderen alles licht ...«

Allein die Wiener Oberstaatsanwaltschaft zeigt sich mit der von der politischen Führung betriebenen »Beilegung« der Affäre unzufrieden. In einem Bericht an das Kanzleramt und das Justizministerium gibt der Oberstaatsanwalt zu Protokoll: »Mit der bisherigen Behandlung dieser Strafsache bin ich insoferne nicht einverstanden, als es meines Erachtens gar keinem Zweifel unterliegen kann, dass bei der Art der ihr zugrundeliegenden Geschäfte und Machinationen die größte Kollisionsgefahr bestand und noch besteht, solange sich noch ein Hauptbeschuldigter auf freiem Fuß befindet. Meiner Ansicht nach wäre daher Castglioni zu verhaften gewesen, insbesondere als auch weiterhin noch sehr bedenklich bleibende Übertragungen seines Vermögens ins Ausland bekannt wurden.«

Während die internationale Presse mit der Nachricht von Castiglionis Zahlungsbereitschaft (*New York Times*: »Castiglioni agrees to pay«) die Angelegenheit abhakt und Castiglionis Fall in die Bedeutungslosigkeit besiegelt (*ABC*, Madrid: »Dass er zurückkehrt, bedarf es wohl einer neuerlichen Inflation«), hält sich in Wien noch eine Zeitlang das Schlagwort »Justizskandal«. Vor allem rechtsradikale Blätter und Organisationen versuchen die Ressentiments gegen den »Ausländer und Juden Castiglioni« für ihre Belange zu nutzen. Als der österreichische Bundeskanzler Ignaz Seipel im Oktober kurz vor dem Ende seiner ersten Amtszeit das Ansinnen der bayerischen Fremdenpolizei ablehnt, den seit April 1924 in Landsberg einsitzenden Putschisten Adolf Hitler im Falle einer vorzeitigen Haftentlassung nach Österreich abzuschieben, ruft die NSDAP in Wien mit Flugzetteln zu einer »Protest-Massen-Versammlung« am 22. Oktober auf. Die Parole: »Hitler darf nicht in seine Heimat Deutschösterreich. Der Betrüger Castiglioni erhält freies Geleite.«

Unterdessen bemüht sich Camillo Castiglioni um weitestmögliche Schadensbegrenzung und Imageverbesserung. Für Letztere muss auch seine Ehefrau Iphigenie herhalten. Anfang November lässt sich die Neunundzwanzigjährige für die Titelseite der ersten Ausgabe der von Imre Békessy neu herausgegebenen illustrierten Zeitschrift *Die Bühne* in jenem Cleopatra-Kostüm ablichten, in dem sie einst debütierte. Im Heft heißt es dann, dass Iphigenie Castiglioni ihr »schlichtes und gewinnendes Wesen« nicht veränderte, »als sie ihrem Gatten angetraut ward. Sie trug bescheidene und einfache Toiletten, erschien immer ohne Schmuck und widmete sich gänzlich ihrem Haushalte, dem Gatten und ihren Kindern.«

Am 24. November behauptet Camillo Castiglioni in einem Interview mit der *Berliner Zeitung am Mittag*, dass sein Privatvermögen »nach Abzug aller Verluste noch immer 20 Millionen Dollar« betrage. Die Lüge dient dem Zweck, seine außerhalb Österreichs kaum angekratzte Kreditwürdigkeit möglichst unbeschädigt zu erhalten. Tatsächlich gibt das Bayerische Handelsministerium im Dezember in einem Bericht an das Reichsverkehrsministerium die Einschätzung des BMW-Vorstands und -Aufsichtsrates wieder, dass Castiglionis Finanzkrise sich nicht auf das Unternehmen auswirke.

In Wahrheit hat für Camillo Castiglioni im Dezember 1924 – da in Wien die Währungsumstellung auf den Schilling beschlossen wird, die erste Berliner Funkausstellung mehr als einhundertzehntausend Besucher anlockt, der Massenmörder Fritz Haarmann zum Tode verurteilt und der Putschist Adolf Hitler aus der Festungshaft entlassen wird – der wirtschaftliche Untergang eben erst begonnen.

8. DER TIEFE FALL DES KÖNIGS – EIN KULTURHISTORISCHES LEHRSTÜCK

Reaktionen

Anfang Februar 1925 erhitzen die Themen »Depositenbank« und »Castiglioni« in Wien erneut die Gemüter. Anlass ist die Einstellung des Justizverfahrens. Am 4. Februar veröffentlicht die *Arbeiter-Zeitung* – traditionell kritisch gegenüber Castiglioni eingestellt – pflichtgemäß die »amtliche Meldung«: »Auf Grund eines Antrages der Staatsanwaltschaft wurde heute mit Beschluß des Untersuchungsrichters das Verfahren gegen Kamillo Castiglioni eingestellt. Für den Antrag waren folgende Gründe maßgebend: Bezüglich des Zusammenbruches der Allgemeinen Depositenbank hat die Untersuchung unzweifelhaft ergeben, daß dieses Institut zur Zeit, als Castiglioni seine Leitung in andere Hände übergab, aktiv und lebensfähig war und daß der spätere Zusammenbruch nicht auf die Tätigkeit Castiglionis zurückgeführt werden kann … In dem auf Grund der Anzeigen von Spiritusinteressenten, insbesondere Bondy und Lederer eingeleiteten Verfahren hat sich gleichfalls ein Verschulden Castiglionis nicht ergeben. Bondy hatte schon im Laufe der Untersuchung seine Anzeige vorbehaltlos zurückgezogen.«

In der Spalte unmittelbar neben der nüchternen Meldung folgt der Kommentar unter dem Titel »Die Gelegenheitsjustiz«: »… die Voruntersuchung ist gemäß dem Gesetz durch Verfügung des Untersuchungsrichters einzustellen, ›sobald der Staatsanwalt das Begehren nach strafgerichtlicher Verfolgung zurückzieht oder auf Einstellung der Voruntersuchung anträgt‹. Das nun hat der Staatsanwalt getan: er hat die Verfolgung aufgegeben, und dem Untersuchungsrichter blieb danach nichts anderes übrig, als die Einstellung zu verfügen. Der Staatsanwalt ist ein Organ der Regierung; ohne Wissen und Willen der Regierung hätte er diese Einstellung nicht unternehmen, gar nicht wagen können.«

Zwei Tage später fasst die Turiner Zeitung *La Stampa* die Reaktionen der Wiener Zeitungen auf die »Absolution« Castiglionis zusammen: »Die *Neue Freie Presse* stellt fest, dass die Abhängigkeit von der Politik monatelang jenes Resultat verhinderte, das jeder beliebige Fachmann in wenigen Tagen hätte geben können. Das *Neue Wiener Journal* stimmt eine Hymne auf die Verdienste Castiglionis für Österreich seit 1910 an und ermahnt ihn, seinen Feinden zu vergeben. Und während die *Arbeiter-Zeitung* die von der Regierung betriebene Verfahrenseinstellung einen Skandal nennt, betont die klerikale *Reichspost*, dass Castiglioni seine Gläubiger immerhin großzügig abgefunden habe.«

Spätestens 1922 begann das Thema »Castiglioni« die öffentliche Meinung in Österreich zu polarisieren, während die deutschen Medien vergleichsweise neutral blieben. Allein die *Deutsche Zeitung* hatte im November 1922 ein gegen Castiglioni gerichtetes Pamphlet abgedruckt. Darin hatte der Wiener Journalist Karl Tschuppik angesichts der Deutschland-Engagements Camillo Castiglionis (unter anderem BMW und die Austro-Daimler-Niederlassung in Berlin) die in Wien geläufigen Klischees vom »Rabbinersohn aus Triest« und »Emporkömmling« nochmals für das Publikum aufbereitet. Immerhin löste der Artikel eine Debatte im Reichstag aus, bei der ein Abgeordneter gar die Ausweisung des von Zeit zu Zeit in Berlin wohnenden Castiglioni forderte. Nach einer an den Innenminister verfassten Stellungnahme Castiglionis war die Angelegenheit danach in Deutschland allerdings kein Thema mehr.

Eine so ausführliche wie luzide Analyse der juristischen und wirtschaftlichen Probleme Castiglionis verfasst der Journalist Frank Fassland für ein Anfang 1925 in der Berliner *Weltbühne* publiziertes Porträt: »Camillo Castiglioni, der sich den reinen Valuta-Spekulationen mehr als die Übrigen ferngehalten hatte, dessen Expansionismus vorwiegend industrieller Natur gewesen war – wenn er auch selbstverständlich gleichfalls von der Geldentwertung gelebt hatte –, ist folgerichtig am schärfsten von der Zusammenziehungskrise erfasst worden, die eine unvermeidliche Krise der künstlichen und nichtorganischen Stabilisierung des Wirtschaftstorsos Österreich gewesen war. Rein äußerlich wurde der Fall Castiglioni durch den Zusammenbruch der Depositenbank ausgelöst, der Castiglioni bereits zwei Jahre, bevor sie zusammenbrach, und zwar keineswegs freiwillig den Rücken gekehrt hatte. Die öffentliche Meinung, die einen Schuldigen brauchte (für Sünden, die doch nur ganz Österreichs oder in einem höhern Sinne ganz Europas Sünden gewesen waren), wies auf Castiglioni hin, der die ungesunden Keime in der Blütezeit der Inflationswirtschaft dem künstlich aufgetriebenen Institut eingeimpft, der die Bank für seine Privatinteressen missbraucht habe, indem er die Lasten seiner schlechten Geschäfte ihr aufbürdete, die Früchte seiner guten Geschäfte ihr entzog. Insbesondere eine tschechoslowakische Spiritusaffäre … zischelte aus den Hydraköpfen immer neuer Regressprozesse und krimineller Untersuchungen auf Castiglioni, den angeblich einzig Regresspflichtigen, jedenfalls einzig Regressfähigen. Alle diese Wellen spülten an die Mauern seines Besitzes und seines Kredits – aber sie hätten diese Mauern vielleicht nicht zum Wanken bringen können, wenn nicht das ganze Gebäude auch innerlich überbaut gewesen wäre. Es litt an seiner eigenen Überexpansion und Überkonstruktion, die in demselben Augenblick zum destruktiven Element wurden, sich gegen ihren Urheber wenden mussten, wo die Zeit der Inflation, die das Operieren mit Kredit, mit fremdem Gelde zu einem so vorteilhaften Geschäft für den Geldnehmer gemacht hatte, in die deflationsähnliche Stabilisierung umschlug mit ihren würgend hohen Kapitalzinsen, ihren Kapital- und Kreditzurückziehungen, ihren furchtbar dezimierten Wertpapierkursen, ihrer tiefgehenden Industriekrise und ihrer mindestens funktionellen Substanzentwertung. Bargeld wurde plötzlich alles, Substanz wurde wenig oder nichts, und ohne Bargeld wurde sie sogar zu einer Last, die an sich selbst zehrte. Castiglioni, der in Österreich die weitaus stärkste Substanz-Expansion während der Inflationsperiode getrieben hatte, geriet in diese Stabilisierungskrise mit nicht genügend konsolidiertem Besitz. Er hatte … den Rausch der Substanzzusammenhäufung in vollen Zügen genossen und die Kunst der Retardation und Konsolidierung nie geübt … Einige forcierte Spekulations- und Konjunkturbewegungen, der Taumel der Franc-Baisse und die anormale Konjunktur während des Ruhrkriegs, die von dem Unglück Andrer lebte – das waren Morphiumspritzen, die den erschlaffenden Körper nur für beschränkte Zeit aufpulvern konnten. Umso stärker mussten die Rückschläge wirken. Das ist der wahre Sinn der Affäre Castiglioni. Sie hat vorläufig mit einer Sanierung geendet, die den Monsterkonzern des Triestiners zwar nicht aufgelöst, aber seine Peripherie doch sehr wesentlich zusammengezogen hat. Insbesondere das Haupt- und Glanzstück: die Beteiligung an der Alpinen Montan-Gesellschaft musste geopfert werden; dagegen konnte Herr Castiglioni – was uns sehr zum Troste gereicht – seine deutschen Interessen, namentlich die Bayrischen Motoren-Werke, behaupten … Castiglioni ist übrigens, wenn man so sagen darf, seinen Gläubigern als aufrechter Charakter entgegengetreten, hat nur Aufschub, keinen Nachlass verlangt, und es sieht aus, als ob er aus seiner Schwierigkeit kein Geschäft machen wollte. Die Durchführung des Sanierungswerks zeigte … dass doch an diesem Manne ›etwas dran war‹.«

Im April 1925 stirbt der sozialdemokratische Reichspräsident Friedrich Ebert überraschend an den Folgen eines Blinddarmdurchbruchs. Nachfolger wird mit dem achtundsiebzigjährigen Feldmarschall Paul von Hindenburg ein Vertreter des Adels und des Militärs. Wenige Tage später treffen die Folgen von »Überexpansion und Überkonstruktion« auch den Stinnes-Konzern: Ein Jahr nach dem Tod des Konzerngründers müssen Hugo Stinnes' Söhne Konkurs anmelden.

Auch Camillo Castiglioni kann sich keineswegs als saniert betrachten. Zwar sind seine Engagements in Deutschland – allen voran die Alleinherrschaft über BMW – einstweilen unbelastet. Zwar pflegt Castiglioni in Deutschland enge geschäftliche Beziehungen mit wichtigen Persönlichkeiten der Finanzwelt, darunter mit dem AEG-Chef Felix Deutsch, mit Fritz Gutmann von der Dresdner Bank und dem Bankier Otto Hermann Kahn. Zwar intensiviert Castiglioni nun die Geschäftsbeziehungen auf internationaler Ebene und knüpft Beziehungen zu seinem Bezwinger J. P. Morgan, Jr., vermittelt mit dessen Unterstützung einen US-Kredit an Mussolinis Italien und freundet sich unter anderem mit dem in Wien akkreditierten italienischen Diplomaten Attilio Tamaro an. Dennoch lässt der Sog alter Fälligkeiten und neuer Verpflichtungen nicht nach, bleibt der vormalige »Haifisch« ein Gejagter, hängt die drohende Zahlungsunfähigkeit wie ein Damoklesschwert über ihm, sieht sich Camillo Castiglioni genötigt, nach stetig neuen Finanzierungsquellen Ausschau zu halten. Nachdem Castiglionis Wohnungs- und Grundbesitz – ausgenommen das Grundlseer Anwesen – inzwischen durch Hypotheken belastet ist, steht im August 1925 erstmals sein mobiles Eigentum – Castiglionis Kunstschätze – zur Disposition.

Während in Österreich soeben eine neue »Bankgewerbekonzessionsverordnung« in Kraft tritt (die eine »vom Standpunkt der materiellen Sicherheit und persönlichen Vertrauenswürdigkeit vorzunehmende Auslese unter den Bankgewerbetreibenden erlaubt«), während der ehemalige Strafgefangene Adolf Hitler seine österreichische Staatsangehörigkeit ablegt (und als »Staatenloser« nicht mehr aus Deutschland ausgewiesen werden kann), während mit der Markteinführung der Leica der Siegeszug der Kleinbildfotografie beginnt, und während sich die westliche Diplomatie auf die für September in Locarno anberaumte Sicherheitskonferenz vorbereitet, meldet die *New York Times* am 11. August 1925: »Syndicate will get Castiglioni's art: Holländer, Briten und Amerikaner verhandeln wegen der Sammlung des ›österreichischen Ponzi‹[69] … Die Schätze des Finanzmannes schließen zwei Tizians sowie je einen Tintoretto, Rembrandt und Correggio ein.«

Das Ergebnis dieser Verhandlungen ist ein für den 20. November 1925 angesetzter Versteigerungstermin in Amsterdam. Die Meldung bietet Castiglionis publizierenden Gegnern in Wien erneut Anlass, süffisant gegen ihren verhassten Lieblingsfeind nachzutreten. »Werden wir Herrn Castiglioni verlieren?«, fragt etwa die *Arbeiter-Zeitung* am 13. August 1925: »Wer hätte geglaubt, daß an den Bildern, mit deren Pracht Herr Camillo Castiglioni seine schmutzigen Geschäfte sozusagen rehabilitieren wollte, daß an seinem Palais, von dessen Glanz die Schmocks aller Riten und Rassen in so verzückten Tönen zu reden pflegen, daß an all dieser Herrlichkeit Freude auch diejenigen erleben werden, die diese erlesenen Kostbarkeiten nie zu schauen bekommen? Und doch erlebt man sie: denn die Mitteilung, daß Herr Castiglioni nun alles verklopfen muß, um sich über Wasser zu halten, bereitet sogar mehr an Freude, als es die vulgäre Schadenfreude zu bereiten vermag. Es scheint doch so etwas zu geben, was man Nemesis nennt: und wenn sie, wie Stinnes so Castiglioni, von den Wolkensitzen des Reichtums, wo er am ungemessensten gewaltet hat, nun herunterpurzeln und Stück um Stück von ihrem fabelhaften Besitz entblättert werden, so hat man das Gefühl, als ob eine strafende Gerechtigkeit Sühne nehmen würde für das, was sie alle an der Moral gefrevelt haben.

Natürlich darf man Stinnes mit Castiglioni nicht vergleichen … Herr Castiglioni war nie etwas anderes als ein Schieber, freilich einer im Riesenformat; nicht etwa auch ein Spekulant, sondern immer nur ein Spekulant. Die Industrien, deren ›Aktienpakete‹ er erwarb, waren ihm so fremd, wie alles wirkliche, schöpferische Schaffen; seine Welt ist die des Papiers, die Welt der Kurse … Welches Geschäft betrieb denn Herr Castiglioni? Keines; denn er machte nur Geschäfte, und zwischen dem kleinen Handelsjuden, der Geschäfte macht in dem, ›was sich trefft‹, und dem Herrn Castiglioni, der ›Aktienpakete‹ ›erwarb‹, um die Kurse zum Steigen zu bringen und die

›Pakete‹ dann zu verklopfen, liegt der Unterschied nur in der Quantität … Denn die Castiglionis können nur in einer Wirtschaft florieren und hochkommen, die krank ist. Eine gesunde Wirtschaft muss sie ausstoßen.«

Mit der Versteigerung seiner Kunstschätze – so viel ist absehbar – werden Camillo Castiglionis wirtschaftliche Ressourcen in Österreich nahezu erschöpft sein, sein Finanzbedarf bleibt dessen ungeachtet enorm. Trieb ihn in den Jahren seines Aufstiegs die durch scheinbar grenzenlose Möglichkeiten angestachelte Gier zu immer gewagteren Finanzmanövern und Beteiligungskonstruktionen, so wird Castiglionis diesbezüglicher Erfindungsreichtum nun durch die panische Angst vor der Insolvenz genährt. Aus der Sicht Camillo Castiglionis darf man die im Sommer 1925 bei BMW durchgeführte Kapitalerhöhung als ein Bravourstück bezeichnen – unter dem Aspekt ordentlicher Unternehmensführung wohl eher als einen Schurkenstreich. Seitdem Castiglioni BMW im Mai 1922 mit einem Kapitalstand von null übernommen, neu gegründet und restrukturiert hatte, indem er unter anderem die Produktionsfelder von Güterwaggonbremsen, Automobil-, Lkw- und Bootsmotoren zugunsten der Flugmotoren- und Motorradproduktion aufgegeben hatte, gelang BMW »ab 1923 ein nachhaltig hoher Aufschwung mit jährlich hohen Gewinnen, sodass sich – ungeachtet der in Abzug gebrachten Provisionen – auch die finanzielle Situation des Unternehmens stetig verbesserte«.[70]

Neben Motorrädern und Flugmotoren-Lizenzproduktion – darunter für die tschechische Automobilfabrik J. Walter & Co. und das japanische Unternehmen Kawasaki Dockyard Company, Ltd. – hatte Camillo Castiglioni ab 1923 ein weiteres Geschäftsfeld im Visier: »Es war Castiglioni, der neben dem Flugmotoren- und dem Motorradbau in den Führungsgremien des Unternehmens für ein zusätzliches konjunkturelles Ausgleichsprodukt im BMW-Portfolio kämpfte. Das Geschäft mit Krafträdern lief … einerseits zwar sehr gut. Castiglioni war sich andererseits jedoch bewusst, dass die schweren Motorräder hochgradige Sportartikel waren und damit eigenen, unter Umständen harten Konjunkturgesetzen unterlagen. Auch der Verkauf von Flugmotoren wies seiner Meinung nach auf Grund des hoch politisierten Marktes und der engen Abhängigkeit von der militärischen Luftfahrt im In- und Ausland gewisse Risiken auf. Castiglioni verfolgte für BMW daher eine bewusste Diversifizierungsstrategie. Es gelang ihm schließlich, seine Kollegen im Aufsichtsrat und im Vorstand zu überzeugen, das BMW-Produktprogramm um die Automobilfertigung zu ergänzen. Popp machte keinen Hehl daraus, dass er Castiglionis Diversifikationsstrategie skeptisch gegenüber stand und ihr nur widerwillig folgte … Popp stand dem Automobilbau im Allgemeinen wesentlich skeptischer gegenüber als Castiglioni … Eine ›Massenautomobilisierung‹ im amerikanischen Sinne sei in Deutschland auf Grund der fehlenden Kaufkraft nicht möglich.«[71]

Eine zweifelhafte »Kapitalerhöhung«

Im Sommer 1925 machen die wachsenden Absatzzahlen eine Modernisierung der Werksanlagen nötig. Die Investitionen sollen durch eine Kapitalerhöhung von drei auf fünf Millionen Reichsmark finanziert werden. Alleiniger Zeichner der neuen Aktien ist die IIC – jene International Investment Company mit Sitz in Berlin und Zürich, deren Inhaber Castiglioni ist und an die seit Februar 1922 die Provisionen sämtlicher von ihm vermittelten Lizenzen und Verkäufe fließen. Castiglioni ist damit BMW-Alleinaktionär, Auftraggeber und Auftragnehmer in Personalunion.

Was nun das Konstrukt der im Sommer 1925 durchgeführten Kapitalerhöhung angeht, spricht diese einerseits für eine bemerkenswerte Nachlässigkeit der Aufsichtsgremien, andererseits zeigt sich darin Castiglionis beispiellose Chuzpe. So tritt Camillo Castiglioni hier als »Kapitalgeber« auf, der summa summarum mehr Kapital nimmt, als er gibt, setzen sich jene zwei Millionen Reichsmark

Kapitalerhöhung doch größtenteils aus Werten zusammen, die man durchaus hinterfragen kann[72]:

Aktien der Austro-Daimler AG in Berlin:	1 250 000 RM
Grundstück in Berlin:	200 000 RM
Entschädigung für Verzicht des Herrn Castiglioni auf ein Vorkaufsrecht auf ein Grundstück an der Riesenfeldstraße:	50 000 RM
Verrechnung mit der Austro-Daimler-Motoren-AG München:	489 775 RM
Stempelgebühren, Provisionen an der Kapitalerhöhung etc.:	10 225 RM
Summe:	2 000 000 RM

Tatsächlich wird BMW die von Castiglioni eingebrachten, mit 1 250 000 Reichsmark bezifferten Berliner Austro-Daimler-Aktien noch im selben Jahr bis auf 350 000 Reichsmark abschreiben müssen. Daneben bilden die für Castiglionis Berliner Tiergartenallee-Immobilie angesetzten 200 000 Reichsmark aus seiner Sicht eine bequeme Alternative zu einem Hypothekendarlehen mit hohen Zinsen. Vor allem aber hat sich der Nominalwert von Castiglionis BMW-Aktienbesitz durch den Coup um vierzig Prozent erhöht, ohne dass dem Unternehmen der vorgebliche Gegenwert samt vorgesehener Nutzanwendung zuteilgeworden wäre.

Man darf davon ausgehen, dass Castiglioni bei dieser Transaktion von keinem Unrechtsbewusstsein irritiert ist und dass er das Münchner Unternehmen – wie weiland die Allgemeine Depositenbank – offenbar als eine Art »Privatangelegenheit« betrachtet. In der Tat ist auch in München er derjenige, der die wichtigsten unternehmerischen Impulse setzt, die größten Aufträge, die rentabelsten Lizenzverkäufe und die zukunftsweisendsten Beteiligungen für BMW akquiriert, darunter jene am Süddeutschen und Deutschen Aero Lloyd, die 1926 in der neu gegründeten Deutschen Luft Hansa aufgehen werden.

Unterdessen bestätigt der BMW-Vorstand am 7. September 1925

die Fortsetzung der Vermittlungstätigkeit für das BMW-Flugmotoren-Auslandsgeschäft mit Flugmotoren mittels eines Schreibens an die IIC. Als Provision soll Castiglionis Firma zehn Prozent des Bruttopreises für jeden ins Ausland gelieferten Motor erhalten. Daran, dass ihm diese seit Jahren eingespielte, mit Vorstand und Verwaltung abgestimmte Praxis am Ende zum Verhängnis werden wird, denkt zu diesem Zeitpunkt niemand.

Versteigerung – 1. Akt

Die Ambivalenz von Camillo Castiglionis Situation zeigt sich im Spätherbst 1925. Zwei Wochen nachdem im Schweizer Badeort Locarno die Sicherheitskonferenz[73] mit der Aufnahme Deutschlands in den Völkerbund zu Ende ging, weilt Castiglioni, mittlerweile sechsundvierzig Jahre alt, zur Kur in Dr. Lahmanns Physiatrischem Sanatorium in der Nähe von Dresden. Am 31. Oktober ruft ihm ein Brief aus Mailand ins Bewusstsein, dass sich die Welt außerhalb seines Refugiums unerbittlich weiterdreht. Der Absender ist Giuseppe Toeplitz: »Verehrter Commendatore[74], ich danke Ihnen für Ihren Brief vom 28. des Monats, aus dem ich ersehe, dass Sie sich für ein paar Wochen in das Sanatorium von Loschwitz zurückgezogen haben: Ich wünsche Ihnen das ersehnte Ergebnis des Aufenthalts, obgleich ich in Triest die Freude hatte, Ihnen sagen zu können, dass Sie keineswegs den Eindruck erweckten, eine Kur zu benötigen. Wenn aber diese Ruhepause wirklich sein muss, so tun Sie gut daran, nicht allzu oft mit Wien zu telefonieren …« Denn dort lösen sich unter der Federführung der Mailänder Bank nicht nur die Reste des castiglionischen Beteiligungskonstrukts auf. Zugleich wird eine nennenswerte Partie der von Castiglioni seit 1920 aufgebauten Kunstsammlung aus dem Palais in der Prinz-Eugen-Straße entfernt und zum Amsterdamer Versteigerungshaus Frederik Muller & Cie. gebracht.

Immerhin weist eine Bitte Benito Mussolinis, Camillo Castiglioni möge sich an den Verhandlungen mit den USA bezüglich eines weiteren Großkredits für die italienischen Kommunen beteiligen, darauf hin, dass die Reputation des »Commendatore« in seiner Heimat nach wie vor unbeschädigt ist. Am 21. November 1925 ist beides erledigt: der von J. P. Morgan, Jr. bewilligte Kredit ebenso wie die Amsterdamer Kunstauktion. Zahllose Gemälde italienischer Renaissancekünstler – darunter Correggio, Donatello und Masaccio – sowie niederländischer Barockmaler wie Peter Paul Rubens, Jan van Scorel und Jacob van Ruisdael haben zwischen dem 17. und 20. November neue Eigentümer gefunden. Auf rund zweihundert Millionen Lire errechnet *La Stampa* den Gesamtertrag der viertägigen Versteigerung. Mitfühlend kommentiert man in der seit 1924 zum Fiat-Konzern gehörenden Zeitung: »Dieser Verkauf bildete den letzten Akt einer gewaltigen finanziellen Tragödie des einstmals schwerreichen Industriellen und Bankiers Camillo Castiglioni.« Fünf Tage später beeilt sich das Blatt, die »Tragödie« kleinzuschreiben: »Die Versteigerung von Amsterdam erfolgte auf eigene Rechnung und nicht auf Druck der Gläubiger. Die Paläste [!] Castiglionis in Wien und seine bedeutendsten sonstigen Immobilien sind intakt geblieben. Und, was das Wichtigste ist: seine Subventionen zum Wohle italienischer Einrichtungen in Österreich fließen unverändert weiter. Erst neulich spendete Castiglioni 100 000 Lire für die italienische Schule in Wien.«

Auch in Wien ist das Bemühen einiger Zeitungen um Schadensbegrenzung erkennbar. So erscheint etwa in der von Castiglioni geförderten Wochenzeitschrift *Die Bühne* am 3. Dezember eine »Homestory« unter dem Titel »Was sich der Mäzen behalten hat«: »Das Kunstsammeln ist eine Leidenschaft wie andere auch, nur gefährlicher, denn das Herz schlägt mit, bereichernder, denn das Auge trinkt die Schönheit, unbezwingbarer als das Spielen, teurer als die Frauen, unerschöpflicher als alle Leidenschaften zusammengenommen. Und wenn viele der großen und ganz großen Sammler klug genug sind, in ihren Schützlingen, an denen sie mit väterlicher Liebe hängen, einen wert- und inflations-, einen hausse- und baissebeständigen Wert zu sehen, so sind diese deshalb doch niemals bloße Kapitalsanlage, dazu haben die Sammler zuviel Sorgfalt in ihre Sammelarbeit getragen, zuviel Zeit für sie verwandt, zuviel Freude an ihnen gekostet. Selbst wenn sie, wie jetzt Castiglioni, die Zeit für gekommen erachten, das tote Kapital in lebendes, fließendes, arbeitendes Gold umzusetzen, sie vermögen es doch nicht, sich von allen Werken zu trennen. Sie haben ihre Lieblingsbilder, ohne die ihr Heim seelenlos wäre … Auch Castiglioni hat seine Lieblingsbilder, für die kein Preis genannt werden kann, weil begeisterte Anhänglichkeit nicht notiert. Vor allem ist Tiepolo sein Lieblingsmaler … Von der Castiglioni-Sammlung ist das Meiste ins Ausland gewandert.[75] … Um 215 000 holländische Gulden ist eines der stolzesten Stücke aus der Sammlung Castiglionis, Rembrandts berühmtes Gemälde ›Bildnis eines Stadtrats‹ an das Museum der genannten amerikanischen Stadt [Anm.: Detroit] verkauft worden. Es kaufte am ersten Tage der Versteigerung die ›Mystische Hochzeit‹ von Correggio, den Wilhelm von Köln und Van Dycks ›Marquise Spinola‹. Berlin nahm sich (es war Cassirer) das Malerbildnis Joos van Cleves. Wiederum ein Holländer kaufte Froments ›Erweckung des heiligen Lazarus‹. Nicht weniger als dreißig Milliarden Kronen wurden für Van Dyck, Tizian, Hals, Ruisdael, Tintoretto, Crivelli und Sloreto an einem einzigen Tag erzielt.«

Und da es sich bei diesem *Bühne*-Artikel um die letzte Gelegenheit des Herausgebers Imre Békessy handelt, seinem Förderer Camillo Castiglioni Ehre zuteilwerden zu lassen, soll auch das abschließende Furioso nicht unzitiert bleiben: »Mag die Sammlung Castiglione um einige ihrer prachtvollsten Stücke … ärmer geworden sein … einige der schönsten Werke, die Lieblingsstücke, hat sich der Sammler zurückbehalten, um seinem Leben jene Folie zu erhalten, deren er als Sammler und Mensch bedarf … Der Geist, der hier lebt, die Liebe, die die Blüten zusammenträgt, das Herz, das für die Kunst schlägt –

sie heben den Kunstfreund auf jene Höhe empor, auf der der Name Castiglioni stets erklingen wird.«

Zwischenspiel

Mitte Juli 1926 weilt Camillo Castiglioni erneut zur Kur, diesmal in Aix-les-Bains am Westrand der französischen Alpen. Die seit Frühjahr 1924 anhaltende Talfahrt scheint zwar verlangsamt, von einer Stabilisierung oder Konsolidierung kann angesichts zahlloser Schuldverschreibungen, Zins- und Tilgungsverpflichtungen jedoch keine Rede sein. Immerhin hat mit dem Strafprozessurteil gegen Sándor Weiß, den Hauptschriftleiter des Boulevardblattes *Der Abend,* der Castiglioni im März 1922 zu erpressen versucht hatte, inzwischen eine weitere leidige Angelegenheit ein Ende gefunden. Weiß war nun zu sieben Monaten schweren Kerkers verurteilt worden, und so gab es für die Wiener Presse einstweilen keinen weiteren Anlass, den Namen Castiglioni zu erwähnen.

Am 25. Mai 1926, einen Monat nach dem Weiß-Urteil, überschreibt Camillo Castiglioni das unbelastete Grundlseer Anwesen auf seine Frau und entzieht es damit dem drohenden Zugriff der Gläubiger. Zugleich verbringen Iphigenie und Camillo Castiglioni mit ihren Kindern zunehmend mehr Zeit am Grundlsee als in Wien. Mitte Juli vermag *Stunde-*, *Börse-* und *Bühne*-Herausgeber Imre Békessy den von ihm selbst provozierten fortgesetzten Angriffen des *Arbeiter-Zeitung*-Chefredakteurs Friedrich Austerlitz und des *Fackel*-Herausgebers Karl Kraus nicht mehr standzuhalten und muss Wien Hals über Kopf verlassen. Über den eskalierenden Konflikt mit Karl Kraus schreibt Békessys Sohn, der später unter dem Namen Hans Habe bekannt gewordene Journalist und Schriftsteller: »Zu einem Geburtstag Karl Kraus' veröffentlichte *Die Stunde* ein Jugendbild des Schriftstellers. Karl Kraus war ein verwachsenes kleines Männchen, mit schönen, dunklen Augen und einem durchgeistigten Gesicht, aber von gnomenhafter Erscheinung. Zeigte ihn sein Jugendbild ohnedies in seiner ganzen Häßlichkeit, so wurde es noch so retouchiert, daß es schlechthin abstoßend wirkte. Die spätere Deutung meines Vaters, man habe die ›Seele‹ Karl Kraus' darstellen wollen, war eine sehr faule Ausrede. Auf der anderen Seite ließ sich der Pamphletist zu jenen (vergleichbaren) Methoden hinreißen. Ein Heer von bezahlten oder fanatischen Jüngern durchstöberte meines Vaters Vergangenheit, und unter ihrem Triumphgeheul tischte *Die Fackel* auf, was mein Vater als Sechzehnjähriger begangen haben sollte. Die Polizei, bis dahin eine der beliebtesten Zielscheiben Karl Kraus', wurde mit Bergen von ›Material‹ versorgt. Die ›große‹ Presse, die zu vernichten einst Karl Kraus' großes Lebensziel war, fand in ihm nun, ungläubig zuerst, dann freudig überrascht, einen willigen Verbündeten.«

Während Imre Békessy in Paris Zuflucht sucht, entschließt sich seine in Chamonix weilende Ehefrau Bianca, gemeinsam mit ihrem damals fünfzehnjährigen Sohn in das vier Autostunden entfernte Aix-les-Bains zu fahren, um Camillo Castiglioni zu einer gerichtlichen Aussage zugunsten ihres Mannes zu bewegen. Hans Habe erzählt von dieser Begegnung: »Mein Vater, finanziell ruiniert, musste die Zeitungen verkaufen. Das hieß aber nichts anderes, als dass er sich dem Kampf wehrlos hätte stellen müssen. Seine Gegner besaßen nun alle Sprachrohre: er besaß keines … Am entscheidendsten war in dieser Situation sein Verhältnis zu Camillo Castiglioni. Aus der Flut von Gerüchten, Andeutungen, unbestimmten Anschuldigungen – eine Anklage wurde ja nie erhoben – schlossen mein Vater und seine Anwälte, dass der einzige konkrete Punkt, um den sich die Untersuchung drehe, die Beziehungen meines Vaters zu seinem Finanzier seien … Castiglioni riet ihm, in Frankreich zu bleiben und die Zeitungen zu verkaufen. ›Entschließen Sie sich rasch‹, sagte er. ›Meine Aktien stehen Ihnen auch zur Verfügung. Wir bleiben weiter Freunde, aber unsere Wege gehen auseinander. Sauve qui peut …‹ … C. C. empfing uns in dem riesigen Salon seines Fürstlichen Hotelappartements. Er war gerade bei seinem verspäteten Frühstück, das ihm ein Diener servierte. Er trug einen etwas lauten, seidenen Schlafrock. Groß (!), fettleibig, schwarz, mit aufgedunsenen, blauen Lippen, wirkte er wie ein indischer Potentat. Meine Mutter beschwor ihn, nach Wien zu gehen und die volle Wahrheit über seine Beziehung zu meinem Vater auszusagen. ›Gnädige Frau‹, erwiderte Castiglioni, ›ich verstehe Sie, aber ich wundere mich, dass sich Békessy der Situation nicht bewusst ist. Die Sozialdemokraten wollen meinen Kopf. Für sie bin ich der Mussolini-Freund. Die Christlichsozialen sind zwar am Ruder, aber, wie immer, regiert die Opposition.‹ Er trocknete seinen Mund und schenkte sich eine zweite Schale dampfenden Kaffees ein. ›Békessy soll doch kein Kind sein. Er muss wissen, dass dies eine politische Affäre ist. Was nützte es ihm, wenn ich eine Zelle neben der seinen bezöge?‹ Er sprach offen und nahm auf mich keine Rücksicht. Meine Mutter sagte: ›Aber er hat Sie doch nicht erpresst.‹ C. C. warf die Serviette auf den Tisch und erhob sich. ›Natürlich nicht‹, sagte er ungeduldig. ›Hätte ich Sie sonst empfangen? Würde ich ihm sonst meine Aktien schenken? Wir waren Partner, wir hatten unsere Reibungen – das ist alles.‹ Er blieb stehen, warf sich in Positur und sagte mit einem Anflug von römischem Pathos: ›Nicht mit glühenden Zangen wird man aus Herrn Castiglioni eine falsche Zeugenaussage herauspressen.‹ Meine Mutter hatte keine Argumente. Sie sagte leise: ›Aber er ist erledigt, wenn Sie schweigen.‹ ›Unsinn!‹ antwortete C. C. ›Niemand will seinen Kopf. Man will seine Zeitungen. Es gibt einfach Zeiten, in denen man sich still zu verhalten hat. Békessy hat das nie verstanden. In drei, vier Monaten werden sich die Wellen gelegt haben. Dann wird Herr Castiglioni nach Wien gehen. Dann wird sich alles geben.‹ Meine Mutter erhob sich. Castiglioni ging ins Nebenzimmer. Tadellos, in einen weißen Anzug gekleidet, kehrte er zurück. Er begleitete uns zum Wagen. Unterwegs, in der Hotelhalle, sagte er leise zu meiner Mutter: ›Braucht Békessy Geld?‹ ›Nein, danke‹, stammelte meine Mutter überrascht … Indessen vergingen mehrere Tage, ehe sich mein Vater endgültig entschloss, die Zeitungen zu verkaufen und nicht nach Wien zurückzukehren.«

Kurz vor dieser Begegnung in Aix-les-Bains wurde in München mit der Emission der BMW-Aktie ein neues Kapitel in der Geschichte des Motoren-Herstellers aufgeschlagen. Binnen vier Jahren hatte sich BMW unter Castiglioni nicht nur zum prosperierenden Exportunternehmen, sondern als Flugmotoren-Marktführer auch zu einem Schlüsselunternehmen der deutschen Luftfahrtindustrie entwickelt. Seitens der für die Luftfahrt zuständigen Ministerien (Reichswehr- und Reichsverkehrsministerium) gab es in den ersten Jahren seines BMW-Engagements keinerlei Bedenken gegen den »Italiener« Castiglioni. Doch ab 1925 wird er – besonders unter dem Aspekt der heimlich betriebenen Aufrüstung der Militärluftfahrt – zunehmend als »Sicherheitsrisiko« eingestuft. Mit einem Mal wandelt sich der für Castiglioni einst vorteilhafte Umstand, einer »Siegermacht« anzugehören, in eine Belastung. Ende 1925 sieht das deutsche Reichswehrministerium in Abstimmung mit dem Reichsverkehrsministerium den Zeitpunkt gekommen, gegenüber dem wirtschaftlich angeschlagenen BMW-Alleinaktionär in die Offensive zu gehen.[76]

Für Castiglioni jedoch bildet BMW inzwischen das einzig tragfähige Fundament. Bedeutendster Auftraggeber ist das Reichswehrministerium, dessen Orders über eine Tarngesellschaft namens GEFU (Gesellschaft zur Förderung gewerblicher Unternehmen) abgewickelt werden. Im Dezember 1925 reicht die GEFU einen Auftrag über fünfzig Flugmotoren des Typs BMW IV an BMW weiter – wofür man allerdings statt der verlangten zwanzig- nur zwölftausend Reichsmark pro Motor bezahlen will. Da BMW zu diesem Zeitpunkt bereits die Entwicklung des leistungsstärkeren Zwölfzylindermotors BMW VI abgeschlossen hatte, versucht die Geschäftsführung, das ursprüngliche Auftragsvolumen von knapp einer Million Reichsmark zu retten, indem es die Umwandlung des Auftrags in dreiundzwanzig Typ-VI-Motoren zum Stückpreis von je vierzigtausend Reichsmark vorschlägt. Da es aber dem Ministerium de facto weniger um eine Preisreduktion geht als darum, Druck auszuüben, schlägt der Leiter des fliegerrüstungswirtschaftlichen Referats im Waffenamt, Leopold Vogt, eine Stückpreisreduktion von über fünfzig Prozent auf achtzehntausend Mark vor. Dieser Preis jedoch liegt um mehr als elftausend Reichsmark unter den Selbstkosten und hätte für BMW folglich einen Verlust von mehr als einer Viertelmillion Reichsmark bedeutet. Am 29. Januar 1926 lässt Vogt seinem Nachfolger Hellmuth Volkmann gegenüber die Katze aus dem Sack: Das Vorgehen sei »notwendig, um den Hauptaktionär zu veranlassen, sein Aktienpaket in andere Hände zu geben«. Falls BMW durch diese Maßnahmen in Bedrängnis käme, was jedoch nicht zu erwarten sei, sollte das Unternehmen nach dem Ausscheiden Castiglionis Hilfe erhalten.

Camillo Castiglioni ist einerseits klar, dass er all dem nur wenig entgegenzusetzen hat. Andererseits widerspricht es seinem Temperament, seine Position bei BMW so ohne weiteres preiszugeben. Also versucht er dem Druck auszuweichen, indem er eine Idee aus jener Zeit aufgreift, als er gleichsam die gesamte österreichische Automobilbranche kontrollierte: eine Kooperation, in diesem Fall von BMW und Daimler.

Im April 1926 wendet er sich an Emil Georg von Stauss, Vorstandsvorsitzender der Deutschen Bank und Daimler-Aufsichtsrat, und legt ihm ein Konzept vor, in dem er zwar der Forderung der Ministerien Rechnung trägt, sich von der BMW-Mehrheit zu trennen, das seine Position in Deutschland aber dennoch sichern soll. Im Detail zielt der Plan auf die Börseneinführung der BMW-Aktie und eine Dreiteilung des BMW-Aktienkapitals. Demnach sollen vierzig Prozent des Kapitals – Aktien im Wert von zwei Millionen Reichsmark – bei Castiglioni verbleiben, weitere vierzig Prozent sollen an die Deutsche Bank gehen, die restliche Million seines BMW-Aktienbesitzes will Castiglioni – unter der Federführung der Deutschen Bank – gegen Daimler-Aktien eintauschen. Als nächsten Schritt stellt Castiglioni ein eventuelles späteres Zusammengehen

Emil Georg von Stauss

des Münchner und des Stuttgarter Unternehmens zur Diskussion. Tatsächlich wird das Konzept sowohl von der Deutschen Bank als auch von der Daimler-Motoren-Gesellschaft und von Benz & Cie.[77] wohlwollend aufgenommen, sodass man das Thema auf die Agenda der am 11. Mai 1926 in Gaggenau vorgesehenen »Interessengemeinschafts-Ausschusssitzung« setzt.

Am Konferenztisch sitzen Aufsichtsratschef von Stauss, Benz-Vorstandsvorsitzender Wilhelm Kissel, Daimler-Vorstand Carl Jahr und der technische Direktor und Daimler-Aufsichtsrat Ferdinand Porsche. Camillo Castiglioni ist nicht eingeladen. Im anschließenden Sitzungsprotokoll ist zu lesen: »Herr Dr. Jahr teilt mit, dass es möglich sei, bei den Bayerischen Motoren-Werken, die heute in Bezug auf Lieferung von Flugmotoren eine Art Monopolstellung in Deutschland haben, einen erheblichen Einfluss zu erlangen. Herr Castiglioni, in dessen Händen sich die Aktien der BMW befinden, sei an die Deutsche Bank herangetreten und es könne mit ihm ein Abkommen in folgender Weise getroffen werden: Die BMW besitzen ein Aktienkapital von 5 Millionen Mark. Hiervon würde 1 Million gegen 1 ¾ Millionen Daimler-Aktien ausgetauscht. Außerdem würde Herr Castiglioni der Deutschen Bank 2 Millionen Aktien überlassen zur Einführung an der Berliner Börse; ihm verblieben dann noch 2 Millionen … Wenn dieser Vertrag abgeschlossen würde, könnte Daimler sich die Erfahrungen der BMW im Flugmotorenbau für die beabsichtigte Neukonstruktion von Flugmotoren zunutze machen. Der vorgeschlagene Vertrag käme auf eine Interessengemeinschaft heraus; es sei auch an einen Personenaustausch gedacht insofern, als Herr Generaldirektor Popp in den Aufsichtsrat von Daimler käme und dafür ein Herr unserer Gruppe in den Aufsichtsrat der BMW eintreten würde. Es wird eingehend darüber gesprochen, ob die Einflussnahme bei den BMW in der vorgeschlagenen Weise zweckmäßig sei und es wird vor allem darauf hingewiesen, dass ein Zusammenarbeiten mit Herrn Castiglioni gewisse Gefahren in sich schließt. Nach längerer Debatte wird beschlossen, den Austausch der Aktien vorzunehmen unter der Voraussetzung, dass Herr Castiglioni auf eine Minorität beschränkt bleibt und dass Verträge außer dem Aktienaustausch nicht gewechselt werden.«

Als der Absichtserklärung nichts weiter folgt als der vorgesehene Aufsichtsratswechsel (BMW-Generaldirektor Popp in den Daimler-Benz-Aufsichtsrat – Daimler-Benz-Direktor Schippert in den BMW-Aufsichtsrat), greifen die staatlichen Stellen erneut in die Autonomie des Münchner Unternehmens ein. Am 27. Mai fordert Ernst Brandenburg, Leiter der Luftfahrtabteilung im Reichsverkehrsministerium, Camillo Castiglioni »ultimativ« auf, seine Aktienmehrheit bei BMW aufzugeben und den Vorsitz des Aufsichtsrats niederzulegen. Andernfalls wäre ein Stopp sämtlicher Reichsaufträge die Folge. Castiglioni hat nun keine andere Wahl mehr, als dem Druck nachzugeben, und so kommt es am 25. Juni anstelle des von Castiglioni vorgeschlagenen BMW-Daimler-Aktientausches zu einer unter der Federführung der Deutschen Bank, der Darmstädter und Nationalbank, der Disconto-Gesellschaft und dem Bankhaus A. E. Wassermann auf der Basis des zum Verkauf stehenden sechzigprozentigen Castiglioni-Anteils durchgeführten Börseneinführung der BMW-Aktie.

In diesem schwierigen Sommer 1926 verlagert sich das private und öffentliche Leben Camillo Castiglionis mehr und mehr an den Grundlsee. Obwohl er seine Ausgaben – unterm Strich gerechnet – von geliehenem Geld bestreitet, unterstützt er weiterhin den Aero-Club, Kultureinrichtungen und Kulturschaffende und sichert sich damit die Anhänglichkeit und den Respekt insbesondere der Letzteren. Körperlich und seelisch gestärkt von seinem Kuraufenthalt in Aix-les-Bains, lädt Camillo Castiglioni im August 1926 die bei den Salzburger Festspielen mitwirkenden Schauspieler, Regisseure und Intendanten sowie den seit 1898 im Sommer regelmäßig im Ausseerland weilenden Dichter, Librettisten und Festspiele-Mitbegründer Hugo von Hofmannsthal in die eineinhalb Autostunden von Salzburg entfernte Grundlseer Villa ein. Eingeladen sind auch Politiker und Diplomaten. Einer davon, der Diplomat Max Löwenthal-Chlumecky, erinnerte sich: »Er war eine Kröte, seine Frau ein Prinzeßchen. Das ließ an alte Märchen denken. Mein Vater lehnte es ab, mit ihm zu verkehren. Er konnte reiche Leut' nicht leiden. Meine Mutter nahm seine Einladung gerne an und ich auch. Da holte uns der Chauffeur Bösenkopf mit dem Mercedes-Kompressor in Traunkirchen ab und brachte uns an den Grundlsee und einmal auch nach Salzburg zu den Festspielen.«

Außerdem bemüht sich Castiglioni nun verstärkt, wirtschaftlich in Italien Fuß zu fassen. Im Herbst trifft er in Rom unter anderem Mussolinis Finanzminister Giuseppe Volpi. Aus dem Gedächtnisprotokoll des Politikers Luigi Federzoni wird deutlich, dass Castiglioni keineswegs daran denkt, sich künftig mit »kleiner Münze«

zu begnügen: »Da war also die Begegnung des ›fetten Plutokraten‹ Camillo Castiglioni, einem aus Triest stammenden Bankier, der einen Industriehafen in Pola – analog dem berühmten [Anm.: venezianischen] Hafen Marghera – bauen wollte.« Dass es mit der Reputation des »Commendatore« inzwischen auch in Italien nicht mehr zum Besten steht, wird klar, als Volpi nach der Besprechung diese Pläne im kleinen Kreis als »Geschwätz« bezeichnet.

Konkret wird dafür am 17. September 1926 ein weiterer Transfer: die Übertragung der zwischen BMW und Castiglionis IIC geschlossenen Provisionsverträge für die Auslandsvermittlung von BMW-Flugmotoren auf Castiglionis eigens dafür in Holland gegründete Bank voor Handel en Credit. Unterdessen rühmt sich im Dezember der Deutsche-Bank-Vorstand Emil Georg von Stauss, der inzwischen den Aufsichtsratsvorsitz von Camillo Castiglioni übernommen hat, BMW-Generaldirektor Franz Josef Popp gegenüber der »patriotischen Tat«.

Zur Person des von Castiglioni einst aus Wiener Neustadt zu BMW geholten Popp und zur Führungsstruktur bei BMW nach dem Börsengang schreibt BMW-Chronist Christian Pierer: »Neben Stauss und Castiglioni war Generaldirektor Franz Josef Popp die prägende Figur in den ersten Jahrzehnten der BMW-Unternehmensgeschichte … Popp war seit 1917 in leitender Position bei BMW tätig … Nachdem Castiglioni 1922 den BMW-Motorenbau von der Knorr Bremse AG erworben hatte, stieg Popp zum allein verantwortlichen Vorstand auf und führte ab 1925 den Titel ›Generaldirektor‹. Durch seine Stellung und Persönlichkeit dominierte er das Unternehmen. Wie ein Patriarch leitete er die Geschicke von BMW, wobei sein autokratischer Führungsstil keinen Zweifel darüber aufkommen ließ, wer die Firmenleitung innehatte … Nach außen dokumentierte Popp sein Selbstverständnis, indem er sämtliche Kontakte zu Kunden, staatlichen Institutionen oder anderen Unternehmen eigenverantwortlich führte. Hierdurch erweckte er den Eindruck, dass er für BMW ›absolut unentbehrlich‹ sei. Schriftliche Korrespondenz leitete Popp oft mit längeren Ausführungen zur BMW-Geschichte ein, in denen er wirkliche oder vermeintliche Leistungen seiner Person herausstellte. Damit strickte er bewusst an seiner Legende … Charakteristisch für Popps Führungsstil war, dass er meist Distanz zur Belegschaft hielt und lediglich mit einigen wenigen höheren Führungskräften engeren Kontakt pflegte. Popp war außerdem nur eingeschränkt kritikfähig, weshalb er im Konfliktfall äußerst stur und im Tonfall verletzend werden konnte. Diese Eigenarten des BMW-Generaldirektors beeinflussten nicht nur das Betriebsklima negativ, sondern waren gefährlich für das Unternehmen, weil Popp seine rauen Umgangsformen mitunter auch gegenüber Kunden einsetzte.«

Am 20. November 1926 darf sich Camillo Castiglioni anlässlich der Uraufführung des Schauspiels *Dorothea Angermann* von Gerhart Hauptmann im Theater in der Josefstadt als »Gastgeber« fühlen. Der Autor ist erschienen, daneben gibt sich »tout Vienne« die Ehre, allen voran der österreichische Bundespräsident Michael Hainisch. Allein Karl Kraus schüttet Essig in den Wein und bemerkt in der nächsten Ausgabe seiner *Fackel*: »Zur Hauptmann-Premiere am 20. November hatte sich das gesamte geistige Wien eingefunden … Gleich links, in der Loge hart neben der Bühne sieht man den Präsidenten Castiglioni mit seiner Frau, der hier, gleichsam der Hausherr, seine Gäste empfängt … Wieder in Wien? Auf einem kleinen Raubzug? Um ein augustisch Alter zu etablieren? … Nach dem Premiereabend hatte Präsident Castiglioni einen Kreis von Freunden zu Ehren Gerhart Hauptmanns, Max Reinhardts und Tristan Bernards zu sich zum Souper gebeten. Es nahmen ungefähr zwanzig Personen daran teil … Und der Mann, dem der Bundespräsident den Dank des armen Österreich abstattet [Anm.: gemeint ist Hauptmann], läßt sich von dem Präsidenten fetieren, der Österreich arm gemacht hat. Wie traurig sind doch dieses Lebens Feste!«

Die Chronologie des Hinauswurfs bei BMW

1927 scheint der Name des Körting-Generaldirektors und fördernden Aero-Club-Mitglieds Alexander Cassinone erstmals seit rund zwanzig Jahren im Wiener Stadtadressbuch auf, ohne dass als nächster Eintrag der Name Camillo Castiglioni folgt. Ob es sich hierbei um ein amtliches Versehen handelt oder ob sich Camillo Castiglioni tatsächlich vorübergehend in Wien abgemeldet hat, lässt sich nicht mehr zweifelsfrei feststellen. Fakt ist, dass sein Name ein Jahr später wieder im Wiener Adressbuch auftaucht, wenn auch leicht verfremdet:

»– C. Castiglioni, pFa, Bank- u. Kommissionsgeschäft, I., Kolowratring 14
– Castiglioni Kamillo, Bankier, IV., Prinz-Eugen-Str. 28«

Castiglionis Sohn Arturo wächst bei seiner Mutter Alaïde auf und bekommt seinen Vater allenfalls während der Ferien zu Gesicht. Iphigenie Castiglioni, die zweiunddreißigjährige Ehefrau, lebt mit den gemeinsamen Töchtern Livia und Jolanda von Frühjahr bis Herbst in der Grundlseer Villa. Und Camillo Castiglioni selbst? Er ist rastlos zwischen Wien und Rom, zwischen Grundlsee und Berlin unterwegs. Berlin ist Sitz der von Castiglioni gegründeten Austro-Daimler-Motoren-AG-Niederlassung, in Berlin befindet sich die Zentrale der Deutschen Bank, hier residieren der neue BMW-Aufsichtsratschef und Deutsche-Bank-Vorstandsvorsitzende Emil Georg von Stauss sowie sämtliche Ministerien.

In Berlin ist der Name Castiglioni ungeachtet der gegen ihn wirksamen Kräfte noch vergleichsweise unbeschädigt. Auch sonst spielt in Berlin wieder die Musik. Im Juli 1926 fand auf der AVUS-Rennstrecke – von den Berlinern despektierlich »Suppentopf« genannt – der erste »Große Automobilpreis von Deutschland« statt. Ungeachtet eines tödlichen Unfalls ging das Rennen über die volle Distanz. Am Ende siegte ein Mercedes-Rennwagen mit dem neuen Star

Rudolf Caracciola am Steuer. Auch für den neuen Mercedes-Rennleiter Alfred Neubauer, der 1923 gemeinsam mit Ferdinand Porsche von Wiener Neustadt nach Stuttgart gekommen war, setzte der Erfolg den Beginn einer neuen Karriere.

Nach mehr als acht Jahren des wirtschaftlichen Niedergangs, sozialer Katastrophen und des politischen Aufruhrs ist 1927 in Deutschland erstmals wieder ein Anflug von Euphorie und Zusammengehörigkeitsgefühl spürbar. Während in Paris die Tänzerin Josephine Baker in einem Bananenröckchen die Herzen der Männer flimmern lässt, auf Long Island im Staat New York der Postflieger Charles Lindbergh zu seiner legendären Atlantiküberquerung startet und in Hollywood das Komiker-Duo Laurel & Hardy erstmals gemeinsam vor der Kamera steht, scheint sich in Deutschland – nicht zuletzt dank bedeutender US-Investitionen – erstmals wieder ein Aufschwung abzuzeichnen. »Das spektakulärste Comeback der Wirtschaftsgeschichte«, jubelt denn auch US-Ökonom James W. Angell, derweil der im November 1923 als »Retter der Mark« gefeierte Reichsbankpräsident Hjalmar Schacht in der Hausse kein Anzeichen für eine Erholung, sondern eine »Chimäre des Wohlstands« sieht. Das an der Börse verdiente Geld werde nicht investiert, so Schacht, sondern »in Wirtshäusern und Bars verjubelt und für den Import ausländischer Luxus-Pkw verwendet«. Das einzige Mittel dagegen sei jene Maßnahme, so Schacht, die bereits bei der Eindämmung der Inflation vor vier Jahren Wirkung gezeigt hat: eine Verknappung des Geldes.

Am 12. Mai beruft Hjalmar Schacht die Direktoren der Berliner Kreditbanken ein und ordnet die Kürzung der Wertpapierkredite an, andernfalls die Reichsbank derartige Wechsel nicht mehr rediskontieren – gegen Geld einlösen – werde. Noch am selben Nachmittag geben die Banken ein entsprechendes Kommuniqué heraus. Einen Tag später – es ist Freitag, der 13. Mai 1927 – erteilen die Finanzmärkte dem »Retter der Mark« eine Lektion in vernetztem Denken. Auf einen Schlag bieten die in- und ausländischen Investoren ihre Beteiligungen zum Verkauf an. Allein dem Umstand, dass sich für viele Aktien keine Käufer finden, ist es zu danken, dass die deutschen Unternehmen an diesem zweiten »Schwarzen Freitag« der deutschen Börsengeschichte »nur« elf Prozent ihres Wertes verlieren.

Da hebt es die kollektive Stimmung nur vorübergehend, dass der einundzwanzigjährige Max Schmeling in Berlin Box-Europameister im Halbschwergewicht wird und dass der Reichstag am 16. Juli das erste deutsche Gesetz über eine Arbeitslosenversicherung beschließt. Das zarte Pflänzchen »Aufschwung« ist gekappt, und die Suche nach Sündenböcken, an denen man das eigene Unbehagen abstreifen kann, hat begonnen. So ist es auch kein Zufall, dass sich wenige Monate später siebenundsiebzig Prozent der preußischen Studenten gegen eine Beteiligung jüdischer Studenten in der verfassten Studentenschaft aussprechen.

Zwischen BMW-Aufsichtsratschef von Stauss und seinem Aufsichtsratskollegen und Vierzig-Prozent-Eigner Camillo Castiglioni hat sich unterdessen eine ähnlich »freundschaftliche Distanz« eingespielt, wie sie auch im Verhältnis Castiglionis zu Giuseppe Toeplitz herrschte. Ähnlich wie Toeplitz ist inzwischen Emil Georg von Stauss in die Rolle des Kreditgebers eingestiegen, und wie einst bei der Banca Commerciale lagern nun Teile von Castiglionis BMW-Aktienbesitz als Kreditsicherung in den Tresoren der Deutschen Bank. Castiglioni weiß nicht, dass von Stauss ein Jahr zuvor die Entmachtung des BMW-Alleinaktionärs als »patriotische Tat« rühmte. Und so ist auch der Briefverkehr beider Männer unter dem Aspekt der durch das Gläubiger-Schuldner-Verhältnis fixierten Machtverhältnisse zu bewerten.

Am Montag, dem 17. Oktober 1927, berichtet Castiglioni seinem Aufsichtsratsvorsitzenden in beflissener, Gemeinsamkeiten beschwörender Manier: »Obwohl ich Ihnen bereits Freitagabend, sofort nach meiner Rückkehr aus Paris, telegrafiert habe, möchte ich nicht versäumen, Ihnen auch auf diesem Wege zu sagen, wie sehr ich mich über Ihre freundliche Depesche gefreut habe. Aus derselben habe ich wieder die Überzeugung gewonnen, der ich auch bei unserer letzten Aussprache in Berlin Ausdruck gegeben habe. Und zwar, dass wir in unserer ganzen Art, die Situation zu übersehen, so viel Klarheit und Abgeklärtheit haben, dass es ganz unmöglich ist, dass wir nicht immer wieder in allen wichtigen Punkten der Geschäftsführung dieser Fabrik, die jetzt nicht nur mir, sondern zu meiner größten Freude auch Ihnen so nahe steht, übereinstimmen sollten. Ich danke Ihnen nochmals dafür! Seien Sie versichert, dass Ihnen diese, wenn auch selbstverständlich konsequente, doch immer taktvolle und liebenswürdige Art, die Sachen zu behandeln, sicher nur Freude und Erfolge bringen kann. Herr Popp wird Ihnen schon geschrieben haben, dass wir Ende der Woche nach Amerika zu fahren beabsichtigen, und ich bedaure so lebhaft, dass es mir nicht vergönnt sein wird, Ihnen noch vor der Abreise die Hand zu drücken … Ich hoffe, dass wir mit sehr interessanten Beobachtungen und Erfahrungen, vielleicht aber sogar mit konkreten Vorschlägen für den Aufsichtsrat zurückkommen können. Meine Frau beabsichtigt, während meiner Abwesenheit auf einige Tage mit den zwei Kindern nach Berlin zu kommen, um dort zwei Spezialisten wegen der Zähne bzw. der Augen der beiden Mädchen zu konsultieren, und sie wird in diesem Falle nicht ermangeln, sich gleich bei Ihrer Frau Gemahlin und bei Ihnen zu melden. Mit den herzlichsten Grüßen und mit der Bitte, mich Ihrer verehrten Frau Gemahlin auf das Angelegentlichste zu empfehlen, verbleibe ich in gewohnter Hochachtung Ihr stets ergebener Castiglioni.«[78] Vier Tage später fällt die telegrafische, an »Präsident Camillo Castiglioni, Passenger Steamer Berengaria Cherbourg« gerichtete Antwort denkbar knapp aus: »Sehr erfreut über Ihren Brief siebzehnten. Wuensche Ihnen und Herrn Popp recht gute Reise und besten Erfolg Gruss Stauss.«

Zweck der gemeinsamen Reise ist der Lizenzerwerb der luftgekühlten Sternmotoren der Firma Pratt & Whitney. Nachdem das Reichswehr- und Reichsverkehrsministerium den BMW-Konkurrenten Siemens bei Lizenzverträgen mit britischen Motorenherstellern unterstützte, muss BMW befürchten, Marktanteile im Flugmotoren-Sektor zu verlieren. Freilich verbindet Camillo Castiglioni mit der Reise noch einen weiteren Zweck: sich vor aller Welt als von Skandalen unbeschädigter Weltmann und Finanzexperte zu präsentieren. Am 6. November veröffentlicht die *New York Times* ein Interview, in dem Castiglioni Mussolinis Italien als Hort der Stabilität bezeichnet, den Aufwärtstrend in Österreich betont und Europa als idealen Standort für US-amerikanische Investitionen preist.

Während er seinen Aufenthalt in den USA dazu nutzt, die persönliche Beziehung zu seinem einstigen Kontrahenten J. P. Morgan, Jr. zu intensivieren, beeilt sich Castiglioni eine Woche später – in gleichsam »staatsmännischer« Manier –, die USA zu loben. Die *New York Times* bedankt sich mit dem Titel »Austrian banker sees an efficient America« – gefolgt von dem kaum mehr zutreffenden Untertitel »Camillo Castiglioni, der große Unternehmen kontrolliert, beobachtet den Fortgang der Wirtschaft.«

Castiglionis New Yorker Auftritt bringt auch in Italien die gewünschte publizistische Wirkung. In der Zeitung *La Stampa* ist am 9. November 1927 zu lesen: »Castiglioni sagte, dass die Regierung Mussolini in den vergangenen fünf Jahren eine enorme Kraftanstrengung leistete, und dass sie trotz der Schwierigkeiten bei der Stabilisierung der Lira alles tut, um Wirtschaft und Industrie zu stützen. Nach seiner Ansicht wird sich die Situation definitiv innerhalb des kommenden Jahres stabilisieren. Die Goldreserven Italiens wachsen … Italien weiß die Unterstützung seitens der USA in höchstem Maß zu schätzen, und die USA werden das in Italien gesetzte Vertrauen nicht zu bereuen haben.«

Dass Castiglioni seinen USA-Aufenthalt dazu nutzte, zwar die italienischen und österreichischen Interessen, nicht aber die deutsche Position publizistisch zu vertreten, scheint in Deutschland niemand zu bemerken. Nach Wien zurückgekehrt, meldet sich Castiglioni am 28. November bei Stauss: »Beeile mich, Sie von meiner Ankunft in Wien zu verständigen und vor allem Ihnen und Ihrer Frau Gemahlin meinen verbindlichsten Dank für die Liebenswürdigkeiten auszusprechen, die Sie meiner Frau während ihrer Anwesenheit in Berlin erwiesen haben. Wir haben in Amerika sehr viel Interessantes gesehen und ich glaube, dass dieser Besuch aus vielen Gründen geradezu notwendig war. Ich hoffe, dass sowohl Popp wie auch ich sehr bald in der Lage sein werden, Ihnen ausführlich darüber zu berichten. Wir werden Ihnen sicher viel Interessantes mitteilen können. Mit verbindlichsten Empfehlungen an Ihre Frau Gemahlin und herzlichsten Grüßen an Sie bin ich Ihr sehr ergebener Castiglioni.«

Am Tag darauf bedankt sich der Adressat mit einer privaten Einladung: »Sehr verehrter Herr Castiglioni, ich wollte Ihnen … sagen, dass ich Ihrem und Herrn Popps Besuch in gespannter Erwartung entgegensehe und mich darauf freue, über Ihre wertvollen Reiseeindrücke mich mit Ihnen unterhalten zu dürfen. Wir bedauern nur, dass Ihre Gattin Sie nicht begleitet. Ich darf also die Ehre Ihres Besuches für Samstag 20 Uhr in Aussicht nehmen und stehe dann auch nach dem Frühstück weiter zur Verfügung, ebenso abends; vielleicht können wir zusammen ins Theater gehen, wenn Sie nicht vorziehen, am Sonntag mittag 2 Uhr zu uns zu Tisch nach Dahlem zu kommen. Mit den freundlichsten Empfehlungen, auch von meiner Frau, an Ihre hochverehrte Gattin und den schönsten Grüssen verbleibe ich Ihr ganz ergebener Stauss.«

Während sich in Österreich mit der Fusion der Puchwerke mit der Österreichischen Flugzeugfabrik AG und Austro-Daimler zur Austro-Daimler-Puchwerke AG ein früher Plan Castiglionis erfüllt, ohne dass der Urheber daran noch im Geringsten beteiligt wäre, darf sich BMW am 3. Januar 1928 über das erhoffte Ergebnis der USA-Reise freuen: Der Abschluss eines Lizenzvertrags mit dem amerikanischen Motorenhersteller Pratt & Whitney für den Bau und die Lieferung der beiden Motorenmuster Wasp und Hornet in ganz Europa (ausgenommen Großbritannien) ist unter Dach und Fach.

Doch bereits wenige Wochen später beginnt sich für Castiglioni der Horizont erneut zu verfinstern: »Dicke Luft in der Luftfahrt. Der Spekulant Castiglioni als Nutznießer deutscher Luftfahrtgelder«, verlautbart die SPD-Parteizeitung *Vorwärts* am 24. Februar in fetten Lettern. Der Artikel bezieht sich auf eine von SPD und NSDAP gemeinsam (!) in den Reichstag eingebrachte Anfrage. Am 17. März nutzt Reichsverkehrsminister Koch die frisch inszenierte Kampagne gegen den »Ausländer« Castiglioni zu einem persönlichen Schreiben an BMW-Aufsichtsratschef von Stauss: »Aus der Presse wird Ihnen bekannt geworden sein, dass bei den diesjährigen Beratungen des Haushalts meines Ministeriums im Parlament Angriffe gegen mein Ressort wegen seiner Zusammenarbeit mit den Bayerischen Motoren Werken erhoben worden sind. Diesen Angriffen lag hauptsächlich die Tatsache zugrunde, dass der italienische Finanzmann Castiglioni an den für die deutsche Luftfahrt bedeutungsvollen und vom Reich mit erheblichen Aufträgen bedachten Bayerischen Motoren Werken massgeblich beteiligt ist. Ich möchte es mir versagen, bei dieser Gelegenheit auf die Erörterungen zurückzukommen, welche wegen dieser Angelegenheit früher zwischen Ihnen und meinem Ministerium stattgefunden und auch dank Ihrer Mitwirkung zu einem gewissen Erfolg geführt haben. Ich kann jedoch nicht verhehlen, dass ich die Aussichten der Bayerischen Motoren Werke soweit sie von den Bestellungen des Reiches abhängen, nicht als besonders günstig ansehe, wenn es nicht gelingt, den Einfluss Castiglionis, der sich nach meiner Kenntnis wiederholt störend bemerkbar gemacht hat, wenn nicht vollkommen zu beseitigen, so doch wenigstens auf ein Mindestmaß einzudämmen. Sie, sehr verehrter Herr von Stauss, werden in Ihrer Eigenschaft als Vorsitzender des Aufsichtsrates der Bayerischen Motoren Werke und als führende Persönlichkeit der deutschen Wirtschaft sicherlich Möglichkeiten haben, um die für die Bayerischen Motoren Werke bestehenden Gefahren zu beseitigen, und ich würde Ihnen dankbar sein, wenn Sie mir mitteilen würden, ob und welche Wege Sie sehen, um eine Situation zu verbessern, der ich mein Ministerium nicht noch einmal im Parlament aussetzen kann und darf. Ich würde Ihnen auch zu einer mündlichen Erörterung der Angelegenheit gern zur Verfügung stehen. Mit dem Ausdruck meiner besonderen Hochachtung bin ich Ihr ergebener gez. Dr. W. Koch.«

Tatsächlich beginnt sich in Deutschland der Wind gegen Castiglioni zu drehen. Am 17. April vermerkt der Vertreter der für den Börsengang von BMW mitverantwortlichen Disconto-Gesellschaft, Raimund Hergt: »Herr Castiglioni hat offenbar nicht viel Hoffnung, daß die geplante Transaktion Daimler-Opel-Adler usw. gelingen wird. Er ist klug genug einzusehen, daß gutgehende Betriebe nicht Lust haben, mit den kranken Daimler-Werken zusammenzugehen und von diesen infiziert zu werden. Im übrigen ist er wohl über die Behandlung durch Herrn von Stauss … etwas verstimmt. Er hatte ursprünglich Hoffnungen, daß ihm eine prominente Position im Daimler-Konzern angeboten würde, zum mindesten der erste stellvertretende Vorsitz im Aufsichtsrat. Diese Hoffnung scheint nicht in Erfüllung zu gehen. Er ist nun in einer etwas fatalen Situation, weil er RM 1 Million BMW-Aktien weit unter dem heutigen Kurs verkauft hat, um schuldenfreier Daimler-Großaktionär zu werden, ohne daß er jetzt bei Daimler die Rolle spielen könnte, von der er geträumt hat … Meine gestrige Unterhaltung mit Herrn Castiglioni war dadurch etwas erschwert, daß Frau Castiglioni ihr anwohnte. Ich werde jedoch Herrn Castiglioni am nächsten Freitag anläßlich der hier stattfindenden Generalversammlung der Bayer. Motoren Werke A. G. eingehender sprechen können.«

Anders als in den Jahren seines Aufstiegs nimmt Camillo Castiglioni seine Frau nun immer öfter als eine Art »Flankenschutz« zu heiklen Gesprächen und Verhandlungen mit. Er spürt, dass er den Kräften, die sich in Deutschland gegen ihn zu formieren beginnen, wenig entgegenzusetzen hat.

Doch auch in Österreich haben seine publizistischen Gegner noch längst nicht ihren Frieden mit ihm gemacht. In Wien sieht sich Camillo Castiglioni in dem Theaterstück *Die Unüberwindlichen* aus der

Feder des *Fackel*-Herausgebers Karl Kraus der Lächerlichkeit preisgegeben. Mit mehrjähriger Verspätung – das Nachkriegsdrama entstand Ende 1927, Anfang 1928 – tritt darin der Autor gegen sein einstiges Lieblingsfeindbild nach, indem er dem Negativ-Helden namens Camillioni im 3. Akt Sätze wie diesen in den Mund legt: »Schnorrerstaat! Anstatt froh zu sein, daß man ihnen die schöne Landschaft gelassen hat. Und ich hab noch mehr getan – für den Fremdenverkehr. Sagen Sie – was kostet dieser ganze Pofel von einem Staat – mitsamt seiner Justiz? (*Konvulsivisch lachend*) Wenn er durch mich nicht so verschuldet wäre – ich möcht ihn kaufen!« Zwar gelingt es Camillo Castiglioni, die Aufführung des ihn besonders inkriminierenden 3. Aktes mittels einstweiliger Verfügung bei der Dresdner Uraufführung im Mai 1929 zu verhindern, an der Aufführung des Stückes in Österreich und später auch wieder in Deutschland kann er nichts ändern.

Zudem wird in der zweiten Jahreshälfte 1928 ein Castiglioni seit 1924 sattsam vertrauter Umstand erneut virulent: der Kursverlust seiner zur Kreditsicherung bei diversen Banken hinterlegten Wertpapiere. Auch die BMW-Aktie hat nach dem Rekordhoch im Juni 1928 (zweihundertfünfundsiebzig Reichsmark) zur Talfahrt angesetzt und wird sich erst drei Jahre später beim Kursstand von dreißig bis fünfunddreißig Reichsmark wieder zu stabilisieren beginnen. Als Castiglioni von den Gläubigerbanken erstmals zur Leistung zusätzlicher Sicherheiten aufgefordert wird, bleibt ihm nichts anderes übrig, als das zu tun, wovor er bereits seinen einstigen Protegé Ernst Heinkel gewarnt hatte: Er muss Geld von der Bank leihen und sich damit zur Deckung seiner aktuellen Verpflichtungen vollends in die Hände seiner Gläubiger begeben. Auf sein Kreditverhältnis zur Deutschen Bank bezogen heißt das, dass Camillo Castiglioni seinen gesamten BMW-Aktienbesitz verpfändet, und zwar mit einem – den Kursverfall der BMW-Aktie antizipierenden – fünfundzwanzigprozentigen Abschlag auf den aktuellen Börsenkurs. Der einstige »Hai« ist zur Beute geworden, denn um Castiglioni aus seinen Beteiligungen an deutschen Unternehmen zu drängen und damit die Forderung der Berliner Ministerien zu erfüllen, bedarf es jetzt nur noch eines plausiblen Vorwands.

Ende Mai 1928 lässt Camillo Castiglioni das hektische Berlin (wo Fritz von Opel, Enkel des Firmengründers Adam Opel, soeben die AVUS mit einem Raketenauto in der Rekordgeschwindigkeit von zweihundertachtunddreißig Kilometern pro Stunde durchraste) zugunsten des beschaulichen Grundlsees hinter sich. Kurz vor seiner Abreise bringt er sich auf Bitten Mussolinis in die seit dem 19. Mai zwischen Wien und Rom begonnenen Annäherungsgespräche in der Südtirol-Frage ein, indem er sich um einen Gesprächstermin mit dem deutschen Außenminister Gustav Stresemann bemüht. Als dessen Tür verschlossen bleibt, reist Castiglioni über Grundlsee nach Wien, wo ihn der erneut ins Bundeskanzleramt gewählte Ignaz Seipel zu einem Gespräch empfängt. Tags darauf reist Castiglioni nach Rom, um Mussolini über das Gespräch zu informieren. Währenddessen telegrafiert das Wiener Außenamt an den österreichischen Botschafter nach Rom, »daß Castiglioni gegenwärtig mehrere Unterredungen mit Mussolini führt, in denen angeblich auch Möglichkeiten einer Wiederherstellung des guten Verhältnisses zwischen den beiden Staaten erörtert werden«. Bekräftigt wird diese Einschätzung durch Seipel, der »nichts sehnlicher« wünscht, als »daß es der Staatskunst und dem Gerechtigkeitssinn Herrn Mussolinis in Bälde gelingen möge, die hier in Rede stehende Angelegenheit einer billigen Regelung zuzuführen«. Tatsächlich scheinen sich beide Regierungen in dem Willen zur Wiederannäherung einig zu sein – allein die Person des freiwillig-unfreiwilligen Emissärs beginnt sich auf die Annäherung hemmend auszuwirken. Am 12. Juni sieht sich der italienische Unterstaatssekretär Dino Grandi veranlasst, die Mission Castiglionis dem österreichischen Botschafter gegenüber herunterzuspielen, habe doch Mussolini Camillo Castiglioni lediglich zu einer Berichterstattung über finanzielle Angelegenheiten oberitalienischer Industriebetriebe empfangen. Dieses Gespräch habe der Bankier dazu benutzt, »um sich beim Herrn Bundeskanzler den Anschein zu geben, er habe einen Auftrag von Herrn Mussolini, und um sich in die Entwicklung der Beziehungen zwischen Österreich und Italien einzumischen«. Am 18. Juni fühlt sich schließlich auch Benito Mussolini persönlich bemüßigt, die von der österreichischen Diplomatie beargwöhnte Mission Camillo Castiglionis kleinzureden und zu dem Mann, der immerhin zwei US-Kredite an Italien vermittelt hatte, auf Distanz zu gehen. Castiglioni scheine ihm ein großer Geschäftsmann zu sein, erklärt Mussolini dem österreichischen Gesandten, »der sich nun in der Politik betätigen und in die Beziehungen zwischen den Staaten einmischen« wolle.[79] Zwar wird der »Duce« Camillo Castiglioni auch künftig noch gelegentlich in Rom empfangen, allerdings nie wieder in »diplomatischer« Mission.

Dass ihn Politiker und Bankiers inzwischen kaum mehr als »salonfähig« ansehen, scheint Camillo Castiglioni fast gar nicht wahrzunehmen. Doch Tatsache ist, dass sich die kommenden Wochen und Monate als ein Wechselbad aus Stimmungshoch und hartem Aufschlag auf dem Boden der Realität erweisen. Castiglionis unternehmerische Pläne, einst mit viel Verve und loyalen Partnern erdacht und umgesetzt, lösen sich nun – kleine Etappensiege ausgenommen – einer nach dem anderen in nichts auf.

Als sich am Abend des 15. Juli 1928 die Mitglieder des Österreichischen Aero-Clubs zu einem Empfang zu Ehren der deutschen Ozeanflieger Hermann Köhl und Ehrenfried Günther von Hünefeld im Palais Castiglionis treffen, lebt noch einmal die Erinnerung an jene Ära auf, da die Crème der Diplomatie, der Banken und Industrie nach einer Einladung in sein Palais gierte. Auch am nächsten Tag – beim Empfang des Aero-Clubs im Schloss Schönbrunn durch den österreichischen Bundespräsidenten – mag sich Camillo Castiglioni nochmals an die Anfänge seines Aufstiegs zur Zeit der Monarchie erinnern.

Eine Woche später holt ihn die Realität wieder ein, als ihn BMW-Generaldirektor Franz Josef Popp am Grundlsee besucht. Am 25. Juli ist dieses Zusammentreffen Thema in Berlin. »Folgendes dürfte Sie interessieren«, meldet BMW-Aufsichtsrat Raimund Hergt an seinen Aufsichtsratskollegen Theodor Frank: »Herr Popp hat Herrn Castiglioni in Grundlsee besucht und festgestellt, daß in der letzten Zeit von keiner Seite mehr mit Herrn Castiglioni wegen des Autotrusts [Anm.: die angedachte Fusion zwischen BMW, Daimler-Benz und Opel] Fühlung genommen wurde. Herr Castiglioni will Ende August nach Berlin kommen, um sich bei den Herren von Stauss, Goldschmidt und Herbert Gutmann in Erinnerung zu bringen … In vorzüglicher Hochschätzung.«

Während Camillo Castiglioni im Zuge einer Tagung des Salzburger Mozarteums aufgrund einer Einhunderttausend-Schilling-Spende zum Ehrenmitglied ernannt wird, telegrafiert Georg Emil von Stauss von einem Ferienaufenthalt in Norderney nach Grundlsee: »Bin vom vierzehnten bis zwanzigsten [Anm.: August 1928] Berlin und zweite Haelfte uebernaechster Woche Zuerich und Muenchen Freue mich auf Wiedersehen Gruesse Stauss.« Castiglioni antwortet umgehend: »depesche dankend erhalten bin noch hier bitte mir mitzuteilen wann sie muenchen sein werden da ich sie gerne dort treffen moechte viele herzliche gruesse beiderseits = castiglioni.«

Zwei Tage später, am 16. August (im Salzburger Hotel d'Europe findet im Rahmen der Salzburger Festspiele soeben ein elegantes Gartenfest zu Ehren Max Reinhardts und Bruno Walters statt), hält Castiglioni das Antwort-Telegramm in Händen: »Waere es Ihnen nicht moeglich gegen Ende dieser oder Anfang naechster Woche fuer einige Tage hierherzukommen Moechten gerne vor meiner Abreise einige Plaene mit Ihnen besprechen Natuerlich stehen wir auch gerne Samstag zur Verfuegung stop – Ich muss spaetestens Dienstag abend reisen Herzliche Gruesse Stauss.«

Unterdessen steht die Finanzierung der Salzburger Festspiele einmal mehr in Frage. In einem Brief an den Salzburger Landeshauptmann Franz Rehrl spricht Festspiel-Mitbegründer Hugo von Hofmannsthal das chronische Hauptproblem an: »Dass die Dinge hier in dieser dilettantischen Weise nicht weitergeführt werden können, ist ja klar.« Dem Schreiben Hofmannsthals liegt ein von ihm verfasster »Entwurf für die Durchführung der Festspiele unter Zuhilfenahme einer anonymen Zweckgesellschaft« bei. Als klar wird, dass sich hinter der »Zweckgemeinschaft« niemand anderer als die Wiener Schauspielhaus AG mit ihrem Hauptanteilseigner Camillo Castiglioni verbirgt, winkt der Landeshauptmann ab.

Am 23. August erlebt die Grundlseer »Villa Castiglioni« ein Highlight, als die weltberühmten Revelers vor zahlreich erschienener Festspiel-Prominenz ein Ständchen zum dreiunddreißigsten Geburtstag der Hausherrin intonieren. Doch gleichzeitig fällt das vorgesehene Treffen zwischen von Stauss und Castiglioni ins Wasser. Am 29. August versucht von Stauss Castiglioni telefonisch zu erreichen, um kurz darauf zu telegrafieren: »Telefon leider vorzeitig getrennt Wiederhole dass … Donnerstag sechsten Sueddeutschland gerne zur Verfuegung stehe Kann mich (auch) fuer Frankfurt Heidelberg Mannheim oder Stuttgart einrichten Gruss Stauss.« Castiglionis Antwort: »Bedaure sehr dass durch telefonstoerung gespraech nicht beendet werden konnte werde versuchen morgen vormittag von hier aus anzurufen danke jedenfalls vielmals fuer ihre besondere liebenswuerdigkeit und habe alles bestens zur kenntnis genommen. verbindlichste gruesse = castiglioni.«

Am 30. August stellt Hugo von Hofmannsthal fest, dass sein Finanzierungsvorschlag zur Rettung der Salzburger Festspiele nicht vertraulich blieb. In einer aggressiv geführten Pressekampagne beginnen insbesondere die rechtsgerichteten Zeitungen – vom *Salzburger Volksblatt* bis zum *Völkischen Beobachter* – gegen die angebliche »Judaisierung der Festspiele« zu polemisieren. Es ist die Zeit, da in Preußen das seit fünf Jahren geltende Auftrittsverbot gegen den Versammlungsredner Adolf Hitler fällt und »Hitler erleben!« zu einem Berliner Höhepunkt neben Sechstagerennen, Boxspektakeln und den Vorstellungen der am 31. August 1928 uraufgeführten *Dreigroschenoper* wird.

Ungeachtet seiner angespannten Finanzsituation gibt sich Camillo Castiglioni weiterhin als Mäzen. Mehr als zuvor nutzt er die noch vorhandenen Kreditspielräume, um Kultureinrichtungen zu fördern und sich damit die Achtung derer zu erhalten, die nicht nach dem Wie und Woher seiner Ressourcen fragen. Während Hugo von Hofmannsthal Iphigenie Castiglioni »in freundschaftlicher Ergebenheit« einen Erstdruck seines Opernlibrettos *Die ägyptische Helena* verehrt, schwelt die Festspiel-Krise auch im Herbst weiter. Mitte Dezember hält Hofmannsthal ein Schreiben des Salzburger Landeshauptmanns in Händen: »Ich muss gestehen, dass die ganze Art der Verhandlungen, wie sie die Wiener Gruppe zu führen beliebt, in mir das größte Unbehagen erweckt.«

Das ändert allerdings nichts daran, dass zur Finanzierung der geplanten Festspiele 1929 nach wie vor einhundertfünfzigtausend Schilling fehlen. So wendet sich Hofmannsthal – ungeachtet des politischen Gegenwinds – im Januar 1929 erneut an Camillo Castiglioni. Der hatte im November 1928 nach langer Zeit auch bei BMW wieder Grund zur Genugtuung, als sich Vorstand und Aufsichtsrat endlich seiner Forderung zum Einstieg in den Automobilbau anschlossen – allerdings nicht im Rahmen des von Castiglioni ersehnten Autotrusts aus BMW, Daimler-Benz und Opel, sondern durch den Erwerb der Fahrzeugfabrik Eisenach. Seit 1926 produziert das Werk einen Kleinwagen unter der Bezeichnung Dixi 3/15 PS, sodass BMW sich mit dem Kauf im Handumdrehen auf dem deutschen Automobilmarkt positioniert und den Grundstein für den späteren Welterfolg der Marke legt.

Aus der Sicht Camillo Castiglionis verheißen die Auspizien zum Jahreswechsel 1928/29 wenig Gutes. In ihrem BMW-Jahresbericht zum 31. Dezember 1928 stellt die Deutsche Treuhand-Gesellschaft fest, dass die Lizenzgebühren für den Nachbau von BMW-Flugmotoren in der Tschechoslowakei bis zur Einstellung der Produktion Ende der 1920er Jahre ausschließlich an Camillo Castiglionis International Investment Company beziehungsweise dessen Bank voor Handel en Credit geflossen sind. Während das Prüfungsergebnis noch darauf wartet, dem Aufsichtsrat mitgeteilt zu werden, stirbt in Mailand Camillo Castiglionis Stiefmutter Giulia. Am 18. Januar 1929 findet in Mailand das Begräbnis statt – für Camillo und Iphigenie Castiglioni eine Gelegenheit, Camillos Bruder Arturo (mit Ehefrau Marcella) sowie seine Halbgeschwister Enrichetta, Augusto (mit Ehefrau Maria) und Marcello (mit Ehefrau Yole) wiederzusehen. Mit Vittorio Castiglionis Schwester Clara sowie den Kindern Laura und Vittorio (Arturo), Arturo, Livia und Jolanda (Camillo), Claudio (Sohn von Marcello) und Nelda Gentilli (Tochter von Enrichetta) ist der engere Castiglioni-Clan damit auf siebzehn Personen angewachsen.

Am 15. Februar kann Camillo Castiglioni bei BMW einen unerwarteten Achtungserfolg verbuchen, als sich der Aufsichtsrat seinem Vorschlag zur Berufung des ihm von Austro-Daimler, Austro-Fiat und Puch vertrauten Arnold Neubroch zum Werksleiter des BMW-Zweitbetriebs Eisenach und zum Gesamtverantwortlichen für den BMW-Automobilbau anschließt. Als von Stauss auch Castiglionis Tantiemen- und Gehaltsvorschlag für Neubroch folgt, fühlt sich der bislang uneingeschränkt herrschende BMW-Generaldirektor Franz Josef Popp ausmanövriert. Der Konflikt mit Neubroch ist damit ebenso vorprogrammiert wie Popps Rache dafür an seinem einstigen Mentor Castiglioni.

Dieser schreibt unterdessen – beflügelt von seinem rezenten Erfolg bei BMW – am 18. Februar an Hugo von Hofmannsthal: »Falls ich von dort aus [Anm.: die Salzburger Festspielleitung] baldmöglichst einen Brief erhalte, in welchem ich gebeten werde, die Salzburger Festspiele, die sonst nicht stattfinden könnten, im letzten Moment zu ermöglichen, würde ich mich eventuell bereit erklären – falls inzwischen nicht neue Komplikationen entstehen – 25 000 Schilling à fonds perdu zu stiften, ferner die Tantieme Reinhardts bis zur Höhe von 10 000 Schilling (unter keinen Umständen aber mehr) zu garantieren.«

Der erwartete Brief bleibt aus. Und im BMW-Aufsichtsrat beginnen sich gleichzeitig die Bataillone gegen Camillo Castiglioni zu formieren, ohne dass der Betroffene davon zunächst etwas mitbekommt. Allein sein Instinkt lässt ihn die Gefahr ahnen. So verraten seine am 20. März an von Stauss gerichteten Beschwörungen von Gemeinsamkeit die Verunsicherung des Absenders: »Vielen Dank für Ihre freundlichen Mitteilungen in Angelegenheit Neubroch. Ich zweifle nicht daran, dass bei Ihrer Einstellung und Ihrer ganzen Art, die Angelegenheit zu erledigen, auch diese Frage in vollkommenem Einvernehmen und in absoluter Ruhe geordnet werden wird. – Sie wissen, dass ich, wenn ich manchmal auf dem, was ich für richtig erachte, beharren zu meinen glaube, andererseits eine fast krankhafte Neigung zur Offenheit und zur Gerechtigkeit habe, und deswegen möchte ich diesen Brief nicht schliessen ohne Ihnen zu sagen, wie angenehm berührt ich von der Aussprache gewesen bin, die wir in München hatten. Das ist endlich der Geist, den ich mir im Verkehr mit Ihnen seit Jahren gewünscht habe. Seien Sie, bitte, versichert, dass meinerseits nicht nur nichts geschehen wird, um diese Situation zu ändern, sondern dass ich, im Gegenteil, nichts unterlassen werde, um unsere Beziehungen täglich besser und intimer zu gestalten. Und wenn dies der Fall sein wird, und ich betrachte diese Aussprache als eine für die B.M.W. ungeheuer wertvolle, dann habe ich für die Zukunft keine Sorge mehr, denn wenn Einigkeit und Ruhe im Hause herrschen, dann kann jeder Schwierigkeit und jeder Konkurrenz, selbst der schwersten, mit beharrlichem Ernst und mit Hoffnung auf Erfolg die Spitze genommen werden … Mit vielen herzlichen Grüssen bin ich Ihr sehr ergebener Castiglioni.«

Die Beschwörungsformeln gehen ins Leere. Im April schließlich bietet die im Treuhand-Bericht monierte Provisionspraxis den gesuchten Anlass, die Schlussphase der Ära Castiglioni einzuleiten und damit der Forderung der Reichsministerien zu entsprechen. Am 28. April 1929 wird Camillo Castiglioni zunächst zur Kündigung des zwischen BMW und der Bank voor Handel en Credit bestehenden Provisionsvertrags gedrängt. Mit einem Male steht jenes Provisionssystem, das ein Jahr zuvor von Vorstand und Aufsichtsrat mit der Vertragsverlängerung bis zum 31. Dezember 1935 abgesegnet wurde, am Pranger. Am 2. Mai bezeichnet der *Berliner Börsen-Courier* die für 1928 berechnete vierzehnprozentige Dividende angesichts der angespannten finanziellen Lage als »erhebliches Opfer« für BMW. Am 5. Mai erlebt Karl Kraus' Bühnenstück *Die Unüberwindlichen* in Dresden seine deutsche Uraufführung ohne den von Camillo Castiglioni angefochtenen 3. Akt.

Am 7. Mai wird Camillo Castiglioni in einer außerplanmäßigen Aufsichtsratssitzung unberechtigte Bereicherung zu Lasten der übrigen Aktionäre durch das von ihm seit 1922 installierte Provisionssystem vorgeworfen. Castiglioni wendet ein, dass BMW keine Auslandsvertretung habe und dass daher seine Firmen die Anbahnung und Abwicklung der Aufträge übernommen haben. Als das Argument nicht verfängt, schlägt Castiglioni vor, die Angelegenheit durch ein Schiedsgericht klären zu lassen, was von Disconto-Gesellschaft-Vorstand Raimund Hergt barsch zurückgewiesen wird: Castiglioni solle stattdessen zugeben, »wieviel er gestohlen habe«. Solcherart in die Ecke gedrängt, willigt Camillo Castiglioni schließlich ein, pauschal eine Million Mark an BMW zu erstatten. Während sich Castiglionis Berliner Rechtsbeistände Schweiger und Riesenfeld auf die am 24. Mai in Berlin anberaumten Detailverhandlungen zu den Regressansprüchen vorbereiten, tritt Camillo Castiglioni am 19. Mai in Wien in alter Grandezza auf und lädt nach einem Staatsopern-Gastspiel der Mailänder Scala das gesamte Ensemble einschließlich des Dirigenten Arturo Toscanini in sein Palais in der Prinz-Eugen-Straße. Die ansonsten so feierfreudige Wiener Gesellschaft bleibt dem Anlass diesmal fern.

Am 24. Mai treffen sich von Stauss und Hergt mit Castiglionis Rechtsbeiständen zu den geplanten Verhandlungen bezüglich der BMW-Regressansprüche. Dabei wird klar, dass es den Aufsichtsräten zunächst nur um das Eingeständnis Castiglionis geht, BMW »bestohlen« zu haben. Danach, so Wortführer Hergt, könne »man über Nachlass und Stundung« reden. Nach einer Sitzungsunterbrechung, während der sie sich mit Camillo Castiglioni telefonisch verständigen, warten die Rechtsanwälte mit einer überraschenden Gegenrechnung auf, darunter »Entgelt für die Leistungen der MLG (150 000 Reichsmark), Abfindung für den Verzicht auf die Vertragsrechte für Auslandsaufträge der Jahre 1929 und 1930 (200 000 RM), Auslagen-Ersatz für Camillo Castiglioni und seine Vertreter (150 000 RM), 20 % Manipulationsgebühr, wie sie im Telegramm des Herrn von Stauss vom 22. Mai zugestanden war (300 000 RM)«, sowie »Diverses (100 000 RM)«. Während Hergt und Stauss daraufhin die Verhandlungen abbrechen, landen Details der BMW-internen Vorgänge bei der Presse. Am 4. Juni fragt man in der *Vossischen Zeitung*: »Castiglionis B.M.W.-Einfluß erloschen?«: »Der finanzielle Zusammenbruch Castiglionis scheint augenblicklich so vollständig, daß sein Großaktionär-Einfluß bei den B.M.W. erloschen ist. Er war vor einiger Zeit gezwungen, wegen großer finanzieller Verluste seine Aktien der B.M.W. an die Deutsche Bank zu verpfänden. Zu damaliger Zeit standen die B.M.W.-Aktien 250 pCt. Die Aktien wurden von der genannten Bank mit 180 pCt. beliehen. Der Kurs der B.M.W.-Aktien ging stark zurück, weshalb die Deutsche Bank einen Nachschuß von Castiglioni verlangte. Dieser zahlte an die Deutsche Bank 1,8 Mill RM, doch reichte dieser Betrag nicht aus … Der Castiglioni-Besitz an B.M.W.-Aktien soll nun in den Besitz eines Konsortiums übergegangen sein, an dem die Deutsche Bank und die Disconto-Gesellschaft beteiligt sind. Mitgeteilt wird noch, daß Castiglioni nicht mehr Delegierter des Aufsichtsrates ist und daß Direktor Dr. Hergt an Stelle Castiglionis zum stellvertretenden Vorsitzenden des Aufsichtsrates der B.M.W. gewählt wurde.«

Am darauffolgenden Tag unterrichtet BMW-Aufsichtsrat Weydenhammer den Aufsichtsratsvorsitzenden von Stauss: »Herr Kommerzialrat Hergt empfing heute vormittag einen Redakteur der *Münchner Neuesten Nachrichten* und zog mich zu der Unterhaltung zu. Es war sofort zu erkennen, dass bei der Zeitung ausserordentlich umfangreiches Material über Herrn C. vorliegt. Die Fragestellung machte weiterhin deutlich sichtbar, dass der Herr auch über die letzten Vorkommnisse bei B.M.W., vor allen Dingen über die Stützungsaktion zu Gunsten Castiglionis und die Regressansprüche, überraschend weitgehende Informationen besitzt. Sehr schlecht scheinen die widersprechenden Nachrichten über die Beleihungen der Aktien des Herrn C. gewirkt zu haben und besonders scheint der Passus, dass keine grösseren Verpflichtungen C.'s bei der Deutschen Bank oder ihr nahestehender Seite vorhanden sind, als unglaubwürdig empfunden zu werden. Herr Hergt nahm in sehr loyaler Weise zu angeschnittenen Fragen Stellung und ich hoffe, dass er vor allen Dingen erreicht hat, dass in der unangenehmen Provisionsangelegenheit keine weitere Verschärfung der öffentlichen Diskussion zum Schaden der B.M.W. eintritt. Klar erkenntlich ist, dass sehr gut orientierte Drahtzieher vielleicht in Wien oder Berlin am Werke sind. Der moralische Ruf des Herrn C. scheint zurzeit hier unter den Nullpunkt gesunken zu sein. Es ist absolut zu erwarten, dass die hiesige Presse immer wieder denselben als Schädling im deutschen Wirtschaftsleben bezeichnen und bekämpfen wird.«

In den folgenden Tagen zieht das Thema immer weitere Kreise. Am 5. Juni erscheinen Beiträge im *Berliner Börsen-Courier* und in der *Vossischen Zeitung* (»Ausschaltung des Castiglioni-Einflusses bei B.M.W.«). Am 7. Juni notiert von Stauss, der sich zu seinem jährlichen Sommeraufenthalt auf die Nordseeinsel Norderney verabschiedet hat: »Der heute erschienene *Deutsche Volkswirt* bringt … Ausführungen über Castiglioni und bayerische Motoren-Werke.« Am 8. Juni werden in *La Stampa* im Wesentlichen die Meldungen der deutschen Zeitungen wiederholt.

Die Mehrzahl der BMW-Aufsichtsräte – darunter Hergt und Weydenhammer – hat sich unterdessen darüber verständigt, ihrem Noch-Kollegen Camillo Castiglioni ab sofort sämtliche Interna vorzuenthalten. Am 17. Juni folgt die Beschwerde aus Grundlsee an Selmar Fehr, Vorstandsmitglied der Deutschen Bank: »Bei dieser Gelegenheit will ich … bemerken, dass ich die Semestralbilanz sehr genau werde prüfen müssen, da es anscheinend die Intention der Direktion ist, mich über alle wesentlichen Umstände trotz des gegenteiligen Auftrages, den sie hat, im Unklaren zu lassen. Ich verweise darauf, dass, obgleich Herr von Stauss mir am 29. Mai, am Tage der Generalversammlung der B.M.W., in München erklärte, ich würde ausnahmslos alle Aufstellungen erhalten, die er selbst in seiner Eigenschaft als Vorsitzender des Aufsichtsrates bekommt und mir dies bei unserer letzten Rücksprache in der Deutschen Bank in Ihrer Anwesenheit wiederholte, mir ferner auch die Abschrift eines diesbezüglichen Briefes an die B.M.W. einschickte, ich nach wie vor nichts erhalten habe, sodass also der mich betreffende Auftrag des Herrn von Stauss an die B.M.W. von dieser vorsätzlich und offenkundig, um mich zu schädigen und mir eine Kontrolle unmöglich zu machen, nicht befolgt wird … Ich überlasse es ihm im Einvernehmen mit der Direktion der Deutschen Bank, zu beurteilen, welch ungeheures Unrecht mir als Grossaktionär geschieht und welche Machtmittel Herrn von Stauss als Vorsitzendem des Aufsichtsrats der B.M.W. zustehen, um durchzusetzen, dass seine Aufträge von der Direktion der B.M.W. befolgt werden. Im übrigen kann mir ja Herr von Stauss, wenn ihm gar keine Machtmittel zustehen, um es durchzusetzen, die Unterlagen, die er bekommen hat, zur Verfügung stellen. Die absichtliche Verweigerung der mir versprochenen Unterlagen durch die Direktion der B.M.W. trotz gegenteiligen Auftrages des Aufsichtsratsvorsitzenden ist jedoch nur ein Symptom für die absichtlich feindselige Gesinnung der Münchener Herren gegen mich.«

Dann macht Camillo Castiglioni deutlich, dass er die Urheber der gegen ihn entfachten Pressekampagne in den Reihen des BMW-Vorstands vermutet: »Die Annahme … dass die Mitteilungen an die Zeitungen von Leuten stammen, die gar keine Beziehungen zu dem Unternehmen haben, muss irrig sein, da sowohl der Inhalt der Artikel in den Münchener Zeitungen als auch vor allem in der *Vossischen Zeitung* mit aller Deutlichkeit darauf hinweist, dass der Informator in den Kreisen der Direktion oder des Aufsichtsrats der B.M.W. zu suchen ist. Es ist ein System desselben Informators, welcher seit Wochen in allen Zeitungen gegen mich hetzt und verhindert, dass ich Informationen über die B.M.W. bekomme, die er der Öffentlichkeit in so reichlichem Masse zukommen lässt. Wenn dieses System gegen mich fortgesetzt wird, wenn ich entgegen den Zusagen an mich und trotz meiner Stellung als Grossaktionär keinerlei Unterlagen erhalte, während gleichzeitig die Zeitungen mit Artikeln gegen mich aus denselben Kreisen gefüttert werden, dann wird mir nichts übrig bleiben als auch meinerseits alle notwendigen Massnahmen zu treffen. Ich bin überzeugt, dass die Deutsche Bank, die Gerechtigkeit meiner Sache erkennend, vollkommen auf meiner Seite stehen wird …«

Als er die *Vossische Zeitung* vom 9. Juni in Händen hält, wird Emil Georg von Stauss klar, wer der Presse die internen BMW-Informationen zuspielte. Am 13. Juni schreibt Stauss an BMW-Generaldirektor Franz Josef Popp: »Sehr geehrter Herr Popp, es tut mir leid zu hören, dass Sie mit Ihrer Gesundheit noch immer nicht in Ordnung sind, und ich wünsche Ihnen rasche Wiederherstellung. Inzwischen hat das Bankenkonsortium über die durch den neuen Kurssturz der B.M.W.-Aktie geschaffene Situation eine Beratung abhalten müssen, an der Sie infolge Ihrer Unpässlichkeit leider nicht teilnehmen konnten. Es ist gewiss bedauerlich, dass in einem Stadium, in dem wir nicht mehr als in der Generalversammlung sagen können, die Presse, wie neuerdings die *Vossische Zeitung* und die *Industrie- und Handwerkszeitung*, lange Artikel über B.M.W. bringt. Besonders unbequem war der Artikel der *Vossischen Zeitung*, den Herr Münch geschrieben hat … auf Grund einer Münchner Reise, bei der er mit Ihnen eine längere Unterhaltung hatte. Aber auch wenn mir dies nicht gesagt worden wäre, hätte ich Ihren Gedankengang ohne weiteres wiedererkannt; denn es sind fast dieselben Worte, die Sie mir gegenüber gebraucht haben … Alles, was wir in recht unbequemen Briefen von Aktionären und in der Presse zu lesen haben, ist zurückzuführen auf die Presseauslassungen, die Sie … auf eigene Faust auf sich genommen haben. Jetzt und wahrscheinlich schon in der nächsten Generalversammlung können wir wieder Stellung nehmen zu Ihren Äusserungen gegenüber Herrn Münch … Ich weiss auch nicht, was ich Herrn Castiglioni das nächste Mal sagen soll, nachdem ich neulich mit allem Nachdruck seiner Auffassung entgegengetreten bin, dass die letzten ungünstigen Pressemitteilungen über B.M.W. auf Münchener Informationen zurückzuführen seien, mit denen er ruiniert werden solle. Ich verstehe Ihren Unmut über Vieles; der meine ist noch grösser … Es geht wirklich nicht an, dass alle Augenblicke das Haus angezündet wird und der Aufsichtsrat dann nur noch zum Löschen kommen kann. Mit freundlichem Gruss. Ihr ergebener (gez.) Stauss.«

War es die Kränkung darüber, dass ihm Camillo Castiglioni in der Person Arnold Neubrochs einen ebenso autokratisch veranlagten Konkurrenten vor die Nase setzte, die Popp zum Verrat drängte? War es die jahrelang mühsam ertragene Unterordnung unter den Willen des Mehrheitsaktionärs? Oder war es die Angst, gemeinsam mit seinem ehemaligen Förderer in Haftung genommen zu werden, zumal er dessen Provisionsgebaren jahrelang als Generaldirektor und Vorstand mitgetragen hatte? Aus Furcht vor unangenehmen Konsequenzen macht sich Franz Josef Popp umgehend daran, eine Dokumentation zu erstellen – *Die Geschichte dreier Fabriken* –, in der er den eigenen Anteil an der Gründung und dem Aufstieg der Bayerischen Motoren Werke überbetont, während er Castiglioni insgesamt unehrenhafte Motive unterstellt: »Castiglioni erwarb die Vertretung der Rapp-Motorenwerke für Oesterreich-Ungarn … Es gelang ihm sehr bald, ein intimes Freundschaftsverhältnis mit Wiedmann [Anm.: dem Rapp-Geschäftsführer] einzugehen und diesen zum Abschluss von Provisionsverträgen zu veranlassen, die Castiglioni ungeheuren Nutzen, den Rapp-Motorenwerken aber den Ruin brachten. (In der Zeit vom 15. bis zum 31. Dezember 16 hat Castiglioni eine Provision von M. 2 641 287,51 bezogen. Ich glaube, dass der Brutto-Umsatz der Rapp-Motorenwerke in dieser Zeit kaum viel mehr als diesen Betrag ausgemacht haben dürfte.)«

Über ihre erste Begegnung schreibt Popp: »Im Oktober, November 1918 hatte ich das erste Mal Herrn Castiglioni kennengelernt und zwar in Triest, als ich dort bei Versuchsflügen anwesend war und er ebenfalls zum Besuche dort weilte. Seine ersten Worte waren: ›Ich habe von Ihnen schon viel gehört, Sie haben eine glänzende Idee gehabt mit der Lizenz des großen Daimler-Motors für die Rapp-Motorenwerke!‹ (Ich stellte jedenfalls später fest, dass Herr Castiglioni wenige Wochen nachher, als der Auftrag für die Rapp-Motorenwerke perfekt war und die … Anzahlung an die Rapp-Motorenwerke überwiesen wurde, sofort die volle Provision für diesen Auftrag … in Höhe von M. 1 848 000,– überwiesen erhalten hat.)«

Auch der Rückkauf des Motorenbaus und der Marke BMW von Knorr-Bremse erfolgte, wie der Leser nun erfährt, eigentlich auf Popps Initiative – und siehe: »Castiglioni begann nun allmählich grösseres Interesse für meine Pläne zu finden und er erklärte sich bereit, mit mir als Kompagnon wieder eine industrielle Sache in Deutschland ins Leben zu rufen … Ich verständigte selbstverständlich die Knorr-Bremse A.G. von meinen [sic!] Interessen … [Daneben] war es mir gelungen, Castiglioni die 100 % Aktien der [Anm.: Bayerischen] Flugzeugwerke zu verschaffen. Der Kaufpreis war ein äusserst günstiger; er betrug 8 Millionen M., wovon nur 1 Million M. angezahlt wurde, während der Rest in 5 gleichen Jahresraten zu zahlen war. Durch die Inflation ist dieser Restkaufpreis Null geworden.«

Franz Josef Popp als der eigentliche BMW-Neugründer – Camillo Castiglioni als sein auf schnellen Profit bedachter Erfüllungsgehilfe … Ungeachtet dieser hanebüchenen Unverfrorenheit muss Franz Josef Popp kaum um seinen Posten bei BMW fürchten. So unterrichtet etwa der inzwischen an Castiglionis Stelle zum stellvertretenden Aufsichtsratsvorsitzenden gewählte Raimund Hergt am 14. Juni Aufsichtsratschef von Stauss von seinem Antrittsbesuch im Reichsluftfahrtamt: »Am 12. Juni habe ich Herrn Ministerialdirektor Brandenburg besucht, um mich bei ihm in meiner Eigenschaft als neu gewählter stellvertretender Vorsitzender der BMW vorzustellen … Ich setzte ihm eingehend auseinander, dass die finanziellen Schwierigkeiten des Herrn C. ohne Einfluss auf BMW sein würden. Es sei Herrn C. von den Banken ermöglicht worden, an BMW die auf Grund der bekannten Kursgarantie zu leistenden Beträge abzuführen. Es bestehe sogar begründete Aussicht, dass Herr C. RM 1 000 000 auf Grund eines mit ihm abgeschlossenen Vergleichs zurückerstatte. Im weiteren Verlauf der Unterhaltung fragte mich Herr Brandenburg, ob es möglich sei, Herrn Popp trotz seiner engen Liierung mit Herrn Castiglioni zu halten. Ich erwiderte ihm, dass Herr Popp restlos mit Herrn C. gebrochen habe, und betonte dann die hohen intellektuellen Qualitäten des Herrn Popp, besonders seine organisatorischen Fähigkeiten. Herr Brandenburg stimmte mir lebhaft zu und bemerkte, er schätze Herrn Popp besonders hoch, weil in ihm technische und kaufmännische Fähigkeiten in seltener Weise vereinigt seien. Er könne sich die BMW ohne Herrn Popp nicht gut denken.«

Ohne auf die Popp betreffende Passage einzugehen, telegrafiert von Stauss zurück: »Wir können Camillo [sic!] die ihm zugesagten Aufstellungen nicht vorenthalten solange er formell noch etwa vierzig Prozent Aktienkapital besitzt. Bitte dringend Uebersendung durch Direktion nicht weiter zu inhibieren da bereits von Camillo grobe Beschwerde wegen Nichtsendung Aufstellungen Mai und Juni erhalten habe stop Wetter hier herrlich Gruss Stauss.«

Zähneknirschend fügt sich Hergt: »habe trotz schwerer bedenken im einvernehmen mit doktor weydenhammer aushaendigung der von camillo gewuenschten unterlagen veranlasst stop recht gute erholung = hergt.«

Kurz darauf setzt der BMW-Aufsichtsrat und Direktor der Deutsche-Bank-Filiale München Rudolf Weydenhammer mit der Bitte an Georg Emil von Stauss nach, »... Herrn C. doch noch einmal eindringlicher bei passender Gelegenheit deutlich den Star zu stechen und ihm seine Situation klar vor Augen zu führen, da es doch zweifellos nach allem Geschehenen die Verantwortlichkeit des Gesamtaufsichtsrats einmal stark treffen kann, wenn Herr C., mit dem es ja weiter zu Konflikten kommen wird, unerwünschten Gebrauch von streng vertraulichem Material macht ... Das schlimmste an der Situation ist das, dass die B.M.W.-Angelegenheit nur ein Glied in der Kette seines zweifelhaften Tuns ist. Allein in den letzten Tagen bin ich von drei in Deutschland hochangesehenen, allgemein bekannten Industriellen und Wirtschaftern unter dem Ausdruck des allerhöchsten Erstaunens gefragt worden, ob es tatsächlich wahr sei, dass dieser Mann sich noch im Aufsichtsrat der Gesellschaft befinde.«

Ungeachtet dieses Tauziehens bleibt die Pattsituation zwischen Castiglioni und den im BMW-Aufsichtsrat vertretenen Bankiers über den ganzen Sommer 1929 unverändert. Nachdem vom 4. bis 30. August die Salzburger Festspiele ohne finanzielle Beteiligung Camillo Castiglionis über die Bühne gehen, schreckt am 18. September ein Artikel in der *Deutschen Bergwerks-Zeitung* die BMW-Aufsichtsräte aus ihrer Nach-Urlaubsstimmung. »Ein schauerlicher Hymnus auf Castiglioni«, beklagt sich Hergt bei von Stauss: »Der Aufsatz strotzt von Lügen und Dummheiten. Es ist ein Unsinn, wenn behauptet wird, dass C. durch seine vorzüglichen Beziehungen Auslandsaufträge für die BMW hereingeholt habe. Er hat uns nicht einen einzigen Auftrag gebracht. Töricht ist es zu sagen, Herr C. habe durch die von ihm genommenen Provisionen und Sondergewinne dem

Aktionär keinen Schaden zugefügt, denn trotz dieser Sondergewinne haben die steigenden Dividenden und die steigende Kursentwicklung ihren Fortgang genommen. Wenn Herr C. nichts gestohlen hätte, hätten die Aktionäre noch mehr bekommen und insbesondere für die Zukunft mehr zu erwarten. Sehr schädlich ist es, wenn im Artikel erklärt wird, Herr C. sei in der Lage, sein Aktienpaket allen Angriffen zum Trotz durchzuhalten. Bei jedem Versuch, BMW-Aktien zu platzieren, bekommt man zu hören, die Aktie sei uninteressant, solange Herr C. an dem Werk beteiligt sei. Auch die Hereinbringung von Reichsaufträgen wird uns erschwert, wenn behauptet wird, Herr C. sitze unverrückbar fest bei BMW. Herr Popp wollte, dass wir ein Dementi abfassen. Ich glaube aber fast, es ist besser, den Artikel zu ignorieren. Vielleicht können wir über den Fall am nächsten Dienstag sprechen.«

Seitdem er Camillo Castiglioni im Juni 1929 in der Position des stellvertretenden Aufsichtsratsvorsitzenden nachfolgte, erweist sich Disconto-Gesellschaft-Vorstand Raimund Hergt als die treibende Kraft hinter den Winkelzügen gegen Camillo Castiglioni. Mit der tatsachenwidrigen Unterstellung, Castiglioni habe BMW »nicht einen einzigen Auftrag gebracht«, dokumentiert Hergt eine ähnlich emotionale Haltung, wie sie nach Castiglionis Sturz in Österreich am 13. August 1925 in der Wiener *Arbeiter-Zeitung* zum Ausdruck kam, als Castiglioni als Schieber und Spekulant bezeichnet wurde, dem alles »schöpferische Schaffen« fremd sei.

Mittlerweile hat sich der Wert der BMW-Aktie – und damit der von Camillo Castiglioni hinterlegten Kreditsicherheit – seit April von einhundertfünfundachtzig auf neunundachtzig Mark mehr als halbiert. Am 3. Oktober 1929 richtet sich die Aufmerksamkeit der deutschen Presse vorübergehend auf den überraschenden Tod des einundfünfzigjährigen deutschen Außenministers Gustav Stresemann nach einem Schlaganfall.

Auf Bitten Castiglionis kommt es eine Woche später in Berlin erstmals wieder zu einer Begegnung zwischen den Streitparteien. Infolge des stetigen Wertverfalls seiner Börsenpapiere erklärt sich Camillo Castiglioni außerstande, die am 27. Mai vereinbarte Provisionsrückzahlung von einer Million Mark zu leisten. Anstatt um Stundung zu ersuchen, verlegt sich Castiglionis neuer Rechtsanwalt Dr. Rosendorff auf eine neue Strategie, indem er die Vereinbarung für »nichtig« erklärt. Rosendorffs zweifelhafte Begründung: In besagten Provisionen seien »Schmiergelder« an russische Empfänger enthalten gewesen, weshalb nicht nur die Provisionen, sondern auch deren Rückforderung illegal sei. Die Verhandlungspartner Hergt, von Stauss und Weydenhammer brechen daraufhin das Gespräch ab und stellen die Fortsetzung der Unterhandlungen in Frage, sollte Rosendorff weiterhin als Castiglionis Rechtsbeistand fungieren.

Am 17. Oktober kommt es dann doch zu einem erneuten Treffen in erweiterter Runde. Neben Hergt nehmen nun auf BMW-Seite Franz Josef Popp und BMW-Justiziar Dr. Bloch, auf der Castiglioni-Seite Rosendorff, dessen Sozius Rotenberg, Generaldirektor Berthold Schweiger und Castiglionis Bevollmächtigter Dr. Eduard Nelken teil. »Im Hinblick auf die bisher in den Verhandlungen mit Castiglioni-Vertretern vorgekommenen Missverständnisse haben wir durch zwei beamtete Stenographen das anliegende Protokoll aufnehmen lassen«, berichtet Hergt anschließend. »Die Verhandlungen wurden unter Ausschaltung des Herrn Dr. Rosendorff nachmittags fortgeführt. Dr. Nelken teilte mit, dass er gemeinsam mit Herrn Schweiger zu einer Aussprache kommen wolle. An der Aussprache nahmen ausser Dr. Hergt die Herren Dr. Weydenhammer und Popp teil. Dr. Hergt erklärte einleitend, dass der Vorstand der BMW bewusst einen taktischen Fehler begehe, wenn er sich auf diese Aussprache einlasse. Die Position der BMW sei aber derartig fest, dass man sich eine solche Taktik leisten könne. Dr. Hergt betonte dann, es sei unverständlich, wie Herr Castiglioni seine Unterschrift anzweifeln könne, er mache sich dadurch für alle Zeiten vertragsunfähig. Man könne uns nicht zumuten, mit Herrn C. neue Vereinbarungen zu treffen, wenn dabei die Gefahr bestehe, dass Herr C. sie hinterher aus irgendwelchen Gründen wieder anfechte. Herr Dr. Weydenhammer stellte fest, dass die hier am Tisch versammelten Herren sämtlich der Verwaltung der BMW angehörten und vor dem Gesetz die Pflicht haben, persönlich für die Wiedergutmachung des von Herrn Castiglioni angerichteten Schadens einzutreten. Herr C. habe der ganzen Angelegenheit allerdings eine so gefährliche rechtliche Wendung gegeben, dass in den derzeitigen Besprechungen die verantwortlichen Organe der Gesellschaft auf das Äusserste bedacht sein müssen, keine Ratschläge und Zugeständnisse zu treffen, die sich nicht vereinbaren lassen mit ihren Pflichten als Vorstand und Aufsichtsrat der Gesellschaft … Herr Castiglioni habe seinerseits den Vertrag unterschrieben in der Hoffnung, dass damit die Kämpfe mit ihm beendet seien … Die Herren scheinen nun merkwürdigerweise darauf auszugehen, dass Herr C. nicht nur die Million nicht bezahlt, sondern darüber hinaus noch eine Ehrenrettung erhält. Dr. Nelken fügte in mysteriöser Weise als neuen Gesichtspunkt an, dass ja unter Umständen gar nicht Herr C. selbst, sondern eventuell ein Dritter, z. B. die Deutsche Bank, für die Bezahlung der RM 1 000 000 in Betracht komme. Die BMW Vertreter stellten fest, dass auf dieser Basis Verhandlungen nicht möglich seien und gaben ihrem Bedauern darüber Ausdruck, dass trotz des abermals bekundeten guten Willens eine Einigung nicht zu erzielen sei.«

Als Castiglionis Rechtsanwälte erkennen, dass die Anfechtungs-Strategie ins Leere geht, bleibt ihnen nicht anderes übrig, als einzulenken. Ab 21. Oktober kommt es zu Detailverhandlungen, bei denen es nicht um das »Ob«, sondern nur mehr um das »Wie viel« und »Wann« der von Camillo Castiglioni zu entrichtenden Beträge geht. Am Donnerstag, dem 24. Oktober 1929 (in Europas Banken geht soeben die Nachricht vom New Yorker Börsencrash ein), räumen die BMW-Vertreter einen Nachlass der Provisionsrückzahlung von einer Million auf 800 000 Reichsmark ein, falls Castiglioni davon –

neben den geschuldeten Kreditbeträgen in der Höhe von 1321000 Reichsmark – bis Ende 1929 eine halbe Million Reichsmark bezahlt. Castiglioni willigt ein, das Ringen hat ein Ende, sein Hinauswurf aus den Bayerischen Motorenwerken ist besiegelt. Am 26. Oktober unterzeichnet Camillo Castiglioni in Berlin eine notarielle Vereinbarung, in der die Übertragung seiner sämtlichen BMW-Anteile an das im Aufsichtsrat vertretene Bankenkonsortium geregelt ist.

Camillo Castiglioni lässt selbst nach dieser Niederlage keinen Tag ungenutzt verstreichen. Bereits Anfang November unterrichtet Raimund Hergt Emil Georg von Stauss über einen Anruf von Castiglionis Bevollmächtigtem Dr. Nelken: »Herr Castiglioni sei aus Mailand zurückgekehrt und habe zwei Millionen Lire mitgebracht. Er sei nunmehr in der Lage, die an BMW geschuldeten RM 500 000 schon am 4. oder 5. November zurückzuzahlen, nahm aber an, dass wir ihm eine entsprechende Zinsvergütung gewähren werden.«

Da Hergt sich bereit zeigte, die Zinsvergütung im Falle des tatsächlichen Zahlungseingangs »auf RM 10 000 aufzurunden«, erfolgt am 5. November die angekündigte Zahlung. Zwei Tage später macht Camillo Castiglioni seinem Herzen in einem Brief an von Stauss Luft. Aus dessen distanzierter Antwort wird deutlich, dass sich auch Iphigenie Castiglioni in die Auseinandersetzung eingebracht hatte: »Es ist gewiss schwer, wegen der Vergangenheit nicht bitter zu werden. Aber Sie sind sicher im Irrtum, wenn Sie glauben, dass das letzte Communiqué der Verwaltung Ihnen geschadet hat … Ich habe auch keinen unfreundlichen Kommentar dazu, außer dem Ihrigen, gesehen … Wir haben uns gerne bemerkt, dass nach Ihrer Überzeugung das Bankenkonsortium nichts an Ihnen verlieren wird. Es wird mir sicher sehr angenehm sein, dies eines Tages den Konsorten sagen zu können, insbesondere angesichts der Leistungen, die das Konsortium zur Berichtigung der Verhältnisse bei der BMW erbringen musste … Als wir bei dem Konjunktur-Rückgang zu Ihrer und der BMW Hilfe die Stützungs-Konsortien gründen mussten, haben Sie mir mitgeteilt, dass Sie mir mein persönliches Einspringen nicht vergessen werden. Was soll ich nun dazu sagen, wenn mir später Ihre Frau Gemahlin schreibt, dass die Deutsche Bank und ich persönlich Sie fallen gelassen haben. Vielleicht zeigen Sie diesen Brief auch Ihrer hochverehrten Gattin mit meinen ergebensten Empfehlungen und sagen ihr, welche Opfer, wenn auch nach Ihrer Mitteilung nur vorübergehend, das Bankenkonsortium, insbesondere die Deutsche Bank, neuerdings gebracht hat, um Ihnen aus so schwieriger Situation einen Ausweg zu eröffnen. Mit verbindlichen Grüssen, Ihr ergebener Stauss.«

Für die Bayerischen Motorenwerke sollte sich der Abgang Castiglionis jedoch bald als ein Pyrrhussieg erweisen. Dazu trägt unter anderem jener Vorgang bei, der den Vorwand zu dem Hinauswurf lieferte: der zwischen BMW und Castiglionis Firma Bank voor Handel en Credit (und davor mit der IIC) geschlossene Provisionsvertrag. Bei ihrem Bemühen, den italienischen Vierzig-Prozent-Aktionär schnellstmöglich loszuwerden, hatten BMW-Vorstand und -Aufsichtsräte ein kleines, dafür nun umso peinlicheres Detail übersehen: Castiglioni hatte einen Teil der Flugmotoren-Verkäufe in die Sowjetunion über den in Berlin lebenden, mit den russischen Behörden bestens vernetzten Ingenieur Joseph Steinberg abgewickelt. An diesen hatten IIC und die Bank voor Handel en Credit einen vereinbarten Teil der Provisionen weitergeleitet. Steinberg hatte davon jene Angestellten der sowjetischen Handelsvertretung bedient, die ihm bei den BMW-Geschäften jeweils »behilflich« gewesen waren. Ein klarer Fall von Bestechung also. Mit der Kündigung des Provisionsvertrags zwischen BMW und der Bank voor Handel en Credit hatte sich Camillo Castiglioni von weiteren Zahlungsverpflichtungen an Steinberg frei gefühlt und den zu diesem Zeitpunkt anstehenden Restbetrag von 18 002 Reichsmark nicht mehr überwiesen. Von den Presseberichten über die Ausschlussverhandlungen zwischen BMW und Castiglioni alarmiert, hatte sich Steinberg schließlich am 18. Oktober persönlich an »Hochwohlgeboren Herrn Bankdirektor Dr. von

Stauss« gewandt und die Bezahlung der Provision eingefordert: »Da ich sehr grosses Gewicht im allseitigen Interesse auf eine friedliche Erledigung dieser Angelegenheit lege, wäre ich Ihnen, sehr geehrter Herr von Stauss, ausserordentlich dankbar, wenn Sie dieselbe befriedigend beeinflussen würden, zunächst dahingehend, dass ich umgehend in den Besitz des Restbetrages v. M. 18 002 komme.«

Als sich von Stauss außerstande erklärte, dem Wunsch Steinbergs nachzukommen, hatte dieser entsprechende Informationen an die Presse gegeben. Am 23. Dezember – es ist der Tag, an dem Camillo Castiglioni eine Grundschuld über 200 000 Goldmark auf sein Wiener Palais zugunsten der Amsterdamer Bank N. V. Hugo Kaufmann & Cs. eintragen lässt – fordert die sowjetische Handelsvertretung unter Hinweis auf Paragraf zehn der mit BMW geschlossenen »Allgemeinen Lieferbedingungen« und den darin enthaltenen Passus, dass »keinerlei Provisionen oder Zuwendungen für irgendwelche Vermittlungen oder Beeinflussungen gezahlt werden«, von BMW die maximal mögliche Vertragsstrafe von zwölf Millionen Reichsmark. Tatsächlich hatte man dort bereits Ende Oktober aus dem Mund des BMW-Vorstandes Franz Josef Popp von besagten »Schmiergeldern« erfahren, als dieser sich gegenüber Vertretern der sowjetischen Handelsvertretung zu einer »Generalbeichte«[80] bemüßigt sah. Zur Abwendung der ruinösen Forderung und eines möglichen Regresses auf seine Person erklärt Camillo Castiglioni im Januar 1930 namens seiner Bank voor Handel en Credit an Eides statt, dass in dem von der sowjetischen Handelsvertretung behaupteten Zeitraum »keinerlei Provisionen« an sowjetische Stellen geflossen seien. Der Erklärung legt Camillo Castiglioni eine lückenlose Provisionsaufstellung bei, mit der er nebenbei die Behauptung Raimund Hergts ad absurdum führt, er habe »keinen einzigen Auftrag für BMW« beigebracht. Tatsächlich hatte Castiglionis Firma zwischen dem 6. Juni 1926 und dem 23. September 1929 im Gegenwert von insgesamt 7 031 765,90 US-Dollar BMW-Erzeugnisse ins Ausland vermittelt.

Am Ende des über den Sommer 1929 geführten Machtkampfes stehen allein die im BMW-Aufsichtsrat vertretenen Gläubigerbanken unbeschädigt da: Verlierer sind – neben Camillo Castiglioni – vor allem die Bayerischen Motorenwerke. Sechs Jahre wird es dauern, bis sich die BMW-Aktie wieder zu erholen beginnt. Mit dem Wegfall der Sowjetunion als größtem Auslandskunden ist BMW mehr denn je auf die Inlandsbestellungen des deutschen Militärs angewiesen. »Bereits 1930«, resümiert der Autor René del Fabbro, »wurden so die Weichen für die spätere verhängnisvolle Verstrickung des BMW-Konzerns in die Rüstungswirtschaft des Dritten Reiches gestellt.«

Verlierer sind aber auch jene Wiener Kultureinrichtungen, die Camillo Castiglioni in den vergangenen Jahren – ohne Rücksicht auf seine eigene angespannte Situation – unbeirrt unterstützt hatte. Als Camillo Castiglioni im Januar seinen möglichen Weggang aus Wien in den Raum stellt, wird der Umfang von Castiglionis Mäzenatentum deutlich. Am 25. Januar berichtet die *Neue Freie Presse* unter der Überschrift »Eine Aktion der Künstler für Camillo Castiglioni«: »... wurde gestern dem Bundeskanzler Schober von einer Deputation der Wiener Intellektuellen die Abschrift eines Briefes übergeben, der Herrn Camillo Castiglioni überreicht worden ist. In diesem Schreiben wird Herrn Castiglioni mit warmen Worten der Dank und die würdigende Anerkennung für all das, was er zugunsten der österreichischen Kunst, des Theaters, der Musik und der Wissenschaft geleistet hat, ausgesprochen und an ihn das Ersuchen gerichtet, seinen Wohnort auch weiterhin in Oesterreich zu behalten.« Der Brief trägt die Unterschriften zahlreicher wesentlicher Repräsentanten des Wiener Kulturbetriebs – von der Nationalbibliothek bis zur Österreichischen Staatsgalerie, vom Burgtheater bis zum Wiener Symphonieorchester, vom Volkstheater bis zu den Wiener Philharmonikern, von der Staatsoper bis zum Kunsthistorischen Museum, vom Naturhistorischen Museum bis zum Österreichischen P.E.N.-Club, vom Generaldirektor der Österreichischen Bundestheater bis zum Rektor der Hochschule für Musik und darstellende Kunst. Unterschrieben haben auch Max Reinhardt, Alfred Roller sowie die Komponisten Wilhelm Kienzl und Richard Strauss.

Bis zum Sommer 1930 gelingt es Camillo Castiglioni, sämtliche im Notariatsvertrag vom 26. Oktober 1929 festgelegte Verbindlichkeiten bei den drei deutschen Gläubigerbanken zu tilgen. Dabei hat sich sein Gesamtschuldenstand durch die Aufnahme neuer Kredite und Schuldverschreibungen weiter erhöht. Die Fälligkeiten sind zwar verschoben, doch die verbliebenen Immobilien hoch belastet und sämtliche Unternehmensbeteiligungen Geschichte.

Während in Berlin das neu gewählte Kabinett Heinrich Brüning darangeht, die Folgen des New Yorker Börsencrashs – insbesondere den Kapitalabzug US-amerikanischer Investoren – mittels einer drastischen Sparpolitik zu bekämpfen, während Marlene Dietrich mit dem Film *Der blaue Engel* den Grundstock für ihre internationale Karriere legt, und während sich die Deutsche Bank im Juli federführend darum bemüht, die BMW AG an Knorr-Bremse zu verkaufen, scheint Camillo Castiglionis endgültiger Absturz ins »Gewöhnliche« nicht mehr aufzuhalten.

9. DAS SCHLEICHENDE ENDE

Versteigerung – 2. Akt

Der Abzug US-amerikanischen Kapitals infolge des New Yorker Börsencrashs vom Oktober 1929 hatte in Deutschland neuerlich zu einer wirtschaftlichen, politischen und sozialen Misere geführt. Als Reichspräsident von Hindenburg 1930 Heinrich Brüning von der Zentrumspartei an der Parlamentsmehrheit vorbei zum Reichskanzler ernennt, ist der Weg zu jener Serie von »Präsidialkabinetten« eröffnet, die schließlich in die NS-Diktatur münden. Als der Berliner Reichstag im Juli 1930 den von Brüning vorgelegten Haushaltsplan samt »Notverordnung« erwartungsgemäß ablehnt, löst von Hindenburg das Parlament kurzerhand auf und lässt die Bevölkerung neu wählen. Das Ergebnis ist das Anwachsen der extremen Parteien zu Lasten der Demokraten. Bei den Reichstagswahlen am 14. September 1930 (nur knapp zwei Jahre nachdem das Redeverbot für Adolf Hitler in Preußen aufgehoben worden war) wird die NSDAP hinter der SPD mit 18,3 Prozent zweitstärkste Partei im Parlament, während sich die Kommunisten mit 13,1 Prozent an die dritte Stelle setzen. Heinrich Brüning regiert dessen ungeachtet im bisherigen Stil weiter und erlässt am 1. Dezember 1930 die zweite Notverordnung, mit der die Beamtengehälter gekürzt, die Beiträge zur Arbeitslosenversicherung erhöht und deren Leistungen beschnitten werden.

Ein paar Tage davor, am 28. und 29. November, hat das Auktionshaus Hermann Ball (gemeinsam mit Paul Graupe) die »Sammlung C. Castiglioni · Wien« in einem zweitägigen Bietermarathon versteigert, nachdem man sie zuvor im Haus Huldschinsky in Berlin ausgestellt hatte. »Man darf wohl sagen, dass diese Versteigerung von den Kunstkennern aus aller Welt beachtet wird«, hatte die Pariser Zeitung *Le Figaro* im Vorfeld berichtet. Tatsächlich brachten die Auktionatoren Ball und Graupe neben den beiden kleineren Tiepolo-Gemälden aus dem Wiener Palais Hunderte weitere »Mobilien« an neue Eigentümer – darunter Bilder von Tintoretto, Canaletto, Pellegrini und Lucas Cranach, außerdem Möbel, Teppiche, Skulpturen und Keramiken aus dem 14. bis 17. Jahrhundert. Doch anstatt sich von dem Gesamterlös schlagartig sämtlicher Zahlungs- und Zinsverpflichtungen zu entledigen, sein nunmehr aller Pracht entkleidetes Palais zu veräußern und erstmals die »Kunst der Konsolidierung« zu üben, behält Camillo Castiglioni seinen Lebensstil zunächst bei. Mehr noch: Während sich im Sog der allgemeinen Liquiditätsverknappung die Krise der deutschen Wirtschaft beschleunigt, wittert Camillo Castiglioni eine Möglichkeit, sich in Deutschland zu rehabilitieren. Mit dem Zusammenbruch der Darmstädter und Nationalbank am 13. Juli 1931 verschwindet schließlich nicht nur das zweitgrößte deutsche Geldinstitut, sondern zugleich ein bedeutender BMW-Aktionär von der Bildfläche. Während Anfang November 1931 Ödön von Horváths Volksstück *Geschichten aus dem Wienerwald* im Berliner Deutschen Theater (unter anderem mit Hans Moser, Peter Lorre und Paul Dahlke) uraufgeführt wird, bietet Camillo Castiglioni – informiert über die vergeblichen Bemühungen, BMW an Knorr-Bremse zu verkaufen – BMW-Aufsichtsratschef von Stauss seinen Wiedereinstieg bei BMW an.

Am 22. Dezember berichtet von Stauss den Aufsichtsräten Theodor Frank und Oscar Wassermann: »Bei einer gestrigen telefonischen Unterhaltung sprach mich der Leiter des Luftamtes, Dr. Brandenburg, darauf an, dass, wie er gehört habe, Castiglioni mit uns darüber verhandele, wieder in die BMW hineinzukommen. Ich erwiderte, dass eine solche Fühlungnahme seitens des Herrn Castiglioni stattgefunden habe … [Dabei] meinte er zunächst, dass, solange C. bei der BMW gewesen sei, immer die grossen Russenaufträge hereingekommen seien, aber wohl sei es ihm bei dem Gedanken an C. nie gewesen … Auf meine Frage, ob man nun nicht einmal mit dem Chef der Heeresbeschaffungsstelle sprechen könne, bat Brandenburg, die Klärung der Frage mit den anderen Ressorts dem Verkehrsministerium als der federführenden Stelle zu überlassen; er werde dann, wahrscheinlich unter Hinzuziehung der Minister, die Klärung möglichst bald herbeiführen. Inzwischen könnten wir ja C. ›aus kommerziellen Gründen‹ eine hinhaltende Antwort geben.«

Die »Klärung« erfolgt rascher als erwartet. Bereits am nächsten Tag ruft Brandenburg von Stauss an, um mitzuteilen, dass es ihm »schon möglich gewesen« sei, das Thema mit allen in Frage kommenden Stellen durchzusprechen. Er wolle nun so antworten, »dass die Regierung … es nicht als im Interesse der BMW liegend ansehen möchte, wenn C. wieder in die Gesellschaft hineinkäme. Sie würde es im Gegenteil für die BMW als ganz inopportun betrachten.« Wenn er noch ein persönliches Wort hinzufügen dürfe, so müsse er sagen, »dass der Ruf des Mannes doch so bedenklich sei, dass seine Verbindung mit dem Werk für dieses unter allen Umständen schädlich sein müsse, insbesondere wenn sich die innenpolitischen Verhältnisse weiter ändern würden«.

Am 24. Dezember teilt das Sekretariat der Deutschen Bank und Disconto-Gesellschaft Camillo Castiglioni, der sich in Mailand aufhält, mit: »Sehr geehrter Herr Castiglioni! Wir kommen zurück auf unser Schreiben vom 22. d. M. und haben mittlerweile Gelegenheit gehabt, die Einstellung der in Betracht kommenden Behörden in vertraulicher Weise zu ermitteln. Das Ergebnis dieser Ermittlungen ist nun leider so, dass wir im gegenwärtigen Augenblick keine Möglichkeit sehen, Ihre freundliche Anregung weiter zu verfolgen. Wir werden dieselbe jedoch gern im Auge behalten und uns ihrer wieder erinnern, wenn die Verhältnisse dies gestatten sollten.«

»Machtergreifung« in Deutschland

Während in Deutschland die Arbeitslosigkeit im Februar 1932 mit vierundvierzig Prozent (6,1 Millionen Arbeitslose) einen neuen Höchststand erreicht, driftet die bevölkerungsreichste Nation in der Mitte Europas dem wirtschaftlichen und politischen Abgrund entgegen. Im März und im April tritt Hitler zur Wahl zum Reichspräsidenten an, unterliegt jedoch in beiden Wahlgängen dem vierundachtzigjährigen Hindenburg. Kaum wiedergewählt, setzt Hindenburg den erfolglosen Heinrich Brüning als Kanzler ab und tauscht das alte Kabinett durch ein mit sieben Aristokraten besetztes »Kabinett der Barone« aus – an dessen Spitze: Franz von Papen, Zentrumspolitiker und Mitglied diverser Herrenclubs. Eine der ersten Amtshandlungen des neuen Reichskanzlers ist die Aufhebung des kurz zuvor erlassenen SA- und SS-Verbots. Am 9. Juli schließen Frankreich, Großbritannien und Deutschland den Vertrag von Lausanne, mit dem angesichts der katastrophalen Wirtschaftslage in Deutschland sämtliche Reparationsverpflichtungen gegen eine Einmalzahlung von drei Milliarden Mark gestrichen werden. Was bei den vorangegangenen Verhandlungen nicht erreicht wurde, war die Aufhebung des Kriegsschuldartikels und der Abrüstungsbestimmungen im Versailler Vertrag von 1919, weshalb vor allem die oppositionelle NSDAP den Vertrag ablehnte. Bei der Reichstagswahl am 31. Juli 1932 küren die deutschen Wähler daraufhin die NSDAP mit 37,3 Prozent und damit zweihundertdreißig (von sechshundertacht) Reichstagsmandaten erstmals zur stärksten Partei. Als im November – nach einem von der KPD eingebrachten Misstrauensantrag gegen die Regierung Papen – erneut gewählt wird, verliert die NSDAP zwar rund zwei Millionen Stimmen, bleibt aber dennoch die stärkste Fraktion.

Unterdessen kehrt Camillo Castiglioni – nach dem Verkauf seiner Berliner Immobilien – wieder ins Hotel Adlon zurück. Zu den wenigen Besitztümern, die er bis zu diesem Zeitpunkt gerettet hat, zählt die Mehrheitsbeteiligung am Wiener Theater in der Josefstadt. Dabei hat Castiglioni – ähnlich wie Max Reinhardt – mittlerweile das Interesse an dem Theater zu verlieren begonnen. Am 15. Dezember 1932 schreibt Castiglioni aus dem Adlon an den Noch-Intendanten Max Reinhardt: »Sehr geehrter Freund, da ich glaubte, dass Sie schon heute abends abgereist sind, habe ich Herrn Adamec[81] angerufen, um ihn zu fragen, ob Sie mit ihm über die Angelegenheit des Josefstädter Theaters gesprochen hätten, was er mir jedoch verneinte. Inzwischen habe ich erfahren, dass Sie erst morgen abreisen, und bitte Sie daher freundschaftlich, nicht zu vergessen, noch vor Ihrer Abreise Herrn Adamec Instruktionen im Sinne unserer Abmachungen zu geben, damit die bewusste Angelegenheit sich nunmehr schnell und wunschgemäss ent- und abwickeln kann … Da ich Ihnen hier wohl nicht zu wiederholen brauche, dass die Möglichkeit des Ankaufes des Josefstädter Theaters seitens des Bundes einzig und allein durch meine Beziehungen zum Unterrichtsministerium in Betracht kommen kann, möchte ich Sie nochmals bitten, ja nicht zu vergessen, Herrn Adamec vor Ihrer Abreise über unsere Besprechung zu informieren und ihm Instruktionen zu geben, bei diesen Unterhandlungen lediglich meinen Richtlinien zu folgen. Dann habe ich die Hoffnung, ja sogar die feste Ueberzeugung, dass wir diesen ganzen Komplex von Fragen zu unserer vollen Zufriedenheit ordnen werden. – Was Sie betrifft, so wäre es ein sehr grosser Fehler, wenn Sie sich wegen der Verpachtung oder wegen des Verkaufes auch nur mit einem Wort binden oder in Diskussionen einlassen würden … Denn wir müssen es für alle, auch für die intimsten, dabei bewenden lassen, dass ich der Theaterbesitzer bin und Sie der Optionsbesitzer sind, dass also keiner von uns beiden etwas ohne den anderen tun kann. Daraus ergibt sich ohnehin für die Oeffentlichkeit die untrennbare Zusammenarbeit von mir und Adamec. Ohne Sonstiges und mit nochmaligen herzlichen Grüssen bin ich Ihr (handschriftlich:) alter, getreuer Castiglioni.«

Wenige Tage später erreicht Castiglioni in Berlin die Nachricht, dass soeben in »seinem« Theater ein Bühnenstück uraufgeführt wurde, in dem er zum Gespött des Publikums gemacht wurde. Entrüstet weist er Max Reinhardt an: »Sehr geehrter Freund [...] Ganz Wien spricht nun darüber und weiter davon, dass in dem Stück eine Figur vorkommt, welche ... bewusst als Persiflage meiner Person erkannt und trotzdem genau so belassen wurde, wie sie in dem Stück geschrieben ist ... so muss ich mich fragen, wie es möglich ist, dass gerade in der Josefstadt diese äusserst unangenehmen Vorkommnisse möglich sein sollen. Vielleicht wollen Sie endlich einmal ein Machtwort sprechen ... Mit vielen herzlichen Grüssen bin ich Ihr (handschriftlich:) getreuer Castiglioni.«

Ende Januar 1933 löste sich die seit den Novemberwahlen bestehende Pattsituation im Deutschen Reichstag überraschend auf. Nachdem der von Hindenburg zum neuen Reichskanzler ernannte General von Schleicher keine Chance hatte, eine Parlamentsmehrheit hinter sich zu bringen, nutzte Schleichers Vorgänger Franz von Papen das Machtvakuum, um bei Hindenburg gegen Schleicher zu intrigieren und ein Komplott zur erneuten Machtübernahme zu schmieden. Papens Absicht, sich mithilfe der Nationalsozialisten erneut zum Reichskanzler wählen zu lassen, ist jedoch kein Erfolg beschieden. Nach einer Reihe konspirativer Treffen, in die neben von Papen und Hitler Pressemogul Alfred Hugenberg, Präsidentensohn Oskar von Hindenburg, Getränkegroßhändler Joachim von Ribbentrop und der Präsidialbeamte Otto Meissner eingebunden sind, steht am Ende nicht von Papen, sondern Adolf Hitler als Kanzlerkandidat fest. Einziges Hindernis: die Zustimmung des greisen Reichspräsidenten, der einst geäußert hatte, den »böhmischen Gefreiten« nicht einmal »zum Postminister« ernennen zu wollen. Am 30. Januar 1933 ist Hindenburgs Aussage Makulatur, Hitler zum Reichskanzler aufgestiegen und der Weg zur Alleinherrschaft der NSDAP geebnet.

Wenige Tage später erhält Camillo Castiglioni eine Einladung zu einem Empfang in die italienische Botschaft in Berlin. Unter den

Gästen: der neue »Reichskommissar für die Luftfahrt« Hermann Göring. Am Tag nach dem Empfang besucht Camillo Castiglioni seinen alten Protegé Ernst Heinkel in dessen Flugzeugwerk in Warnemünde, um ihm von der Begegnung zu berichten. In seinen Lebenserinnerungen gibt Heinkel Castiglionis Schilderung wieder: »Göring drückte Castiglionis Hand. Er sagte: ›Sie sind Castiglioni? Kennen Sie mich?‹

›Nein, Exzellenz.‹

›Aber ich kenne Sie‹, antwortete Göring, so daß alle Umstehenden aufhorchten. ›Ich habe einmal als Vertreter der Bayerischen Motorenwerke in Stockholm gearbeitet. Vor langer Zeit. Ich habe versucht, einen Auftrag von der schwedischen Regierung auf Flugmotoren zu bekommen. Es ist mir damals nicht gelungen. Aber nach einem Jahr komme ich nach Berlin zurück und höre, daß inzwischen zwölf Flugmotoren nach Schweden verkauft worden sind. Ich habe an die BMW geschrieben, daß ich das Geschäft eingeleitet habe und eigentlich wenigstens 30 000 Mark Provision dafür bekommen muß. Aber die Bayerischen Motorenwerke antworteten mir, es täte ihnen leid, diese Provision hätten sie bereits einem anderen Vertreter bezahlt. Ich hatte kein Geld, um einen Prozeß zu führen. Aber da treffe ich eines Tages einen Freund, und der sagt mir: ›Hör zu. Besitzer oder Mitbesitzer der BMW ist ein großzügiger Mensch, Camillo Castiglioni. Ich würde ihm einfach schreiben. Vielleicht bekommst du von ihm dein Geld.‹ Ich schrieb, und nach 14 Tagen bekam ich meine 30 000 Mark. Erinnern Sie sich jetzt?‹«

Auch über das Thema Judenverfolgung, so Heinkel, hätten die beiden miteinander gesprochen: »Göring sagte: ›Es ist ein Unglück, ein Zufall, es wird nicht mehr geschehen. Herr Castiglioni, meine besten Jugendfreunde sind Juden gewesen und haben mich gut behandelt. Ich denke gar nicht daran, gegen sie vorzugehen.‹

›Aber Hitler ist Antisemit‹, wandte Castiglioni ein. Und Göring antwortete: ›Ich werde ihn noch davon abbringen, verlassen Sie sich darauf.‹«

Obwohl inzwischen gelegentlich nacherzählt, darf man dennoch bezweifeln, dass sich die Begegnung in der italienischen Botschaft tatsächlich so zutrug. Es scheint doch wenig glaubhaft, dass Castiglioni Hermann Göring – seit dem Sommer 1932 immerhin Reichstagspräsident – nicht gekannt haben soll. Vor allem aber verschweigt Ernst Heinkel in seinen Lebenserinnerungen den Umstand, dass jenes Gespräch zwischen ihm und Camillo Castiglioni mit Heinkels Wissen von der Gestapo mitgehört wurde, und dass Castiglioni dies womöglich ahnte.

Tatsächlich ist in dieser Zeit, in der Männer wie Georg Emil von Stauss flugs »nationalsozialistisch« werden, für Camillo Castiglioni kein Platz mehr in Deutschland. Ob jemand als Jude zum Christentum konvertiert war oder nicht, spielt in der »rassisch« begründeten Ideologie der neuen Machthaber keine Rolle. Zu den wenigen Nichtjuden, die den verhängnisvollen Trend in Deutschland erkennen und danach handeln, zählt Literaturnobelpreisträger Thomas Mann. Noch im Februar 1933, wenige Wochen bevor der Reichstagsbrand den Vorwand zum »Ermächtigungsgesetz« – und damit zur Diktatur in Deutschland – liefert, hat sich der Schriftsteller mit seiner Familie über die Schweiz ins Exil verabschiedet. Während 1933 in siebzig deutschen Städten insgesamt dreiundneunzig öffentliche Bücherverbrennungen inszeniert werden und Deutschland seinen Austritt aus dem Völkerbund bekanntgibt, blieb Österreich von den Ereignissen in Deutschland einstweilen weitgehend wenig betroffen. Unterdessen zeigte sich Max Reinhardt entschlossen, die künstlerische Leitung des Theaters in der Josefstadt an seinen langjährigen Assistenten Otto Preminger zu übergeben.

Auf die Beziehung zwischen Camillo und Iphigenie Castiglioni bleiben die Ereignisse der zurückliegenden Jahre nicht ohne Auswirkungen. 1933 zog Iphigenie zunächst mit den beiden halbwüchsigen Töchtern Livia und Jolanda aus dem Palais in der Prinz-Eugen-Straße in die nahe gelegene Wohnung in der Brucknerstraße 2, bevor sie sich im Februar 1934 in Wien abmeldet, um zunächst nach Mailand zu reisen. Von hier aus will sie – via Genua – in die USA weiter, um sich zunächst dem Wiener Theaterensemble um Max Reinhardt und Helene Thimig anzuschließen, das im Herbst in Kalifornien gastieren soll.

Seit 1930 haben sich zu Lasten der Grundlseer Villa einige Schulden angehäuft, darunter offene Rechnungen von Handwerkern, Gartenbaubetrieben und privaten Geldgebern. Im Sommer 1934 – wenige Tage nach der Ermordung des österreichischen Bundeskanzlers Engelbert Dollfuß in Wien – wird die »Villa Grundlstein« erstmals zur Versteigerung ausgerufen. Anlass sind zwei »Pfandbestellungen« – eine zugunsten einer Firma Friedenstein, die andere zugunsten des Grazer Bankhauses Krentschker –, die Castiglionis langjähriger Schweizer Geschäftsfreund Enrico (Heinrich) Hardmeyer fürs Erste abwenden kann, indem er für einen Teil der Schulden einsteht.

Inzwischen hat sich Max Reinhardt mit Lebenspartnerin Helene Thimig, Sekretärin Gusti Adler und einigen Ensemble-Mitgliedern des Josefstädter Theaters auf den Weg in die USA gemacht, wo im Herbst im Rahmen der Kalifornischen Festspiele Reinhardts Inszenierung von Shakespeares *Ein Sommernachtstraum* über die Bühne gehen wird. Kurz vor seiner Abreise entwarf er ein Schreiben an den in Wien verbliebenen Camillo Castiglioni. Darin drückte er seine Sorge um die Nachfolgeregelung am Josefstädter Theater aus: »Lieber werter Freund, knapp vor meiner Abreise nach Californien sende ich Ihnen noch einmal meine herzlichsten Grüße, und bitte Sie, diese auch Ihrer hochwerten Frau Gemahlin übermitteln zu wollen. Frau

Thimig schliesst sich Ihnen mit den besten Wünschen an. Mit Direktor Adamec hatte ich in dem Sinne unserer Unterredungen gesprochen. Er behält vorläufig bis auf Weiteres seine Stellung und seine Bezüge. Doch ist das ausdrücklich … ohne jede Bindung für uns beide berechnet und jederzeit kündbar. Ich sagte ihm, dass ich eine Umgestaltung in der Leitung der Josefstadt nicht nur als erwünscht sondern auch als notwendig ansehe und unbedingt anstreben werde … Wir haben ja alle den Wunsch, dass die ganze Angelegenheit friedlich und im besten Einvernehmen geregelt werde. Ich habe ihm Ihrem Wunsch entsprechend kein Wort von unserer Unterredung gesagt … Jetzt will ich nur hoffen, dass Sie mir baldigst eine Nachricht geben können, welche die geplante Umgestaltung in der Leitung der Josefstadt in der besprochenen Form möglichst nahe rückt. Indessen bin ich mit der Versicherung unserer aufrichtigen Freundschaft …«

Im Spätsommer 1934 trifft nach Max Reinhardt und seinem Anhang auch Iphigenie Castiglioni in Los Angeles ein – entschlossen, in Kalifornien zu bleiben und, fast zwei Jahrzehnte nach dem Abbruch ihrer Bühnenlaufbahn, eine zweite Karriere als Filmschauspielerin zu beginnen. Im Januar 1935 wird sie unter der Regie des 1930 nach Hollywood ausgewanderten William (Wilhelm) Dieterle – Schauspieler, Regisseur und Mitarbeiter Max Reinhardts – für die Filmbiografie *The Story of Louis Pasteur* erstmals in ihrem Leben vor der Kamera stehen. Die Nebenrolle als »Empress Eugénie« verheißt einen leicht zu bewältigenden Einstieg in das ungewohnte Genre. Ihre Wiener Freunde beschwört sie, ihrem Mann nichts von ihren Plänen zu erzählen. Er sollte glauben, sie hätte sich der Theatertruppe Max Reinhardts angeschlossen und würde mit dieser wieder nach Wien zurückkehren.

Auch Camillo Castiglioni hat seine Verbindungen in die USA mittlerweile intensiviert, indem er sich bei mehreren Bankhäusern (Import Export Bank, J. P. Morgan und Chase National) als Finanzkonsulent für Europa-Geschäfte eintragen ließ. Abgesehen von der Mehrheitsbeteiligung am Theater in der Josefstadt, seiner nominellen Inhaberschaft der Bank voor Handel en Credit und seinen durchweg hoch belasteten Immobilien hat der inzwischen Fünfundfünfzigjährige nur mehr einen Aktivposten in seiner Bilanz: seine eigene Person und die verbliebenen Beziehungen zu österreichischen, osteuropäischen und italienischen Banken, Politikern und Unternehmern. Dass er auf eigene Rechnung wohl kein Unternehmen mehr erfolgreich aufbauen würde können, ist Castiglioni mittlerweile klar. Früher oder später würden ihn die Schatten der Vergangenheit einholen, würde seine Person zum Gegenstand öffentlicher Mutmaßungen und Skandalisierung. Als Vermittler von Finanz- und Warengeschäften dagegen kann er im Hintergrund agieren. Zudem kann er so flexibel auf den politischen Wandel in Europa reagieren – ein absehbarer Wandel, seit Deutschland den politischen Druck auf Österreich erhöhte und sich darüber hinaus Castiglionis Heimat Italien und dessen »Duce« Benito Mussolini annäherte.

Im Herbst 1934 geht in der Hollywood Bowl in Los Angeles Max Reinhardts Inszenierung von Shakespeares *Ein Sommernachtstraum* über die Bühne. Presse und Publikum sind derart begeistert, dass die Hollywood-Filmgesellschaft Warner Brothers Reinhardt verpflichtet, die Inszenierung als Spielfilm umzusetzen. Während dieser Zeit hält sich auch Iphigenie Castiglioni meist in der Nähe der Wiener Theatertruppe auf, intensiviert ihre Freundschaft mit der um sechs Jahre älteren Helene Thimig und bringt ihre siebzehnjährige Tochter Livia als Script Girl bei Reinhardt unter – ein Umstand, der dem Regisseur auf Dauer jedoch wenig behagt. Während sich Luzie Korngold, Ehefrau des österreichischen Komponisten Erich Wolfgang Korngold, später gerne an die gemeinsam verbrachten Wochen und Monate erinnert (»... Helene Thimig, Iphi Castiglioni und ich saßen nun täglich bei den Aufnahmen zum ›Sommernachtstraum‹, wir nannten uns die ›Familie‹ ... Reinhardt liebte es, seinen ›Hofstaat‹ immer in seiner Nähe zu haben«), steht Reinhardt der »Familie« zunehmend kritisch gegenüber. »Ich nehme an, dass ich mit Frau Castiglioni sprechen werde«, notierte Reinhardt. »Vorläufig kann ich dieser Mitarbeit, so verdienstvoll sie zweifellos in vielem war, nicht mit reiner Freude gedenken. Sie ist noch mit einer dicken Wolke hässlichen Klatsches bedeckt. Ich bin ein alter Theatermann, also an vieles gewohnt. Aber es fällt mir schwer, mich für ausgesprochene Undankbarkeit zu bedanken. Wenn diese Frauen doch wüssten, dass die nicotinvergifteten Worte, die sie leichtfertig zwischen Zigarettenrauch hinauspuffen, als dicke Luft stehen bleiben und dass kein Wort ungehört bleibt. Genug davon.«

Als sich das Reinhardt-Ensemble im März 1935 wieder nach Europa verabschiedet, bleibt Iphigenie Castiglioni in Los Angeles. Während der Dreharbeiten zum *Louis-Pasteur*-Film hat sie gemeinsam mit ihren Töchtern eine Wohnung am Hollywood Boulevard bezogen, da ihre Mitwirkung in einem weiteren Spielfilm in Aussicht stand. Ihr Mann, dem sie dies mitteilte, zeigte für ihren Entschluss umso mehr Verständnis, als seine finanzielle Situation mittlerweile noch schlechter geworden war.

Während sich in Wien Castiglionis einstiger Freund und Mentor beim Einstieg in die Steirische Wasserkraft- und Elektrizitäts-AG, der steirische Ex-Landeshauptmann Anton Rintelen, wegen seiner Verstrickung in den Juliputsch und die Ermordung des österreichischen Bundeskanzlers Engelbert Dollfuß[82] verantworten muss, wird die von Castiglioni geforderte Prolongation des Krentschker-Wechsels über 42 829,67 Schilling gerichtlich abgelehnt und das Ehepaar Castiglioni zur sofortigen Zahlung des Betrags verurteilt. Im Juni 1935 wird ein erneuter Versteigerungstermin der Grundlseer Villa für den 28. November bestimmt. Neben der Forderung des Grazer Bankhauses haben inzwischen weitere Schuldtitel den Weg ins Grundbuch gefunden – darunter eine Rechnung über sechzigtausend Schilling von Dr. Eduard Nelken, Castiglionis Ex-Generalbevollmächtigtem und Rechtsbeistand, sowie finanzielle Ansprüche der Gemeinde Grundlsee, der Krankenkasse und der Post.

Als Reinhardt Anfang Oktober anlässlich der *Sommernachtstraum*-Filmpremiere in New York weilt, schreibt ihm Castiglioni aus Mailand: »Sehr geehrter lieber Freund, ich habe Ihnen soeben telegraphiert und kann Ihnen gar nicht sagen, wie sehr ich mich gefreut habe, Ihnen diese angenehme Nachricht noch im allerletzten Augenblick, vor der morgigen Aufführung, geben zu können … Wie Sie sich erinnern, hatte ich am Samstag den 24. August in Venedig für das erste Mal mit Volpi gesprochen. Wir haben dann beide am gleichen Tage nach Rom geschrieben und das Dekret, welches Ihnen das Comturkreuz der Krone von Italien verleiht, ist vom 12. September datiert!! … meine Nachricht ist offiziell und ich hoffe, dass Sie den Zeitungen mitgeteilt haben werden, dass diese Auszeichnung Ihnen als besondere Anerkennung für Ihre grossen Leistungen auf dem Gebiete der Kunst, in Italien, verliehen wurde, und zwar für Ihre glänzenden Inszenierungen in Florenz und Venedig. Lieber Freund, ich hoffe Ihnen damit eine Freude gemacht und Ihnen mit meinen Bemühungen bewiesen zu haben, dass ich immer, auf jedem Gebiete, und in jedem Augenblick meines Lebens, heute genauso wie gestern und genauso auch morgen, Alles tun will und tun werde, um Ihnen meine Freundschaft und meine Liebe zu beweisen … Meine Frau schreibt mir sehr vertrauensvoll und überzeugt, dass es ein grosser Erfolg sein wird, dass alle Journalisten entzückt sind, aber noch nichts schreiben durften.«

Da Camillo Castiglioni weiß, dass Max Reinhardt im Anschluss an die Filmpremiere nach Hollywood weiterreisen will, um dort die eventuelle Verfilmung der Operette *Hoffmanns Erzählungen* anzukurbeln, stellt er Reinhardt die mögliche Beteiligung italienischer Investoren in Aussicht: »Die italienische Gruppe wird wahrscheinlich bis zu 1½ Millionen Lire, vielleicht auch mehr, zur Verfügung stellen, respektive sich mit diesem Betrag an den Gesamtkosten beteiligen. Es ist also alles fertig und man wartet mit Spannung auf Ihre Nachrichten: jetzt fehlen nur Sie … Salvini braucht dringend zwei Sachen: die Erste, der Entwurf der Arbeit (ich bin kein so grosser

Fachmann, dass ich wüsste welches das richtige Wort dafür ist, aber ich hoffe, dass Sie mich trotzdem verstehen) das was in italienisch die Trama heisst … Das benötigt er sehr dringend, denn Pastronchi, welcher sehr warm für die Sache ist, kennt zwar alle [sic!] Erzählungen von Hoffmann sehr genau und hat eine Masse guter Ideen und guter Pläne, weiss aber nicht, was Sie machen wollen, und deswegen muss man auf Ihre Arbeit warten … Sie sehen, dass ich mein Versprechen halte, dass ich mich fleissig mit Ihren Sachen befasse, aber ich bitte Sie herzlich, antworten Sie mir gleich und geben Sie mir Bescheid, nicht Salvini sondern mir, ich habe grosses Interesse Sie zu unterstützen und Salvini wieder zu überwachen, damit alle Ihre Wünsche erfüllt werden und die Durchführung schnell vor sich geht. Schicken Sie mir auch das Manuskript, so bald Sie es fertig haben, damit Alles in Bewegung kommt. Sie wissen, dass Sie sich auf mich verlassen können. Sie haben jetzt Livia, diktieren Sie ihr ausführlich Ihre Wünsche und Ihre Instruktionen und seien Sie versichert, dass Alles genau befolgt werden wird.«

Wenige Tage später gibt Reinhardt knapp zurück: »Ich habe den ganzen Winter verloren, angestrengt gearbeitet, ohne Einnahmen, und infolgedessen meine Vorschüsse aus dem Film aufgezehrt. Das Schlimme ist, daß es durch das ewige Verschieben und Zuwarten nun auch für den Film zu spät geworden ist. Von ›Hoffmanns Erzählungen‹ kann überhaupt keine Rede mehr sein und ich bitte sie, das auch Salvini freundlichst mitteilen zu wollen. Zwar gehe ich in den allernächsten Tagen nach Hollywood, aber nur, um Dispositionen für den Herbst durchzusprechen. Der Weg hin zu einem endgültigen Entschluß ist in Hollywood immer lang (was bei den ungeheuren Investitionen nicht unbegreiflich ist, und man weiß nie vorher, wohin es führt).«

So findet sich Camillo Castiglioni rasch auf dem Boden der Tatsachen wieder. Am 28. November 1935 wird der Versteigerungstermin der nominell im Eigentum Iphigenie Castiglionis befindlichen Villa wie vorgesehen eingehalten, ohne dass zum Ausrufungspreis von einer halben Million Schilling auch nur ein einziges Gebot erfolgte. Hierauf setzte das Bezirksgericht Bad Aussee einen weiteren Termin fest – diesmal nur für das bewegliche Inventar. Unter der Geschäftszahl E 1343/35.2 hieß es: »Am 22. Jänner 1936, nachmittags 14 Uhr, werden im Archkogl 38, Villa ›Grundlstein‹ und Archkogl 41 (Verwalterhaus), folgende Gegenstände: 1 Obelisk alt-ägyptischer Herkunft, verschiedene antike Figuren und Einrichtungsgegenstände, verschiedenes Küchen-, Email- und Porzellangeschirr und sonstige Küchenbedarfsartikel, verschiedene Gebrauchs-, Nipp- und Luxusgegenstände, Vasen, Service, Kassetten und dgl., verschiedenes Kinderspielzeug und einige Spiele für Erwachsene, einige Gobelin-Fauteuils, zirka 580 gebundene und broschürte Literatur (deutscher, französischer, englischer und italienischer Sprache), die moderne, harte Einrichtung eines Herren-Einbettschlafzimmers und eines Herren-, Arbeits- und Sitzzimmers, je auch mit gepolsterten Sitzgarnituren und übriger Einrichtung, schließlich einige Bademäntel, Damenschuhe und Herrenhüte, einige andere Kleidung u. dgl. m., öffentlich versteigert. Mit der Aufforderung zum Bieten wird erst eine halbe Stunde nach dem vorstehend angeordneten Termine begonnen; während dieser Zeit können die Gegenstände besichtigt werden.«

Kurz vor dem Versteigerungstermin erreicht Camillo Castiglioni eine weitere Hiobsbotschaft: der Konkursantrag des Amsterdamer Bankhauses N. V. Hugo Kaufmann & Cs. aufgrund des seit Dezember 1929 auf seinem Wiener Palais lastenden Betrags von 200 000 Goldmark, mit dem Castiglioni sechs Jahre zuvor den ersten Teil seiner BMW-Verbindlichkeiten abgelöst hatte.

Ende Januar 1936 wird in der in Bad Aussee erscheinenden *Alpenpost* vom zweiten Grundlseer Versteigerungstermin berichtet: »Die Versteigerung bei Castiglioni am 22. d. M. war in mehr als einer Hinsicht eine ›Sensation‹ und die Faschingsbriefdichter dürften eine schöne Bereicherung ihres Stoffes erfahren haben. Schätzungsweise

200 bis 300 Leute hatten sich eingefunden, die zum Teil nur neugierig waren, die Villa von innen zu sehen, die einst als das reinste Märchenschloß galt. Die Besichtigung wurde auch vom Keller bis in den Dachboden sehr gründlich vorgenommen. Dank der vielen Bieter, die einander lustig hinauftrieben, wurden auch für gesprungene Tassen, verbeulte Aschenbecher und alte Gummistiefel ganz schöne Preise erzielt. Um die schönsten Teile: ein Herrenschlafzimmer und drei Gobelin-Lehnstühle entspann sich ein besonders heißer Kampf. Die Kauf- und Schaulustigen waren nicht nur aus Grundlsee, sondern aus dem ganzen Ausseerlandl und darüber hinaus gekommen. Selbst der frühere Besitzer der Villa (Anm.: Gustav Jurié von Lavandal) war anwesend. Die Versteigerung wird im Februar fortgesetzt.«

Die Fortsetzung findet kein Presseecho mehr, zumal vom 6. bis 16. Februar 1936 die Olympischen Winterspiele in Garmisch-Partenkirchen die (Sport-)Welt in Atem halten. Ende Februar 1936 hat der *Louis-Pasteur*-Film in den USA Premiere, Anfang März besetzt deutsches Militär das seit dem Ende des Weltkriegs entmilitarisierte Rheinland. Im April wendet Camillo Castiglioni mit der erneuten Hilfe Enrico Hardmeyers den drohenden Konkurs ab. Zudem steht Hardmeyer für sämtliche, auf der Grundlseer Villa lastenden Schuldtitel ein und leitet damit faktisch die spätere Übernahme des feudalen Anwesens ein. Im Mai ruft Benito Mussolini nach der Eroberung Abessiniens »das italienische Imperium« aus. Am 19. Juni jubelt ganz Deutschland über den New Yorker K.-o.-Sieg des Schwergewichtsboxers Max Schmeling über den als unschlagbar geltenden Joe Louis.

Am 30. Juni sitzt Helene Thimig im Zug von Los Angeles nach Chicago. Von dort aus soll es weiter Richtung New York gehen, schließlich via Genua und Mailand nach Wien. An Max Reinhardt, mit dem sie seit 1935 verheiratet ist, schreibt sie: »Ich vergaß Dir zu sagen, dass Frau Castiglioni glaubt, dass ihr Mann mich in Genua abholen wird und mit mir bis Mailand fahren! Das sind ca. 4 Stunden! Er möchte zu viel wissen!«

Da Iphigenie keine Anstalten macht, nach Europa zurückzukehren, nutzt Camillo Castiglioni jede Gelegenheit, um über die Lebensumstände und Absichten seiner Frau im Bild zu bleiben. Nolens volens wird das Ehepaar Reinhardt-Thimig damit wider Willen in Iphigenie Castiglionis zunehmende Entfernung von ihrem Mann eingebunden. Kurz nach ihrer Ankunft in Genua erfährt Helene Thimig, dass sie die Fahrt nicht im Auto, sondern mit ihm gemeinsam in einem Zugabteil fortsetzen muss: »Endlich Erloest Ueberwindung Schwierigkeiten Reise Gut Erwarte Castiglioni Zugverbindung Miserabel Liebe Dich.«

Zwei Filmrollen hintereinander liefern Iphigenie Castiglioni den Vorwand, in den USA zu bleiben. Wenige Wochen nach Ende der Dreharbeiten für die Operettenverfilmung *Maytime (Maienzeit)*, für die sie erneut in die Rolle der Kaiserin Eugénie schlüpfte, unterschrieb sie den Vertrag für den MGM-Film *The Life of Emile Zola*. Regie führte neuerlich William Dieterle, die männliche Hauptrolle spielte Oscar-Preisträger Paul Muni. Wie in den beiden vorangegangenen Produktionen verkörpert Iphigenie Castiglioni eine Aristokratin, diesmal Madame Marguerite-Louise Charpentier, die Ehefrau des Zola-Verlegers. Mit ihrer am Wiener Burgtheater geschulten Spiel- und Sprechweise scheint die Zweiundvierzigjährige, die ihr Geburtsjahr inzwischen von 1895 auf das Jahr 1901 »korrigiert« hat, prädestiniert für den Typus der Grande Dame mit distinguierter Attitüde. Tatsächlich sollte Iphigenie Castiglioni von ihrem ersten Film bis zu ihrem letzten TV-Serienauftritt in den frühen 1960er Jahren auf dieses Rollenfach festgelegt bleiben.

Die Dreharbeiten zu *Emile Zola* dauern vom Herbst 1936 bis Anfang 1937. Bereits zuvor haben in New York die Proben für Max Reinhardts nächstes Bühnenprojekt begonnen: *The Eternal Road (Der Weg der Verheißung)* – ein jüdisches Oratorium, das der aus Polen stammende Journalist Meyer Wolf Weisgal angeregt und das Max Reinhardt dem Schriftsteller Franz Werfel und dem *Dreigroschenoper*-Komponisten Kurt Weill in Auftrag gegeben hat. Über die

Proben schrieb Meyer Weisgal: »Professor Reinhardt und Helene Thimig kamen einen oder zwei Monate nach Vertragsunterzeichnung in New York an. Reinhardt war … auf der Höhe seiner kreativen Möglichkeiten. Der weltweit anerkannte Meister seines Faches. Sein unwiderstehlicher Charme wirkte auf Männer wie auf Frauen. Seine zurückhaltende und gedämpfte Sprechweise hatte eine elektrisierende Wirkung auf seine Zuhörer … Er war extrem selbstbewusst, nie in Eile, kam stets zu spät und blieb hinter dem Terminplan zurück … er war ein kompromissloser Perfektionist, und das Material diente ihm ausschließlich zum Ausdruck geistiger Werte … Der erste Eindruck von Helene Thimig waren Kühle und Überheblichkeit. Nach näherem Kennenlernen erwies sie sich jedoch als sensibel, zurückhaltend und – trotz ihrer schauspielerischen Begabung – als scheu … Reinhardt hatte auch seine Privatsekretärin mitgebracht, Livia Castiglioni, ein nicht einmal zwanzigjähriges Mädchen. Soweit ich es ausmachen konnte, bestand ihr Job darin, Reinhardt überall hin zu folgen und jede seiner Bemerkungen für die Nachwelt aufzuzeichnen. Ihr diktierte Reinhardt lange, boshaft witzige Briefe.«

Ungeachtet vergangener Unstimmigkeiten gehört Camillo Castiglionis älteste Tochter also wieder zu Reinhardts Team, während sich seine Frau in Hollywood auf ihren nächsten Einsatz vor der Kamera vorbereitet. Am 4. Januar 1937 sendet Iphigenie aus Hollywood Genesungswünsche an die an einer Lungenentzündung erkrankte Helene Thimig. Der Brief öffnet einen Blick auf die Herzlichkeit Iphigenie Castiglionis: »Mein liebster Drilling [Anm.: der zweite ›Drilling‹ war Luzie Korngold]! Es wird wohl kaum möglich sein, daß Du Zeit findest meinen Brief zu lesen, aber es läßt mir einfach keine Ruhe, ich will unbedingt zeigen, daß ich es auch zusammenbringe ein ›Billettl‹ zu schreiben. Ich bin so froh, Dich wieder wohl zu wissen … Wir waren hier sehr erregt und traurig Dich zu Weihnachten im Hospital zu wissen. Nun wo wir Dich auf dem Wege der Besserung sehen, bleibt nun die Aufregung, und die wächst nun von Stunde zu Stunde. Es ist furchtbar, daß ich hier sein muß, denn jeder

anspannung stehen die von Euch gefordert wurde
und der Ritt über den Bodensee wird in der Erinnerung
seine Schrecken verlieren. Wie sehr aus tiefstem Herzen
ich nicht nur für die Aufführung sondern für Euer
ganzes Leben das Schönste, das Beste ersehne weißt Du.
Und in diesem Sinne gestatte ich mir Liebe Schwester
Sie in meine etwas zu dicken Arme zu schließen Ihnen
die Hände zu drücken in Verehrung, Ergebenheit und

Liebe

Ihre dankschuldige

Iphigenie

Iphigenie Castiglioni an Helene Thimig (letzte Seite)

meiner Gedanken ist bei Euch bei der Eternal Road. Mein Weihnachtstisch, dank Deiner herrlichen Geschenke ein riesiger Castiglionitisch, ächzt und biegt sich unter dieser Schönheitslast, Deine Weihnachtshandarbeit hat mich zu Tränen gerührt, die ruhig fließen konnten, da ich den Abend ganz allein verbrachte. Aber ich sage es ohne jede Scham, ich war nur froh, und Deinem weisen Rate folgend nicht traurig. Daß ich aber so heiter sein konnte, danke ich Dir, Deinem lieben Gedenken, danke ich der Freundschaft, der warmen Herzlichkeit die Du mir immer wieder beweist, die mich glücklich macht. Beim Schreiben dieser Worte ist mir so wohl, trotzdem meine Sehnsucht Dich wiederzusehen überdimensionale Formen annimmt und ich es kaum erwarten kann Deine Schilderungen zu hören … Ein Telegramm Livias teilt mir mit, daß die Premiere Donnerstag ist. Ich hoffe nicht nur, sondern bin überzeugt, daß Deine Befürchtungen übertrieben sind und der Widersprecher sagte mir bei seinem Aufenthalt in Hollywood, er glaube es wird das größte Theaterereignis aller Continente. Wörtlich. Würde ich nicht morgen Dienstag meine Arbeit anfangen, hätte mich nichts zurückgehalten, denn ich leide, nicht dabei sein zu können. So wünsche ich, nur der Erfolg möge im Verhältnis zu der übermenschlichen Nervenanspannung stehen, die von Euch gefordert wurde, und der Ritt über den Bodensee wird in der Erinnerung seinen Schrecken verlieren. Wie sehr aus tiefstem Herzen ich nicht nur für die Aufführung sondern für Euer ganzes Leben das Schönste, das Beste ersehne, weißt Du! Und in diesem Sinne gestatte ich mir, meine Schwester, Sie in meine etwas zu dicken Arme zu schließen, Ihnen die Hände zu drücken in Verehrung, Ergebenheit und Liebe! Ihre dankschuldige Iphigenie.«

Im Mai 1937 stockt der Welt beim Anblick des über Lakehurst (New Jersey) in Flammen aufgehenden Luftschiffes »Hindenburg« der Atem. Zwei Monate später, am 29. Juli, geht in Grundlsee in Abwesenheit der Vorbesitzer der vorläufig letzte Akt im Drama um die »Villa Castiglioni« zu Ende: Für einen Restkaufpreis von 125 000 Schilling – einschließlich des im Haus verbliebenen Mobiliars – geht das Anwesen in das Eigentum des Schweizer Kaufmanns Enrico Hardmeyer über. Im September 1937 wird während eines fünftägigen Staatsbesuches Benito Mussolinis in München die Allianz zwischen Deutschland und Italien fester geschmiedet. Unterdessen kommt in Wien auch für den zweiten bedeutenden »Inflationsgewinner« der Nachkriegsjahre der Niedergang: Nach gescheiterter Franc-Spekulation 1924 und anschließender Aktien-Baisse musste auch Siegmund Bosel am Ende sämtliche Beteiligungen preisgeben. Und wie Camillo Castiglioni wurde damit auch Siegmund Bosel in Österreich de facto zur Persona non grata. Sein Versuch eines Neustarts mit der 1927 gegründeten Österreichischen Postsparkasse endet 1937 mit einer Verurteilung wegen Bilanzfälschung und betrügerischen Konkurses. Die einjährige Gefängnisstrafe sollte das Ende des 1893 geborenen, ehemaligen Schwarzmarkthändlers jüdischer Herkunft besiegeln. Just während er in Wien im Gefängnis sitzt, annektiert

Hitler Österreich. Bosels restliche Habe wird beschlagnahmt, Anfang der 1940er Jahre wird man ihn in Richtung Lettland deportieren und auf dem Weg ins Konzentrationslager ermorden.

Annexion und »Arisierungen«

Paradoxerweise sollte sich der deutsche Einmarsch im März 1938 für Camillo Castiglioni am Ende geradezu als »Glücksfall« erweisen. Seit 1924 galt er als Muster jenes »Finanzjuden«, dem die NS-Propaganda die Schuld am Massenelend der Nachkriegsjahre und der seit 1929 wütenden Weltwirtschaftskrise zuwies. So hat Castiglioni ab dem Sommer 1937, als der »Anschluss« von Hitlers Geburtsland an das Deutsche Reich immer absehbarer wird, allen Grund zur Sorge, zumal der immer engere Schulterschluss zwischen dem faschistischen Italien und dem nationalsozialistischen Deutschland auch für Castiglionis Zukunft in Italien Schlimmes befürchten lässt. Wie hätte Camillo Castiglioni ahnen sollen, dass ihm ausgerechnet der deutsche Einmarsch sein Restvermögen in Österreich erhalten wird?

Im Juni 1937 meldet sich Castiglioni in Wien offiziell ab und zieht zunächst in seine Geburtsstadt Triest. Am 9. Februar 1938 – fünf Wochen vor dem »Anschluss« – ist die Versteigerung des Wiener Palais in der Prinz-Eugen-Straße zum Ausrufpreis von 685 857,50 Schilling angesetzt. Doch ähnlich wie zuvor am Grundlsee findet sich auch diesmal kein Bieter. Freilich kommt es in Wien – anders als am Grundlsee – zu keinem zweiten Versteigerungstermin mehr. Unmittelbar nach dem deutschen Einmarsch am 12. März wird in Wien eine »Vermögensverkehrsstelle« eingerichtet, deren Aufgabe es ist, sämtliche »jüdischen« Vermögenswerte in »arische« Hände zu überführen. So zieht im April 1938 der Architekt Hanns Dustmann, Mitarbeiter Albert Speers, in das rechtlich noch immer Camillo Castiglioni gehörende Palais in der Prinz-Eugen-Straße, während zur selben Zeit das Salzburger Schloss Leopoldskron des in die USA emigrierten Max Reinhardt »arisiert« wird. Unterdessen haben die Kinder von Enrico Hardmeyer, dem neuen Eigentümer der Grundlseer »Villa Castiglioni«, Anlass zu einer traurigen Nachricht an Freunde und Verwandte: »In regnerischer Nacht am 12. März 1938 um 22 Uhr auf der Fahrt nach Syrakus stiess bei Bicocca, 7 km unterhalb Catania, der Leichttriebwagen, den die ahnungslosen Eltern in Messina bestiegen hatten, mit einem Güterzug zusammen. Bei diesem tragischen Eisenbahnunglück fanden die meisten Passagiere den augenblicklichen Tod. Ausser unseren lieben Eltern befanden sich mehrere hohe Offiziere, sowie in- und ausländische Gelehrte unter den tödlich Verunglückten.«

Vom Tod Enrico Hardmeyers und von den sein Wiener Palais betreffenden Ereignissen in Wien wird Camillo Castiglioni erst später erfahren. Noch 1937 war er von Triest nach Mailand umgezogen und hatte sich in der Via Spiga 22 mit einer Finanzagentur niedergelassen. Während Hitler im Mai 1938 bei seinem Besuch in Rom und Florenz begeistert empfangen wird, versucht Camillo Castiglioni mehrfach, über Max Reinhardt den Kontakt zu Frau und Töchtern herzustellen. Als er schließlich verzweifelt nachfragt: »Lieber Freund, warum dieses Stillschweigen? Ich liebe Sie wie immer, ich verehre Sie wie immer, seit 15 Jahren sind meine Gefühle unverändert dieselben! Was ist geschehen?«, telegrafiert der Regisseur resigniert zurück: »Lieber Freund! Versichere wahrhaftigst mein Nichtantworten ausschließlich aufreibendem Existenzkampf zuzuschreiben. Austrototaler Eigentumsraub vernichtete Endnotreserven.«

Ab September 1938 schlägt sich die Annäherung an Hitlers Deutschland auch in der italienischen Gesetzgebung nieder. Entsprechend der nach dem Muster der Nürnberger Rassengesetze erlassenen »Provvedimenti nei confronti degli ebrei stranieri« wird von allen ausländischen Juden verlangt, Italien binnen sechs Monaten zu verlassen. Jenen Juden, die sich nach dem 1. Januar 1919 einbürgern hatten lassen, wird die italienische Staatsbürgerschaft wieder aberkannt. Zu ihnen zählt auch Camillo Castiglioni. Am 13. Oktober 1938 schreibt der »Cavaliere di Gran Croce« deshalb an den italienischen Innenminister, dass er seit 1922 insgesamt fünfundzwanzig Mal vom »Duce« empfangen worden sei, dass er von Wien aus Mussolinis »Fasci« stets großzügig unterstützt habe, und dass er 1925 als Mitglied einer hochkarätigen Delegation unter Leitung des damaligen Finanzministers Volpi mit in die USA gereist sei, um einen US-Kredit für Italien mit zu verhandeln. Der Brief schloss mit der Bitte, als ein zum Christentum konvertierter »ebreo« – Jude – Mitglied der Faschistischen Partei werden und damit in Italien bleiben zu dürfen.

Als in Deutschland während des Novemberpogroms rund vierhundert Juden ermordet oder in den Suizid getrieben, mehr als tausendvierhundert Synagogen und jüdische Versammlungsräume niedergebrannt, Tausende Wohnungen und Geschäfte zerstört, sämtliche jüdischen Friedhöfe geschändet und etwa dreißigtausend Juden unter Verweigerung jeglicher Rechtsmittel in Konzentrationslager gesperrt werden, ist Camillo Castiglioni noch immer ohne eine Antwort des italienischen Innenministers. Daran sollen auch die ab dem 17. November 1938 geltenden »Gesetze zum Schutz der italienischen Rasse« zunächst nichts ändern. Während sich Camillo Castiglionis älterer Bruder Arturo im Januar 1939 zur Emigration über die Schweiz in die USA entschließt, hat Camillo Castiglioni andere Pläne. Helfen sollte ihm dabei jener Triester Landsmann und Diplomat, mit dem er seit 1929 sowohl freundschaftlich als auch finanziell[83] verbunden ist, und der seit 1935 als italienischer Botschafter in der Schweiz residiert: Attilio Tamaro.

Im so ereignisreichen wie schrecklichen Jahr 1939 – Anfang März wird in Rom Kardinal Eugenio Maria Giuseppe Giovanni Pacelli zum neuen Papst gewählt und nimmt den Namen Pius XII. an, am 15. März marschieren deutsche Truppen in der Tschechoslowakei ein, Italien überfällt am 7. April Albanien, drei Wochen später kündigt Hitler den Nichtangriffspakt mit Polen, Molotow und Ribbentrop unterzeichnen am 24. August den gegenseitigen »Nichtangriffspakt«, und am 1. September greifen deutsche Truppen Polen an – wohnt Camillo Castiglioni nach wie vor in der Via Spiga in Mailand.

Schweizer Exil

Am 20. Oktober 1939 schreibt Castiglioni aus Mailand an Attilio Tamaro: »Verehrter, lieber Freund, ich schreibe Ihnen kurz, um Sie darüber zu informieren, dass ich morgen abend nach Zürich abreisen und vier oder fünf Tage in der Schweiz bleiben werde. Ich konnte endlich das Raffinerie-Geschäft sicherstellen, indem ich das notwendige Kapital aufgetrieben habe – in einer Weise, die Ihnen außerordentlich gefallen wird ... aber ich ziehe es vor, Ihnen mündlich darüber zu berichten. Ich freue mich darauf, Sie wiederzusehen und hoffe inständig, auch diesmal einen Apfelstrudel genießen zu können.«

Während ihm in Deutschland und Österreich jegliche Existenzmöglichkeit genommen ist und seine persönliche Situation in Italien immer unsicherer wird, entschließt sich der mittlerweile Sechzigjährige dazu, die Flucht nach vorn anzutreten und nochmals ein Unternehmen zu starten. Wie in seinen Aufstiegsjahren nach dem Großen Krieg will er auch diesmal andere an Last und Risiko beteiligen, um möglichst selbst am meisten zu profitieren.

Der Hintergrund des Plans[84]: Seit den 1920er Jahren bezog die Schweiz fünfundneunzig Prozent ihres Benzin- und Heizölbedarfs von ausländischen Produktionsgesellschaften wie Shell, British Petrol und Standard Oil. Das von den Gesellschaften geförderte Öl wurde im jeweiligen Förderland raffiniert, auf eigene Rechnung verschifft und durch Tochtergesellschaften vermarktet, was die Kraftstoffe entsprechend verteuerte. Seit 1932 waren die Einfuhrmengen kontingentiert. Zwar gab es immer wieder Ansätze, das Land durch die Errichtung einer eigenen Raffinerie von den Benzin-Lieferungen aus dem Ausland unabhängig zu machen, doch waren sämtliche diesbezügliche Versuche an mangelndem Kapital, erforderlichen Genehmigungen und politischem Willen gescheitert. Dabei war Rohöl infolge zahlreicher Ölfunde auf dem Weltmarkt billig und reichlich vorhanden. Außerdem hatte das Nachbarland Italien bereits in den späten 1920er Jahren mit der Einrichtung der staatlichen Agenzia Generale di Petrol (AGIP) bewiesen, dass das Modell der Selbstversorgung funktionierte. Daneben waren in Italien weitere, privatwirtschaftlich organisierte Ölraffinerien entstanden.

Dass damit eine Menge Geld zu verdienen war, hatte Camillo Castiglioni am Beispiel der Mailänder Firma S. A. Permanente Olio (Permolio) der mit ihm befreundeten Brüder Mani erfahren. Somit entstand der Plan, das italienische Erfolgsmodell auf die Schweiz zu übertragen und ein eigenes Raffinerie-Unternehmen zu gründen. Auf drei bis maximal dreizehn Millionen Schweizer Franken hat Castiglioni den Nettogewinn je einhunderttausend Tonnen verarbeiteten Rohöls berechnet. Derartige Gewinnaussichten rechtfertigten einen entsprechenden Kapitaleinsatz, und so waren es eben jene Mailänder Brüder Mani, die Camillo Castiglioni nicht nur ihr Knowhow, sondern auch einen Teil des in Castiglionis Brief an Attilio Tamaro erwähnten Kapitals für ein derartiges Schweizer Projekt zusicherten. Als Standort wählte Camillo Castiglioni die Gemeinde Rotkreuz im Schweizer Kanton Zug. Zur Realisierung des Projekts bedurfte es jetzt nur noch der Geschäftsgründung und der erforderlichen Genehmigungen.

Was Castiglioni betraf, bestand jedoch die Schwierigkeit darin, die Fäden in der Hand zu behalten, ohne selbst in Erscheinung zu treten. Was er benötigte, waren Strohmänner mit erstklassigen politischen Kontakten. Im Juni 1939 nahm Camillo Castiglioni daher Verbindung mit dem Schweizer Nationalrat und Präsidenten der radikal-demokratischen Fraktion in der Schweizer Bundesversammlung Ludwig Friedrich Meyer auf. Mit einer Provisionszusage von zehntausend (im Falle eines Misserfolgs) beziehungsweise fünfzigtausend Franken (im Erfolgsfall) und der Aussicht auf ein üppiges

Geschäftsführergehalt samt Gewinnbeteiligung holte Camillo Castiglioni Meyer ins Boot. Die erforderlichen Kontakte auf italienischer Seite sollte Carlo Bianchi, der Präsident der italienisch-schweizerischen Handelskammer, herstellen. Tatsächlich hatte Bianchi die erforderliche Erlaubnis der italienischen Behörden bereits im August 1939 beigebracht.

Camillo Castiglionis Reise nach Zürich am 21. Oktober 1939, einem Samstag, ist also denkbar gut vorbereitet. Bereits am folgenden Montag wird die IPSA – so der Name der Aktiengesellschaft –, mit vier Millionen Franken Grundkapital in Zürich gegründet. Kapitalgeber respektive Anteilseigner sind die Brüder Mani und Carlo Bianchi (zusammen 1,7 Millionen Franken), der Schweizer Renato Wild (1,5 Millionen Franken) sowie »andere Schweizer«, hinter denen sich jedoch niemand anderer als Camillo Castiglioni verbirgt. Er selbst begnügt sich zunächst mit hundert Genussscheinen, die ihn zur doppelten Gewinnbeteiligung berechtigen, sowie einer in bar erhaltenen Provision von zweihunderttausend Schweizer Franken.

Als Castiglioni am darauffolgenden Donnerstag nach Mailand zurückkehrt, findet er einen Brief aus dem Innenministerium vor, in dem man ihn über seinen Ausschluss aus der Faschistischen Partei informiert und darüber hinaus auffordert, Italien binnen kurzer Frist zu verlassen. Schlagartig ist die Schweiz damit für ihn nicht mehr nur Schauplatz der neuerlich angestrebten Karriere als Entrepreneur, sondern einzig verbliebener Zufluchtsort und der italienische Botschafter Attilio Tamaro seine lebenswichtigste Bezugsperson. Fast devot bettelnd schreibt Camillo Castiglioni am »29 Ottobre 1939 notte«: »Sie wissen, dass Sie (in mir) nicht nur einen Freund und Bruder haben, sondern dass ich Ihnen noch mehr zugeneigt bin, noch mehr verpflichtet und noch treuer; Sie wissen, dass ich bereit bin, jedes Opfer für Sie zu bringen, um Sie zufrieden zu sehen! Castiglioni.« Voller Sorge um seine nun dringend notwendige Aufenthaltsgenehmigung fügt er in flüchtiger Handschrift hinzu: »Lassen Sie mich nicht ohne Antwort, ich bitte Sie! Sagen Sie mir,

1673

3.

Mi sapete da un certo amico, un certo fratello, che vi fa più affezionato, più devoto e più fedele e sapete bene che farò qualunque sacrificio per vedervi contento!

Con profondo rispetto

Bergman

Non lasciatemi senza risposta, ve ne prego, ditemi che mi credete e che sperate di poter regolare tutto, affinché io possa essere un po' più tranquillo!

CC.

Ho mandato copia di tutti i documenti a diverse persone, fra le altre il presidente Hitler, Pilet-Golaz, Rothmund e Bertolotti! Dopo simili prove non avranno il coraggio di mandarmi via dal Paese!!

CC.

In Panik kurz vor seiner Ausweisung aus Italien verfasstes nächtliches Schreiben Castiglionis an Botschafter Tamaro.

dass Sie zu mir Vertrauen haben und dass Sie hoffen, alles regeln zu können, damit ich ein wenig ruhiger sein kann … Ich habe Kopien aller Dokumente an verschiedene Personen geschickt, darunter den Präsidenten Wetter [Anm.: Chef des Schweizer Finanz-Departements; späterer Schweizer Bundespräsident], Pilet-Golaz [Anm.: Schweizer Bundespräsident] und Rothmund [Anm.: Chef der Eidgenössischen Fremdenpolizei]! Anschließend werden sie nicht mehr den Mut haben, mich aus dem Land zu weisen! CC.«

Die Sorgen erweisen sich zunächst als unbegründet. Bereits wenige Tage später wird Ludwig Friedrich Meyer tätig, indem er persönlich die maßgeblichen Personen im Eidgenössischen Volkswirtschaftsdepartement (EVD) um die erforderlichen Genehmigungen für die IPSA – samt dem erforderlichen Rohölkontingent – ersucht und sich beim Vorsteher des Eidgenössischen Justiz- und Polizeidepartements für eine Aufenthaltsbewilligung für Camillo Castiglioni einsetzt. Daneben hat Meyer dafür gesorgt, dass Castiglioni in Soregno (Tessin) in unmittelbarer Nachbarschaft seiner eigenen Villa ein Haus (»Villa Pagnamenta«) mieten kann. Als eine Expertenkommission im März 1940 dennoch zunächst davon abrät, die geplante Raffinerieanlage zu genehmigen, befasst sich auf Antrag Meyers der Gesamtbundesrat mit dem Projekt und stellt schließlich der IPSA ein Ölkontingent von jährlich fünfundsiebzigtausend Tonnen in Aussicht. Einen Monat später hat Camillo Castiglioni die bis April 1941 befristete Aufenthaltsgenehmigung des Kantons Tessin in der Tasche – verbunden mit der Auflage, das Land bis spätestens 1. Juli 1941 zu verlassen.

Somit hätte für Castiglioni im Grunde alles wie geplant ablaufen können, wäre es zwischen ihm und Carlo Bianchi nicht zu einem Streit über Art und Höhe der Gewinnbeteiligung des Handelskammerpräsidenten gekommen. Im Frühherbst 1939 hatte Bianchi erstmals versucht, zwei Schweizer Geschäftspartner – den Waffenfabrikanten Emil Bührle und die Elektrowatt AG – in die IPSA zu holen, was Castiglioni strikt ablehnte. Der Disput eskalierte, als Castiglioni sich hinter Bianchis Vorgesetzten Tamaro stellte und den Handelskammerpräsidenten als »bugiardo« (Lügner), »denigratore« (Verleumder), »pazzo furioso« (Tobsüchtiger), »pericolo pubblico« (öffentliche Gefahr) und »sciarlatano« (Scharlatan) bezeichnete, woraufhin Tamaro Bianchi postwendend seines Amtes enthob.

War es elf Jahre zuvor Franz Josef Popp gewesen, der Camillo Castiglioni aus einem persönlichen Rachemotiv bei der Presse anschwärzte, so kommt nun Carlo Bianchi ein vergleichbarer Part zu. Wenige Tage später, am 12. September 1940, erscheint in der *Schweizerischen Handelszeitung* erstmals eine reißerisch aufgemachte Geschichte, in der die »Inflationshyäne« Camillo Castiglioni als der eigentliche Initiator der IPSA enttarnt und seine Anwesenheit in der Schweiz skandalisiert wird. Umgehend stoßen andere Schweizer Zeitungen nach und beginnen, sich detailliert über Castiglionis Vergangenheit und seinen von einigen Zeitungen in den 1920er Jahren »ausgiebig erforschten« Charakter auszulassen. Auf einmal sind alle Skandale wieder präsent, die vermeintlichen ebenso wie die tatsächlichen – von der Verweigerung des Beitrags zur Gründung der Österreichischen Nationalbank über die Depositenbank-Affäre bis zum Hinauswurf bei BMW. Die Folgen sind absehbar: Castiglioni wird als »Bedrohung für die Volkswirtschaft des Landes« (*Schweizerische Handelszeitung*) bezeichnet, seine Ausweisung verlangt. Auch Bundesrat Meyer kann da keine Schützenhilfe mehr leisten, zumal er im Zuge der Pressekampagne mehr und mehr selbst zur Zielscheibe der öffentlichen Kritik wird. Indigniert wundert sich die *Neue Zürcher Zeitung* im Oktober 1940 darüber, »dass der Name des freisinnigen Fraktionschefs mit demjenigen eines Herrn Camillo Castiglioni überhaupt je verknüpft werden konnte«.

»Die Anwürfe meiner Feinde lassen mich kalt. Ich baue auf das Vertrauen meiner Freunde«, hatte Meyer zunächst geantwortet. Als *Die Weltwoche* schließlich Meyers frühere Tätigkeit als Präsident des Verwaltungsrates zweier Banken kritisch beleuchtet, hat sich der

»Skandal Castiglioni« zum »Skandal Bundesrat Meyer« ausgeweitet. Meyer verklagt das Blatt, muss jedoch erkennen, dass er den politischen Rückhalt in der eigenen Partei bereits verloren hat. Nachdem er sich zunächst darauf beschränkte, seinen Fraktionsvorsitz während des Prozesses ruhen zu lassen, sieht sich Meyer im Juni 1941 genötigt, sein Nationalratsmandat niederzulegen.

Kurz zuvor hatte Camillo Castiglioni gegen den Ablauf seiner Aufenthaltsbewilligung zum 1. Juli 1941 »rekurriert«, indem er versicherte, er gedenke sich nun aus dem Geschäftsleben zurückzuziehen und wolle keinerlei auf Erwerb gerichtete Tätigkeit mehr ausüben. Sein einziger Wunsch im Hinblick auf seine angeschlagene Gesundheit sei der Rückzug in den Ruhestand. Zur Sicherheit legte Camillo Castiglioni dem Antrag ein ärztliches Attest über seine chronischen Nierenbeschwerden bei. Tatsächlich erkannten die Behörden daraufhin seinem Einspruch aufschiebende Wirkung zu. Zugleich ordneten sie eine Überwachung Castiglionis an.

Während deutsche Truppen ohne Kriegserklärung auf russisches Territorium vordringen, japanische Luftgeschwader den US-amerikanischen Marinestützpunkt Pearl Harbor angreifen und im Rahmen der Berliner Wannseekonferenz die Vernichtung der Juden Europas organisiert wird, während britische Bomberstaffeln mit dem Flächenbombardement deutscher Städte beginnen und Arturo Castiglioni zum Präsidenten der New York Society for Medical History gewählt wird, dreht sich für Camillo Castiglioni alles nur noch ums pure Überleben. Dass Iphigenie sich bereits 1940 formell von ihm hat scheiden lassen, sollte er erst Jahre später erfahren.

Am 11. Februar 1943 kommt das Züricher Bezirksgericht in einem von Ludwig Friedrich Meyer betriebenen Prozess zu dem Urteil, dass sich die gegen Meyer gerichtete Kritik an die Grundsätze der Pressefreiheit gehalten habe und nicht widerrechtlich gewesen sei. Die vom Gericht durchgeführten umfangreichen Abklärungen hätten die erhobenen Beschuldigungen als wahr erwiesen und seien somit nicht als unnötigerweise verletzend zu bezeichnen. Zu Castiglioni führt das Urteil aus, dass seine Anwesenheit in der Schweiz »eine Angelegenheit des öffentlichen Interesses« gewesen sei. Es sei daher auch in den Aufgabenkreis der Presse gefallen, auf die Gefahren zu verweisen, die seine Präsenz »für die schweizerische Volkswirtschaft allfällig mit sich bringen könne«. Sein Name habe »im Zusammenhang mit dem Ruin der österreichischen Währung gestanden«, womit seine »volkswirtschaftlich verheerende Tätigkeit« erwiesen und die Bezeichnung »Großschieber« gerechtfertigt gewesen sei. Zu Meyer hielt das Bezirksgericht fest, dass sein Verhalten »eines Nationalrates und führenden Politikers unwürdig« gewesen sei. Der Kläger habe vorgetäuscht, die IPSA sei eine rein schweizerische Angelegenheit gewesen, in Wahrheit aber war sie von ausländischen Interessen gefördert. Mehrfach habe er Versuche unzulässiger Geltendmachung seines Einflusses bei den Bundesbehörden unternommen, wofür kein anderes Motiv ersichtlich sei als sein finanzielles Interesse. Zudem habe Meyer Castiglioni als Vertreter der Gebrüder Mani ausgegeben, womit bewusst die Tatsache verschleiert worden sei, dass Castiglioni der »Initiant« des Projektes gewesen sei. Meyer habe dadurch die Abgeordneten einer schweizerischen Partei und die gesamte Öffentlichkeit irregeführt. Die Bezeichnung seiner Handlungsweise als »Skandal« sei deshalb nicht als widerrechtlich einzustufen.[85]

Nachdem *Die Weltwoche* am 4. April 1943 berichtete, dass Castiglioni entgegen seiner im Mai 1941 vorgebrachten Behauptung sehr wohl in der Schweiz geschäftlich aktiv gewesen sei, erklärt das Berner Bundesdepartement für Justiz und Polizei Castiglioni zum unerwünschten Ausländer und »lädt ihn ein«, das Schweizer Territorium bis spätestens 31. Mai 1943 zu verlassen. Castiglioni kommt der polizeilichen Anordnung zuvor, indem er bereits im April von Soregno in das lombardische Varese fährt. Dabei hat er unverhoffte Begleitung: Durch die Presseberichterstattung in der Schweiz aufgebracht, hat das italienische Außenministerium Botschafter Attilio Tamaro unter Hinweis auf dessen Unterstützung des »ebreo« Castiglioni seines Postens enthoben und den Neunundfünfzigjährigen nach Italien zurückbeordert. Damit bricht der über rund fünfzehn Jahre geführte, mehrere tausend Seiten umfassende Briefwechsel zwischen Tamaro und Castiglioni am 2. April 1943 abrupt ab.

Als sie einander Mitte Juni 1945 erstmals wieder schreiben, ist der Zweite Weltkrieg Geschichte, lebt Attilio Tamaro in Rom und Camillo Castiglioni wieder in Mailand – allerdings nicht mehr in der Via Spiga, sondern in der Via Piolti de' Bianchi 37. Doch wo verbrachte Camillo Castiglioni die letzten beiden Jahre des Kriegs?

»Il Frate dalle calze di seta«

Der September 1943 ist jener Monat, in dem am Bad Ausseer Bahnhof die ersten Bücherkisten für die in Linz geplante »Führerbibliothek« eintreffen. Im Mai hatte mit der Kapitulation der deutsch-italienischen Heeresgruppe bei Tunis und dem damit besiegelten Ende des Afrika-Feldzugs der Rückzug Italiens aus der verhängnisvollen Waffenbrüderschaft mit Deutschland begonnen. Ab Anfang Juli 1943 begann die Landung alliierter amerikanischer und britischer Truppen in Sizilien, während gleichzeitig die deutsche Wehrmacht vom Norden her Italien besetzte. Benito Mussolini, schwerkrank und am Ende seiner Kräfte, war am 25. Juli vom italienischen König Vittorio Emanuele III. abgesetzt, vorübergehend auf Sardinien interniert und am 28. August in das im Gran-Sasso-Massiv in den Abruzzen gelegene Hotel Campo Imperatore gebracht worden. Am 12. September befreite ihn ein Kommando deutscher Fallschirmjäger unter der Führung des SS-Hauptsturmführers Otto Skorzeny. Zwei Tage zuvor hatte die deutsche Wehrmacht Rom besetzt, sodass der König und der nach Mussolinis Absetzung zum neuen Ministerpräsidenten Italiens ernannte Pietro Badoglio nach Brindisi flüchten mussten, um von dort die Regierungsgeschäfte weiterzubetreiben. Mehr oder weniger gleichzeitig wurde Mussolini als Leiter der Marionettenregierung von deutschen Gnaden in Salò eingesetzt, rückten die Alliierten weiter vor – versank Italien in einem Strudel aus Gewalt und Chaos.

Von all diesen Ereignissen blieb die von Italien umschlossene Enklave San Marino allem Anschein nach unberührt. Besonders die am Westhang des Monte Titano gelegenen Klöster scheinen den kriegerischen Ereignissen buchstäblich enthoben. So sind es in San Marino nicht patrouillierende Militärs, die das Ortsbild bestimmen, sondern flanierende oder ins Gespräch mit Bewohnern vertiefte Ordensbrüder. Einer von ihnen, Frater Alfio, hat es sich zur Gewohnheit gemacht, jeweils spätnachmittags vom Convento di San Francesco durch die gewundenen Gassen hinunter zu dem wenige Kilometer entfernten Borgo Maggiore zu wandern. Den meisten San-Marinesen ist die gedrungene, etwas dickliche Gestalt des ältlichen Mönchs in seiner braunen Kutte und den offenen Sandalen wohlvertraut. Gelegentlich bleibt er stehen, um mit dem einen oder anderen über Alltägliches zu plaudern und anschließend seinen Weg fortzusetzen. Was bei diesen Begegnungen zu manch heiterer Bemerkung Anlass gibt, sind die unter Ordensbrüdern unüblichen exklusiven Seidensocken, mit denen »Frate Alfio« seine Füße zu bedecken pflegt, und der nicht minder ungewöhnliche, mit einem silbernen Knauf versehene Gehstock. »Il Frate dalle calze di seta« – »der Frater mit den Seidenstrümpfen« wird der vermeintliche Franziskaner inzwischen genannt.

Wer sich tatsächlich unter der braunen Mönchskutte verbirgt, ist den Bewohnern San Marinos jedoch ebenso gleichgültig wie die Identität von Tausenden, auf der Flucht vor Verfolgung nach San Marino strömenden Juden. Dass es am Ende rund einhunderttausend Flüchtlinge sein werden, die in dieser ältesten Republik der Welt Zuflucht finden (sie werden San Marino später das ehrenvolle Attribut »Terra dei Giusti« – »Land der Gerechten« eintragen), ahnt zu diesem Zeitpunkt niemand. Am wenigsten wohl Padre Alfredo Cesari, der knapp fünfzigjährige Abt des Convento di San Francesco. Bei ihm haben inzwischen zahllose Juden – teils mit Frau und Kindern – Schutz gefunden. Auch Frate Alfio zählt zu jenen »ebrei«, wiewohl er sich schon im Jahr 1912 hatte christlich taufen lassen. Doch das interessiert die Mitbrüder des Konvents ebenso wenig wie der Umstand, dass es sich bei Frate Alfio um niemanden Geringeren handelt als um den von den Nationalsozialisten als Prototyp des sogenannten »Finanzjuden« verfolgten Camillo Castiglioni.

Nachdem er die Schweiz im April 1943 verlassen hatte, fand Castiglioni für mehrere Wochen Unterschlupf in der grenznahen Provinzhauptstadt Varese. Erst im Sommer 1943 hatte er sich mit gefälschten Papieren in Richtung des kaum dreißig Kilometer westlich von Rimini gelegenen San Marino aufgemacht. Mit wessen Hilfe und auf welchem Weg er dies bewerkstelligte, wird möglicherweise für immer im Dunkel bleiben. Camillo Castiglioni, der sich selbst nie zu seinem Fluchtweg und zu seinen Helfern äußerte, dürfte sein riskantes Unternehmen dennoch kaum ohne den Schutz Attilio Tamaros durchgeführt haben. Dafür spricht auch die Tatsache, dass sich der zum Frate Alfio gewandelte Ex-Finanzmagnat schon bald nach seiner Ankunft mit Vincenzo Guglielmi – italienischer Konsul in San Marino und ein guter Bekannter Tamaros – regelmäßig zum Kartenspiel zu treffen pflegt. Zu einer weiteren wichtigen Bezugsperson Castiglionis in San Marino wird der Zahnarzt Alvaro Casali. Ihn hatte Padre Alfredo schon kurz nach Castiglionis Ankunft in San Marino zum Kloster gerufen, um einen vereiterten Zahn des Neuankömmlings zu behandeln. Schon bei ihrem ersten Zusammentreffen war dem siebenundvierzigjährigen Zahnarzt klar, dass es sich bei jenem Frate Alfio ganz sicher um keinen Franziskanermönch handelte. Seither ist zwischen dem falschen Frate und dem Dottore aus dem Borgo Maggiore eine herzliche Freundschaft gewachsen.

Und so befindet sich an diesem freundlichen Frühherbsttag –

nach dem wie üblich mit Padre Alfredo Cesari und anderen Flüchtlingen in einem Nebenraum der Scuole del Nobile Belluzi genossenen Mittagsmahl – Camillo Castiglioni auf dem Fußweg zu Casalis Anwesen. Im Borgo Maggiore wird er – wie immer – bei dem Carett genannten Gemischtwarenhändler Marino Stacchini haltmachen, um mit diesem zwischen Polenta, Nachthemden und Kabeljau über Gott und die aus den Fugen geratene Welt zu plaudern, bevor er sich schließlich in Casalis Heim wie zu Hause fühlen darf. Hier kann er im Spiel mit den Kindern des Zahnarztes das nachholen, was er bei den eigenen Kindern versäumte. Hier hat er Muße für tiefsinnige Gespräche mit dem Hausherrn und dessen Frau, hier kann er ungestört einnicken, wenn ihn gelegentlich der Schlaf übermannt.

Anfang Oktober wird die Ruhe in San Marino unversehens gestört. Unter Kommandogebrüll durchkämmen SS-Einheiten die hochgelegenen Gassen und Häuser. »Sie suchen mich!«, ist alles, was Camillo Castiglioni in diesem Moment denken kann. In kopfloser Panik macht er Anstalten, sich aus einem Klosterfenster auf die Straße zu stürzen, wird jedoch von Padre Cesari und anderen Mitbrüdern zurückgehalten. Tatsächlich gilt die Razzia zwei aus Kriegsgefangenschaft entflohenen britischen Piloten. Auch als wenige Tage später eine Wehrmachtseinheit vorübergehend San Marino besetzt, rund einhundert Pkws konfisziert und massenweise Lebensmittel aus den Häusern raubt, interessiert sich wunderbarerweise niemand für die Tausenden geflohenen Juden und den falschen Frater.

Es wird dies der letzte ernsthafte Zwischenfall in San Marino bis Kriegsende bleiben. Daran ändert die Kriegserklärung der Regierung Badoglio gegenüber Deutschland Mitte Oktober 1943 ebenso wenig wie die bis Kriegsende zunehmenden Partisanenaktionen oder die ab 1944 vor der US-amerikanischen Invasion zurückweichenden deutschen Truppen – und schon gar nicht die öffentliche Ermordung Benito Mussolinis am 28. April 1945. Von einer Lungenentzündung im Winter 1944 abgesehen, bleibt Camillo Castiglioni in San Marino bis zum Kriegsende 1945 unbehelligt. Erst nachdem ihn sein Freund Alvaro Casali Mitte Mai 1945 mit seinem Auto in das castiglionische Familienanwesen im römischen Stadtteil Parioli bringt, verliert sich die Spur des ehemaligen Flugzeug-, Automobil- und Finanzmagnaten für mehrere Jahre.

Finale

Als Camillo Castiglionis Name vier Jahre später erstmals wieder in den Medien auftaucht, hat er sich längst wieder in seinem ursprünglich erlernten Beruf als »agente« eingerichtet. Er ist stark gealtert, hat aber offenkundig zu jenem feudalen Lebensstil zurückgefunden, den seine Zeitgenossen schon vor drei Jahrzehnten bestaunten. »Der Portier des Hotels Majestic in Belgrad tippte respektvoll an seinen Mützenschirm, als dieser Tage ein häßliches, buckliges Männchen mit einem robusten Kofferträger im Gefolge unauffällig zur Flügeltür des Hotels hineinschlüpfte.« – So beginnt am 4. August 1949 eine *Spiegel*-Reportage mit dem Titel: »C. C. baut Brücken – mehr weiß man nicht«. »Der geheimnisvolle Signor Camillo Castiglioni, Finanzmann aus Triest und privater Sonderbotschafter der italienischen Regierung, war ihm kein Unbekannter mehr. Zum dritten Male innerhalb weniger Monate bezog der Italiener die für ihn reservierte Zimmerflucht im Majestic. Im Sonderflugzeug kam er nach Belgrad, kurz nachdem in Rom bekannt geworden war, daß Marschall Tito in Pola erneut energisch jede Rückgabe Triests an Italien abgelehnt hatte. Als Außenminister Acheson einige Tage darauf den Wunsch der Vereinigten Staaten unterstrich, Triest so schnell wie möglich nach Italien zurückkehren zu lassen, saß Castiglioni bei einem Glas Raki Marschall Tito gegenüber und legte die Ansicht der italienischen Regierung dar. Seit der Triestiner Großindustrielle Camillo Castiglioni, ein schweigsamer, nur anderthalb Meter großer Mann von siebzig Jahren, von der italienischen Regierung und anscheinend auch vom Vatikan den Auftrag erhielt, eine Verbesserung der Beziehungen mit Jugoslawien auszuhandeln, ist sein Name wieder von Geheimnissen umgeben.«

Während Europa in Trümmern liegt, scheint Camillo Castiglioni zu neuer Form aufzulaufen. Ähnlich wie nach dem Ersten Weltkrieg ist die Welt aus den Fugen geraten, eröffnen Zerstörungen und Wiederaufbau für Männer vom Schlage eines Castiglioni zahllose Möglichkeiten. Verfolgt man Camillo Castiglionis Werdegang seit 1914, so hatte sich sein Aufstieg parallel zu den krisenhaften Entwicklungen in Europa vollzogen, während die Jahre der Stabilisierung (1924/25) Castiglionis Niedergang einleiteten und beschleunigten. Kam Camillo Castiglioni 1919 der Wechsel der Staatsangehörigkeit zugute, so erhebt ihn nun sein Status als Verfolgter des NS-Regimes gegenüber den – bei der Neuordnung Europas federführenden – USA und den Staaten Osteuropas in eine moralisch privilegierte Position.

Dass sich Iphigenie genau zu jenem Zeitpunkt neu vermählte, als er die Schweiz verlassen und in Italien untertauchen musste, erfährt Camillo Castiglioni erst Jahre später. Nach europäischem Recht besteht ihre Ehe fort. 1943 hatte die damals Achtundvierzigjährige in Mexico City den um acht Jahre jüngeren, aus St. Petersburg stammenden Hollywood-Kollegen Leonid Kinskey geheiratet. Seit 1942, als er in dem Film *Casablanca* Sascha, den russischen Barkeeper in Rick's Café Américain, verkörperte, ist Kinskeys Gesicht weltbekannt. Das Paar lebt in einem Appartement am Sherwood Drive in Hollywood. 1949 steht auch Iphigenie nach rund zwölfjähriger Drehpause, in der sie in Hollywood zeitweise als »Drama Coach« wirkte, erneut in einer Nebenrolle vor der Kamera. Wieder spielt sie eine »Madame«, diesmal in einer Filmkomödie mit dem Titel *Always Leave Them Laughing*. Männlicher Hauptdarsteller ist der US-amerikanische Starkomiker Milton Berle. Während des Kriegs hat Iphigenie Castiglioni nicht nur den Kontakt zu ihrem (Ex-)Gatten, sondern auch zu den meisten Wiener Emigranten weitgehend verloren.

1943 erlag Max Reinhardt in New York den Folgen mehrerer Schlaganfälle, unmittelbar nach dem Krieg kehrte Helene Thimig nach Österreich zurück, um die 1938 »arisierte« Verlassenschaft Reinhardts zu ordnen und in Wien an ihre Theaterkarriere anzuknüpfen. Auch Camillos Bruder Arturo lebt als hochgeehrter Medizinhistoriker wieder in Italien. 1943 hatte ihn die Yale University zum Professor für Medizingeschichte berufen, ein Jahr später feierten zweihundert illustre Gäste im New Yorker Waldorf Astoria Hotel seinen siebzigsten Geburtstag. 1947 kehrte er nach Italien zurück und ließ sich in Mailand nieder.

»Während des letzten Krieges wurde es stiller um den Triestiner«, berichtet der *Spiegel* im August 1949 weiter. »Erst seit einigen Jahren spielt er wieder in der hohen Politik mit. Italiens Außenminister Graf Sforza vertraut ihm schwierigste und geheimnisvollste diplomatische Missionen an. Nie läßt sich C. C. die geringste Indiskretion entschlüpfen. Er gibt keine Interviews und empfängt keine Besucher, Journalisten schon gar nicht. Fotoreporter scheut er wie die Pest. Er schmeichelt sich, seit 30 Jahren keinem Schnappschuß mehr erlegen zu sein. Seinen grünledernen Diplomatenpaß ziert ein Bild aus den Zeiten des K.u.K.-Salonwagens. Doch nur wenige der damals fotografierten Haare sind ihm erhalten geblieben. Castiglionis erste Reise nach Belgrad liegt Monate zurück. Was damals hinter der Doppeltür im Arbeitszimmer Titos besprochen wurde, ist nicht bekannt. Die zwei jugoslawischen Minister und ein Privatsekretär des Marschalls, die Castiglioni abgeholt hatten, mußten im Vorzimmer warten. Zwei Tage später war C. C. schon wieder in Rom, wo im Albergo Exzelsior an der Via Veneto ein Appartement für ihn reserviert ist. Wenn der noch immer unheimlich agile Finanzmann über die weichen Teppiche in der Hotelhalle geht, flüstern sich die Eingeweihten zu: ›Das ist der Freund Titos!‹ Andere sahen in ihm schon den künftigen Bankier Titos. Sie wollen wissen, daß der jugoslawische Diktator den Triestiner als finanziellen Berater engagieren will … Nur eine Tatsache ist kein Geheimnis: Jugoslawiens Marschall und Italiens Finanzdiplomat sprechen deutsch miteinander.«

Doppeltüren. Geheimnisse. Vermutungen. Über die Hintergründe der Gespräche erfahren Leserin und Leser wenig. Dabei wurde in der italienischen Zeitung *Unità* und in der *Wiener Zeitung* am 18. Juni 1949 bereits ausführlich über eben diese Hintergründe berichtet. So ging es Tito bei der Einschaltung Camillo Castiglionis vor allem darum, dessen Kontakte zu den US-amerikanischen Banken zu nutzen, um im Rahmen des für Westeuropa 1948 beschlossenen Marshallplans (European Recovery Program – kurz: ERP) Kredite für Jugoslawien zu verhandeln. Dabei zielte das politische Interesse der Vereinigten Staaten seit dem Bruch Jugoslawiens mit der Sowjetunion im Jahr 1948 ohnehin auf eine Intensivierung der wirtschaftlichen Verbindungen, sodass diese Kredite ein paar Monate später wohl auch ohne Castiglionis Assistenz zustande gekommen wären. So ähnlich muss wohl auch Jugoslawiens Staatschef gedacht haben, als ihm nach Erhalt eines Vierzig-Millionen-Dollar-Darlehens der staatlichen Export-Import Bank of the United States die Provisionshonorarforderung Camillo Castiglionis über sechshunderttausend Dollar ins Palais flatterte. Tito verweigerte schlicht die Zahlung.

Während der Koreakrieg die internationalen Schlagzeilen beherrscht und Iphigenie Castiglioni erstmals wieder europäischen Boden betritt, um neben Joan Fontaine und Joseph Cotten in dem Film *September Affair (Liebesrausch auf Capri)* als Zimmermädchen mitzuwirken, verklagt Camillo Castiglioni Jugoslawien vor einem römischen Gericht auf Zahlung der vereinbarten Provision. Zum vorletzten Mal in seinem Leben steht der Flugpionier, Ex-Multiunternehmer, Ex-BMW-Mitbegründer und -Alleineigentümer sowie das Ex-Hass-Subjekt der linken wie der rechten deutschsprachigen Presse im Scheinwerferlicht der Öffentlichkeit. Am 1. Juni 1951 berichtet die Madrider Tageszeitung *ABC* unter der Überschrift »Ein italienischer Finanzmann, hereingelegt von Tito, klagt gegen ihn vor Gericht«: »Was wir heute berichten, ist einzigartig, nicht nur wegen der Sache, um die es sich handelt, sondern auch wegen der Protagonisten … Dazu muss der Leser wissen, dass Marschall Tito nach dem Ausschluss aus der Kominform im Juni 1948 komplett isoliert war … mit einem Jugoslawien, dessen damaligen ökonomischen Zustand man nur als desaströs bezeichnen kann. Da tauchte plötzlich – wie die Vorsehung – ein etwa 70-jähriger, aus Triest stammender Italiener auf, der einst während einer langen Periode das österreichische Finanzsystem beherrschte … Ein Mann schnellen Handelns, wie nur wenige mit der Welt der US-amerikanischen Plutokratie vernetzt, ein Experte hinsichtlich der Wirtschaftsprobleme des Donauraums, präsentierte sich Castiglioni in Belgrad, wo es für ihn nicht schwer war, bis zu Tito durchzudringen … Tito erbat sich daraufhin die Vermittlung eines Kredits über 40 Millionen Dollar … Mit einer diesbezüglichen Vollmacht in der Tasche machte sich Castiglioni in die USA auf, wo er sämtliche Hindernisse aus dem Weg räumte und den Kredit im Handumdrehen vermittelte … Doch wie überrascht war er, als ihn bei seiner Rückkehr nach Belgrad ein Untersekretär empfing und ihm mitteilte, dass Tito im Augenblick zu beschäftigt sei, um ihn zu empfangen.«

Sechs Wochen zuvor hatte Camillo Castiglioni in seinem neuen Mailänder Domizil in der Via Piolti de' Bianchi 37 unerwartete Post aus Deutschland erhalten. Absender war der inzwischen dreiundsechzigjährige Ernst Heinkel. »Lieber Herr Castiglioni!«[86], hieß es da: »Durch eine kurze Notiz in der ›Stuttgarter Zeitung‹ vom 30. 3. 51, die ich in der Anlage beifüge, habe ich wieder von Ihnen erfahren und mich sehr gefreut, von Ihnen zu hören. Ich denke immer noch an Ihren letzten Besuch in Warnemünde zurück; Sie wohnten damals im Hotel Jantzen und riefen mich von dort aus an. Diesen Anruf hörte die Gestapo ab und verlangte von mir, daß ich ein Mikrofon an unserem Besprechungstisch anbringe und in ein anderes Zimmer leite. Daher meine komische Einstellung Ihnen gegenüber bei dieser Besprechung, die mich aufgrund unserer alten langjährigen Zusammenarbeit im Ersten Weltkrieg nachher immer bedrückte.«

Heinkel spielt hier auf jene Begegnung vom Februar 1933 an, bei der Camillo Castiglioni Heinkel von seiner Begegnung mit Hermann Göring in der italienischen Botschaft erzählte. Im Nachhinein betrachtet spricht einiges dafür, dass Camillo Castiglioni – mit seinem ausgeprägten Sensorium für die emotionale Befindlichkeit seines jeweiligen Gegenübers – den Verrat witterte und bewusst »dick auftrug«, um den vermuteten Lauschern ein Naheverhältnis zu den neuen Herrschern vorzugaukeln, das es in Wahrheit nicht gab. Dass Camillo Castiglioni zur Übertreibung, Flunkerei und Selbstheroisierung neigte, wird nicht nur in Heinkels – 1951 in Zusammenarbeit mit dem Journalisten Jürgen Thorwald entstehenden – Lebenserinnerungen deutlich, sondern unter anderem auch aus dem nun folgenden Briefwechsel. In seinem unverbindlichen Antwortschreiben an Heinkel bittet Castiglioni seinen ehemaligen Chefkonstrukteur zunächst darum, mehr über sich und seine aktuelle Situation zu berichten. Als Heinkel ihm daraufhin beflissen seine Unternehmensprojekte darlegt, wird Castiglionis Antwort verbindlicher. Am 17. Mai 1951 lässt er den Briefpartner wissen: »Lieber Heinkel! Nach Erhalt Ihres Briefes vom 20. April kann ich Ihnen wieder ›lieber Heinkel‹ schreiben. Denn Ihr loyaler Bericht hat mir die Ueberzeugung gegeben, dass Sie mir die reine Wahrheit gesagt haben. Nun sprechen wir nicht mehr von der großen Enttaeuschung, die ich damals erlebt habe und werden wieder gute Freunde. Ich freue mich auch, dass Sie anerkennen, was Sie alles durch mich gelernt haben, denn Sie wissen, dass ich eine besondere Vorliebe fuer Sie hatte. Dieses ist der Grund, warum ich Ihnen gewisse Fehler nachgesehen habe. Ich bin immer der Meinung gewesen, dass grosse Menschen auch grosse Fehler haben muessen, und dass man die letzteren unbedingt verzeihen muesse.«

Indem er den Briefpartner in Wahrheit in seinem schlechten Gewissen schmoren lässt, versucht Castiglioni eine günstige Basis für mögliche geschäftliche Kontakte mit dem prominentesten deutschen Flugzeugkonstrukteur des Ersten und Zweiten Weltkriegs zu schaffen. Und so kommt er im nächsten Absatz auch gleich auf das Wesentliche zu sprechen: »Ich notiere mit Interesse, dass Sie dort Kleinwagenmotoren erzeugen, und es waere gar nicht ausgeschlossen, dieselben auch in Italien einzufuehren. Schreiben Sie mir etwas genauer darueber und schicken Sie mir einige Reklamen, damit ich sehen kann, um was es sich eigentlich handelt. Ich stehe mit Porsche, der wie Sie wissen, seit 50 Jahren ein guter, treuer Freund war, in enger Verbindung, sowohl mit Stuttgart als auch mit Salzburg, aber das wuerde vermutlich keine Konkurrenz fuer Ihre Motoren sein.«

»Ihrem Brief«, wendet Heinkel daraufhin ein, »entnehme ich, daß Sie über den Tod von Porsche noch nicht informiert sind. Porsche ist vor einigen Monaten gestorben. Ich war selbst mit ihm auch gut bekannt …«

Camillo Castiglioni aber ist um eine Antwort nicht verlegen: »Mit Porsche war ich selbstverständlich bis zu seinem Tode in intimster Korrespondenz, Ferdinand junior hat mir am Todestag telegrafiert und wir korrespondieren weiter über die Turbine für ganz Italien, von welcher ich die Alleinerzeugung [!] übernehmen werde und auch über den Traktor von Allgaier, dessen Patent ich kaufen möchte und zwar eventuell nicht nur für Italien, sondern auch für alle Mittelmeerländer … Vor allem würde ich für meine hiesige Firma und zumindest für Italien die Generalvertretung Ihres neuen Rollers haben, denn ich bin überzeugt, dass auch dieser ausgezeichnet sein wird. Wir haben zwar für einige ausländische Regionen die Generalvertretung der Vespa und ich bin mit dem Besitzer der Firma persönlich befreundet, ich sage Ihnen aber ganz offen, dass wir uns vorderhand nicht sehr ernst damit befasst haben, da ich nicht gerne mit anderen Ländern arbeite, wenn ich nicht vor allem die Vertretung eines Artikels für Italien habe. Ich bin überzeugt, dass Ihr Roller die Lambretta und die Vespa bestimmt schlagen wird und erwarte daher Ihre Antwort …«

Hatte es Castiglioni in seinen besten Jahren problemlos geschafft, mittels des einen oder anderen Bluffs gewaltige Kapitalbewegungen und Eigentumsverschiebungen in Gang zu setzen, so folgt nun – außer einer vagen Antwort (»In Anbetracht unserer alten Bekanntschaft bin ich selbstverständlich bereit, Ihnen für Italien und Umgebung für alles, was ich demnächst fabriziere, den Vorzug für die Verwertung zu geben«) – nichts mehr. Keine Roller-Lizenzen, kein Traktoren-Patent und vor allem keine »Alleinerzeugung« von Porsche-Turbinen. Es sind größtenteils Luftschlösser, allenfalls Wunschprojekte, mit denen der Zweiundsiebzigjährige hier noch einmal vor seinem einstigen Protegé zu renommieren versucht. Tatsächlich wird der Prozess gegen Jugoslawien die letzte große Vorstellung in Camillo Castiglionis Leben bleiben.

In seinem Urteil am 8. Januar 1953 gibt das römische Gericht Castiglionis Antrag statt, wegen des bis zum Schluss strittigen Provisionsanteils von einhunderttausend US-Dollar jugoslawisches Staatseigentum zu pfänden. Einen Tag später erscheint in der *New York Times* unter dem Titel »Italienische Behörden pfändeten Jugoslawisches Konsulat in Mailand als Sicherheit für einen, einem italienischen Staatsbürger geschuldeten Geldbetrag« die Feststellung: »Obwohl die Pfändung aus einem Zivilprozess resultiert, in welchen die Regierung in keiner Weise involviert ist, dürften sich die Beziehungen zwischen Italien und Jugoslawien dadurch kaum verbessern.«

Die Vermutung sollte sich als richtig herausstellen. Seit 1945 beansprucht Jugoslawien Camillo Castiglionis Geburtsstadt Triest. Seit dem Pariser Friedensvertrag von 1947 ist Triest zwar Freies Territorium, einer Wiedereingliederung mit Italien steht seitdem das jugoslawische Veto entgegen. So droht nun die ehemalige habsburgische Handelsmetropole zu einer wirtschaftlichen Randexistenz zu verkommen. Die Pfändungsaktion Castiglionis trägt nun in der Tat kaum zur Entspannung zwischen den beiden Ländern bei.

Andererseits eröffnet sich Italien damit eine unverhoffte Möglichkeit, Titos Verhandlungsbereitschaft zu motivieren. Als der italienische Staat im Juli 1954 den Vollstreckungstitel ablöst und die Castiglioni geschuldete Provision in voller Höhe übernimmt, gibt Tito nach und stimmt zunächst der provisorischen Angliederung Triests an Italien zu, die schließlich am 5. Oktober 1954 in London besiegelt wird. Zum letzten Mal hat Camillo Castiglioni »Kasse« gemacht. Dass seine finanzielle Bilanz erstmals nach fast drei Jahrzehnten wieder ein Plus aufweist und er am Ende schuldenfrei ist, hat er allerdings Umständen zu danken, die außerhalb seines Einflusses liegen.

Zwar hatte Castiglioni beim Landesgericht Wien Anträge auf Restituierung des nach dem deutschen Einmarsch 1938 »arisierten« Wiener Palais in der Prinz-Eugen-Straße und der Immobilie des Theaters in der Josefstadt eingebracht, doch eine Rückstellung sowohl des einen wie des anderen Objekts schien in Anbetracht der ungeklärten Eigentumsverhältnisse (Theater in der Josefstadt) oder der auf der Immobilie lastenden Vollstreckungstitel (Palais) kaum aussichtsreich. So war etwa das Theater unmittelbar nach dem deutschen Einmarsch im März 1938 von einer mehrheitlich italienisch zusammengesetzten Gruppe erworben und damit zunächst der wahrscheinlichen »Arisierung« entzogen worden. Dass drei Mitglieder der neuen, von dem Triester Anwalt Camillo Poiluci vertretenen Aktionärsgruppe Mailänder waren, lässt darauf schließen, dass Castiglioni selbst hinter den neuen Eigentümern steckte. Aufgrund etlicher offener Forderungen griff schließlich das Deutsche Reich ein, indem es kurzerhand in die vollstreckbaren Verbindlichkeiten einstieg und schließlich dafür sorgte, dass die Gemeinde Wien 1942 das Theater für sechshunderttausend Reichsmark übernahm. Im Zuge des von Castiglioni 1949 angestrengten Rückstellungsverfahrens wurden indes alle nach dem »Anschluss« im März 1938 erfolgten Transaktionen für nichtig erklärt, und Castiglioni wurde gegen Bezahlung von 615 000 Schilling wieder Eigentümer der Theaterimmobilie – allerdings nur, um diese schnellstmöglich weiterzuverkaufen.[87]

Auch die Rückstellung des Palais in der Prinz-Eugen-Straße an Camillo Castiglioni funktionierte nach dem Rechtsprinzip der »Nichtigkeit« sämtlicher seit 1938 unter Zwang erfolgter Transaktionen. Dabei blieb offenbar außer Acht, dass die Immobilie bereits *vor* dem deutschen Einmarsch unter Zwangsverwaltung gestanden hatte und mit insgesamt rund einer Million Schilling belastet war. Nachdem zunächst Hitlers Architekt Hanns Dustmann hier residiert hatte, wurde die Immobilie im September 1944 doch noch zwangsversteigert. Den Zuschlag erhielt die Gemeinde Wien. Im April 1953 kommt das Landesgericht zu dem Schluss, dass auch die letzte Transaktion nichtig sei, und erkennt Camillo Castiglioni das im Krieg erheblich beschädigte Objekt gegen eine Ablöse der alten Verbindlichkeiten in der Höhe von 950 000 Schilling zu. Damit ist das nunmehr vierundsiebzig Jahre alte ehemalige »Inflationsgenie«, das sowohl seinen Aufstieg auf Schulden aufgebaut als auch seinen steilen Absturz immer wieder durch neue Kredite gebremst hatte, erstmals seit mehr als drei Jahrzehnten schuldenfrei.

Langsam beginnt in dieser Zeit Camillo Castiglionis Abgang von der Bühne des Lebens. Im Januar 1953 stirbt in Mailand sein älterer Bruder Arturo im Alter von achtundsiebzig Jahren. Im selben Jahr zieht sich Camillo Castiglioni in eine Wohnung in der Via dei Monti Parioli im Zentrum Roms zurück. Er lebt dort mit einem männlichen Bediensteten. Der Kontakt zu Iphigenie, seiner Tochter Livia und seinem Sohn Arturo aus erster Ehe mit Alaïde Vitali beschränkt sich auf seltene Briefe. Allein seine jüngere Tochter Jolanda kommt gelegentlich zu Besuch.[88] 1954 wirkt Iphigenie Castiglioni kurz hintereinander in zwei Spielfilmen mit, die zuerst Welterfolge und dann Klassiker werden: In *Rear Window (Das Fenster zum Hof)* spielt sie unter der Regie Alfred Hitchcocks die »Dame mit den Vögeln«. Die Außendreharbeiten zu dem Film *Three Coins in the Fountain (Drei Münzen im Brunnen)* aber bringen Iphigenie Castiglioni zum zweiten Mal nach dem Krieg nach Italien. Diesmal kommt es in Rom[89] zu einer letzten Begegnung der ehemaligen Familie: Camillo, Iphigenie, die inzwischen siebenunddreißigjährige Livia mit ihrer Tochter und Jolanda.

Danach kommt nichts mehr.

Als Camillo Castiglioni am 18. Dezember 1957 – alt, krank und ausgelaugt – in seiner römischen Wohnung an einer Lungenentzündung in exakt demselben Alter wie sein älterer Bruder Arturo stirbt, ist die Nachricht den meisten Zeitungen nicht einmal mehr eine Randnotiz wert. Kurz vor Weihnachten wird Camillo Castiglioni auf dem Friedhof del Verano in Rom beigesetzt.

Iphigenie Castiglioni, die diesen Nachnamen bis an ihr Lebensende trägt, überlebt ihn um sechs Jahre. Nachdem sie 1962 mit sechs TV-Auftritten und einem Spielfilm das erfolgreichste Jahr ihrer Schauspielkarriere absolvierte, stirbt sie am 30. Juli 1963 – beinahe unbeachtet – in Hollywood. Allein das Informationsblatt der Association of Jewish Refugees veröffentlicht im Oktober 1963 einen dürren Nachruf: »Iphigenie Castiglioni, whose first husband, Camillo Castiglioni, financed Vienna's Josefstadt for Max Reinhardt, died in Hollywood where she lived with her second husband, Leonid Kinskey.«

EPILOG

Als US-amerikanische Verbände am 11. Mai 1945 die »Villa Castiglioni« beschlagnahmten, fanden sie dort neben einer umfangreichen Bibliothekskartei, den Erwerbsbüchern und einer umfangreichen Korrespondenz nur mehr rund zehntausend Bücher vor. Wie sich Anfang 1946 bei der Inventarisierung der im Altausseer Salzbergwerk eingelagerten Kunstschätze herausstellen sollte, hatte Friedrich Wolffhardt zwischen Juli 1944 und Januar 1945 insgesamt 171 Kisten und 89 Postpakete aus der Grundlseer Villa in das Salzbergwerk nach Altaussee überführen lassen.

Im Mai 1946 wurde der Großteil davon in das US-amerikanische Document Center nach Linz verbracht, der Rest landete im Januar 1947 im Central Art Collecting Point in der Münchner Arcis-Straße. Ein beträchtlicher Teil der in der Grundlseer Villa verbliebenen Bücher ging bei unkontrollierten Abtransporten und Entnahmen verloren. Im Frühjahr 1947 fiel die Villa vorübergehend unter die Zuständigkeit des österreichischen Bundesministeriums für Wirtschaftsplanung und Vermögenssicherung, bevor sie von der Kammer der Gewerblichen Wirtschaft für Oberösterreich (Rechtsnachfolgerin der Gauwirtschaftskammer Oberdonau) als Eigentümerin übernommen wurde. Seit 1999 befindet sich die »Villa Castiglioni« wieder in Privatbesitz.

ANHANG

Anmerkungen

1 Quelle: Freies Deutsches Hochstift, Nachlass Herbert Steiner (Kiste 14, Mappe 2)

2 Nach dem Vorbild der Revelers (einer ihrer größten Hits war *Valencia*) gründete Harry Frommermann 1927/28 in Berlin die Comedian Harmonists.

3 Ein Freihafen gilt zollrechtlich als Ausland, weshalb Einfuhrzölle wegfallen und Zoll nur beim Weitertransport erhoben wird.

4 Ital.: Wiedererstehung. Bewegung zur Schaffung eines italienischen Nationalstaates (etwa 1815–1870)

5 Nach dem ital. terre irredente (unerlöste Gebiete), Gebiete, die noch zur österreichisch-ungarischen Monarchie gehören

6 Handelsschule für Mädchen in der Via del Canale 5

7 Gesellschaft für Volksliteratur in der Via degli Artisti 1

8 Nach Togo, Kamerun, Deutsch-Südwestafrika, Kaiser-Wilhelms-Land, Marshallinseln, Deutsch-Ostafrika, dem Bismarck-Archipel (alle 1884/85), Kiautschou, den Karolinen, Palau und den Marianen (1897–1899)

9 Eines jener Bündnisse, deren wechselseitige Verpflichtungen 1914 zur raschen Eskalation des Kriegs – zum Großen Krieg – führten

10 Im selben Jahr lässt sich Camillos einzige Schwester Enrichetta (aus Vittorios Ehe mit Giulia Sonnino) von ihrem Vater in Rom trauen. Etwa gleichzeitig bezieht James Joyce eine Wohnung in der Via Nuova, nur wenige Hausnummern von der ehemaligen Castiglioni-Wohnung in Triest entfernt.

11 Am 24. August 1909 legt Camillo Castiglioni in einem auf eigene Rechnung erworbenen Heißluftballon namens Excelsior als 32. Mitglied des Österreichischen Aero-Clubs die Freiballonführerprüfung ab und stellt den Ballon anschließend dem Club zur Verfügung. Als 33. Freiballonführer des Clubs qualifiziert sich noch am selben Tag Castiglionis Freund Alexander Cassinone.

12 In der Nähe des heutigen Wiener Flughafens Schwechat

13 Am 13. Januar 1910 werden erstmals zwei Opern (*Cavalleria Rusticana* und *I Pagliacci*) via Rundfunk übertragen, und zwar aus der New Yorker Metropolitan Opera.

14 Bei einem Privatluftschiff des Flugpioniers Franz Mannsbarth (Erstfahrt am 10. März 1911) kommt es nochmals zu einer Zusammenarbeit zwischen Österreichisch-Amerikanischen Gummiwerken und Austro-Daimler.

15 In dieser Rede forderte Lueger unter dem Beifall christlichsozialer Studenten, die »jüdisch« besetzten Lehrstühle »nichtjüdisch« zu besetzen.

16 Italienisch-Türkischer Krieg (September 1911 bis Oktober 1912)

17 In Albertfalva, südlich von Budapest, hatte die Ufag eben erst eine neue Produktionsstätte errichtet.

18 Es handelt sich dabei um die Veröffentlichung (1908) eines Gesprächs zwischen Kaiser Wilhelm II. und dem britischen Oberst Edward Montagu-Stuart-Wortley. Die Äußerungen des Kaisers waren darin derart undiplomatisch, dass das Ganze zu einer veritablen Staatskrise in Deutschland führte, in der Teile der Öffentlichkeit die Abdankung des Kaisers forderten.

19 Deutsches Reich und Österreich-Ungarn; später schlossen sich das Osmanische Reich und Bulgarien an. Gegner war die Entente.

20 So werden auf diese Weise aus der abgeschnittenen Bukowina in kürzester Zeit mehr als 25 000 Verwundete, 30 000 Flüchtlingen, 46 zerlegte Lokomotiven und mehr als tausend Waggons evakuiert. 1916 erhält Ferdinand Porsche neben Camillo Castiglioni von Kaiser Franz Joseph den »Franz-Josephs-Orden mit Kriegsdekoration«.

21 Zu der immer wieder kolportierten Geschichte, Camillo Castiglioni hätte nach seiner Scheidung von Alaïde Vitali 1912 die Frankfurter Bankierstochter Babette Stettheimer oder (wahlweise) die Tochter des Industriellen Körting geehelicht, finden sich weder in den einschlägigen Genealogien noch sonst in irgendwelchen rechtsverbindlichen Dokumenten die geringsten Hinweise.

22 Die auf Rapp bezogenen Passagen dieses Unterkapitels folgen weitgehend der BMW-Dokumentation von Christian Pierer.

23 Die ersten mit Rapp-Motoren ausgerüsteten Flugzeuge gingen an die k. u. k. Luftschifferabteilung und die k. u. k. Seeflugstation im Hafen von Pola.

24 Sixtus-Affäre; der Versuch, Friedensgespräche vorwiegend mit Frankreich zu lancieren, geschah vor allem über die Vermittlung der Prinzen Sixtus und Xaver von Bourbon-Parma, der Brüder von Kaiserin Zita.

25 Über eine interne Vereinbarung mit Rapp-/BMW-Direktor Max Wiedmann hatte Castiglioni mit einer verdeckten Einlage von 410 000 Mark rund 25 Prozent der Unternehmensanteile übernommen. Dieser Umstand

wird erst am 10. August 1918 durch eine Erklärung Wiedmanns dem Bayerischen Kriegsministerium gegenüber offiziell.

26 Während es geschäftlich zu keiner weiteren Zusammenarbeit zwischen Lohner und Castiglioni mehr kommen sollte, begann man nach dem von Alexander Cassinone geleiteten Schiedsgerichtsverfahren bald wieder privat miteinander zu verkehren.

27 Rund 2,52 km^2

28 Im Laufe des Kriegs standen rund 21 Millionen Soldaten der Mittelmächte insgesamt fast 41 Millionen Soldaten der Entente und ihren Verbündeten gegenüber.

29 Livia Alexandra Castiglioni wurde am 12. Juli 1918 in Wien geboren.

30 Castiglionis seit Kriegsbeginn übliches Finanzgebaren spricht dafür, dass er den Kauf des Miller-Aichholz-Palais ungeachtet seiner in Dollar und Franken angelegten liquiden Mittel durch Kredite in der Kronenwährung finanzierte. Bei einer Kauf-/Darlehenssumme von 1,5 Millionen Kronen und einer Kreditlaufzeit von vier Jahren hätte sich der Realwert des tatsächlich gezahlten Nominalbetrags am Ende um etwa das 150-Fache vermindert.

31 Peter Müller: *Ferdinand Porsche*. Der von Ferdinand Porsche zu Austro-Daimler geholte Alfred Neubauer wurde später als Mercedes-Rennleiter in Deutschland populär.

32 Quelle: die BMW-Dokumentationen von Christian Pierer und Till Lorenzen

33 Quelle: Archiv für Christlich-Demokratische Politik; Hugo Stinnes

34 Stinnes gehörte als Abgeordneter der Deutschen Volkspartei (DVP) dem Deutschen Reichstag an.

35 Quelle: *110 Jahre Österreichischer Aero-Club*

36 Dieser Abschnitt folgt im Wesentlichen der Darstellung von Luca Segato: *La Banca Commerciale e Camillo Castiglioni*.

37 Vorläufer des Partito Nazionale Fascista, der Nationalen Faschistischen Partei. Am 23. März 1919 hatte Goldmann den Salon der Mailänder Industriellenvereinigung für die konstituierende Versammlung der italienischen Faschisten unter Benito Mussolini zur Verfügung gestellt.

38 Quellen: Luca Segato: *La Banca Commerciale e Camillo Castiglioni* und Lorenzo Iaselli: *L'espansione economico-finanziaria italiana nei Balcani durante il fascismo*

39 Ludovico Toeplitz: *Il banchiere*

40 Karl Ausch: *Als die Banken fielen*

41 Dora Stockert-Meynert in der *Wiener Abendpost* (Beilage zur *Wiener Zeitung)* vom 7. August 1919

42 1920 von Eugenie Schwarzwald erworben

43 Karl Ausch: *Als die Banken fielen*

44 Quelle: Konrad-Adenauer-Stiftung

45 Quelle: Luca Segato: *La banca commerciale e Camillo Castiglioni*

46 Fiat erhielt 450 Lire je Aktie, nachdem man 1919 je 340 Lire bezahlt hatte.

47 Am 17. März 1921 kam in Wien Iphigenie und Camillo Castiglionis zweite Tochter Jolanda auf die Welt.

48 Im Zuge der Alpine-Kapitalerhöhung im März 1921 erwarben Hugo Stinnes 200 000, Castiglioni und die Banca Commerciale je 25 000 neue Aktien.

49 In dem Exposé vom 22. April geht es um die geplante Kapitalerhöhung der Alpine und um die Voraussetzungen, unter denen der Finanzminister seine Zustimmung zu einem niedrigeren als dem gesetzlich vorgeschriebenen Ausgabekurs (minimal 50 Prozent des Tageskurses der Altaktien am Emissionsstichtag) vor der Öffentlichkeit begründen (!) kann.

50 Konrad-Adenauer-Stiftung: Hugo Stinnes

51 Società internazionale di credito mobiliare ed immobiliare; eine von der Banca Commerciale in Lugano gegründete Finanzholding für Auslandsbeteiligungen

52 Tatsächlich wurde die Kapitalerhöhung erst im Juni vom Finanzministerium genehmigt, sodass es eines Überbrückungsdarlehens in Schweizer Franken bedurfte.

53 Ital.: Anführer. So wurde Camillo Castiglioni im Freundes- und Bekanntenkreis gelegentlich genannt.

54 *Die Fackel*, XXIV. Jahrgang, Dezember 1922

55 Frankreich beschwerte sich im Oktober zunehmend darüber, dass die friedensvertraglich vereinbarten Kohlelieferungen seitens Deutschland nur sehr unzulänglich erfüllt werden.

56 Zitiert nach *Békessy's Panoptikum*

57 Tatsächlich zielte die Politik des am selben 10. Mai erstmals zum Reichskanzler gewählten Joseph Wirth darauf ab, den Siegermächten zu beweisen, dass die Reparationsforderungen unerfüllbar sind.

58 Nach dem österreichischen Filmpionier Alexander »Sascha« Kolowrat benannt

59 Als Porsches Abschiedsgruß – unverbürgt – kolportiert werden wahlweise »Leckt's mich, ihr Judenbagage!« und »Leckt's mich, ihr Saubagage!«

60 Das Unternehmen hatte sich schon 1921 um eine Mehrheitsbeteiligung bemüht, war aber von Camillo Castiglioni zugunsten Hugo Stinnes' ausgespielt worden.

61 So plante Camillo Castiglioni zu diesem Zeitpunkt, gemeinsam mit der Böhmischen Union-Bank und der Banca Commerciale eine neue Bank in der Tschechoslowakei ins Leben zu rufen.

62 Einer der *Stunde*-Mitarbeiter ist bis 1926 der aus Polen stammende, seit 1916 in Wien lebende Billy Wilder.

63 Die Beteiligung einer ausländischen Gruppe an der im Landesbesitz befindlichen Gesellschaft zur Strom- und Wasserversorgung der steirischen Bevölkerung wurde von Teilen der Presse umgehend skandalisiert.

64 Die gelegentlich kolportierte Behauptung, Castiglioni habe Max Reinhardt auch diesen Kauf ermöglicht, ist ebenso falsch wie die Annahme, Castiglioni habe die Salzburger Festspiele finanziert.

65 Castiglionis vielfältige Banken- und Industriebeteiligungen in der Tschechoslowakei und den Balkanstaaten finden sich bei Ufermann nicht erwähnt.

66 Auf der Titelseite derselben Ausgabe wird über den Einspruch der zuständigen Staatsanwaltschaft gegen eine vorzeitige Entlassung des verurteilten Aufständlers Adolf Hitler aus der Landsberger Festungshaft berichtet.

67 Franz Mathis: *… weil Herr Castiglioni in Österreich eben nicht verfolgt werden darf*

68 Zitiert nach Mathis, s. o.

69 Charles Ponzi, einer der größten Betrüger der US-Geschichte

70 Christian Pierer: *Die Bayerischen Motoren Werke bis 1933*

71 Till Lorenzen: *BMW als Flugmotorenhersteller*

72 Christian Pierer, a. a. O., zitiert nach dem Revisionsbericht der Deutschen Treuhand AG zur Bilanz der BMW AG für das Geschäftsjahr 1925

73 Beteiligt waren neben Deutschland (vertreten unter anderem durch Reichskanzler Hans Luther und Außenminister Gustav Stresemann) Italien, Frankreich, Großbritannien, Polen, Belgien und die Tschechoslowakei.

74 »Komtur«, formelle Anrede, u. a. für Ordensträger des Gran-Ufficiale-Ordens

75 Zu den Käufern zählten unter anderem die Londoner Kunstgalerie Agnew's, der Detroiter Zeitungsherausgeber William E. Scripps und der britische Kunsthändler mit New Yorker Galerie Joseph Duveen.

76 Den in der Folge geschilderten Sachverhalten liegen sowohl Christian Pierers *Die Bayerischen Motoren Werke bis 1933* als auch die einschlägigen Dokumente des Berliner Bundesarchivs und des Daimler-Konzernarchivs zugrunde.

77 DMG und Benz & Cie. verhandelten auf Anregung der Deutschen Bank seit 1924 über eine Fusion, die ab 1. Juli 1926 wirksam wurde. Ab diesem Zeitpunkt hieß das Unternehmen Daimler-Benz AG.

78 Quelle des weiteren Briefverkehrs in diesem Kapitel: Bundesarchiv Berlin, Deutsche Bank

79 Klaus Weiß: *Das Südtirol-Problem in der Ersten Republik*

80 Über Popps Part bei den Transaktionen Camillo Castiglionis schreibt BMW-Chronist Christian Pierer: »… beteiligte Castiglioni die Vorstandsmitglieder indirekt an den abfließenden Geldern, indem er ihnen zusätzliche Zahlungen zukommen ließ. So erhielt beispielsweise Generaldirektor Popp anlässlich der Börseneinführung der BMW-Aktien 100 000 RM … Obwohl die Vorstände versicherten, dass es keinen Zusammenhang zwischen den Provisionsgeschäften und den erhaltenen Sondergratifikationen gebe, entstand dennoch der Eindruck, dass es sich bei den Zahlungen um Schweigegeld handelte.«

81 Heinz Adamec, ehemaliger Direktor des Deutschen Theaters in Berlin, wechselte Anfang der 1930er Jahre ans Theater in der Josefstadt.

82 Bei dem von den Nationalsozialisten initiierten, von verkleideten SS-Männern (als Soldaten des Bundesheeres und als Polizisten) durchgeführten Putsch vom 25. Juli 1934 war Rintelen kurzzeitig zum neuen Bundeskanzler proklamiert worden.

83 Aus einem nicht mehr zu ermittelnden Grund war Attilio Tamaro Camillo Castiglioni zur Zahlung von 500 Schweizer Franken pro Monat verpflichtet. Versuche, die Zahlung einzustellen, wurden von Castiglioni mit einer umgehenden Mahnung quittiert, dass die Überweisung pünktlich zu erfolgen hätte – was dann auch geschah (Quelle: Briefwechsel Tamaro/Castiglioni, ETH Zürich).

84 Die Schilderung der Schweizer Episode fußt größtenteils auf dem in der *Schweizerischen Zeitschrift für Geschichte* (Band 60, Heft 3) erschienenen Artikel *Eine ölige Geschichte* von Benedikt Hauser sowie auf dem Briefwechsel Attilio Tamaro/Camillo Castiglioni (ETH Zürich).

85 Benedikt Hauser: *Eine ölige Geschichte*

86 Quelle: Ernst-Heinkel-Archiv, Deutsches Museum München, FA001/192

87 Der Verkauf erfolgte an die Österreichische Länderbank AG und die Hypotheken- und Credit-Institut AG.

88 Der Lebenslauf von Jolanda Castiglioni lässt sich nicht mehr zweifelsfrei nachvollziehen. Dieter Stiefel, der Jolanda Castiglioni zu Beginn der 1990er Jahre im Zuge der Drehbuchrecherchen für den Spielfilm *Camillo Castiglioni oder die Moral der Haifische* interviewte, schreibt in seinem Castiglioni-Buch lediglich, dass Jolanda (im Gegensatz zu Livia) »bei ihrem Vater in Italien geblieben war«. Dagegen spricht unter anderem, dass sich Castiglioni gegen Ende der 1930er Jahre bei Attilio Tamaro ausdrücklich für die Vermittlung von Ausreise-Visa für seine Töchter (sic!) bedankte.

89 Dieter Stiefel: *Camillo Castiglioni oder Die Metaphysik der Haifische*

Kurzbiografien

ADLER, GUSTI, geboren 1890 in Brixen, Südtirol, war die Tochter des Gutsbesitzers und späteren Journalisten Heinrich Adler – Bruder des Sozialdemokraten Victor Adler – und der Malerin Marie Adler. Nach dem Studium der Malerei und der Bildhauerei wandte sie sich dem Journalismus zu. Durch Vermittlung ihrer Jugendfreundin Helene Thimig lernte sie 1919 Max Reinhardt kennen und wurde kurz darauf dessen Privatsekretärin. 1939 folgte sie Reinhardt in die USA. Nach dessen Tod im Oktober 1943 arbeitete sie in der Dokumentationsabteilung von Warner Bros. in Hollywood. 1964 erschien ihr Buch *Max Reinhardt – Sein Leben*, 1980 folgte *… aber vergessen Sie nicht die chinesischen Nachtigallen*. Gusti Adler starb 1980 in Hollywood.

AGNELLI, GIOVANNI, geboren 1866 als Sohn eines angesehenen Landwirteehepaars in Villar Perosa. Bald nach der erfolgreichen Absolvierung der Militärschule in Modena gründete Agnelli 1899 mit sieben weiteren Gesellschaftern die Fabbrica Italiana Automobili Torino (Fiat), 1900 wurde er deren geschäftsführender Direktor, 1920 deren Präsident. Während des Ersten Weltkriegs stieg die österreichische Fiat-Tochter zum größten Motorenwerk der Monarchie auf. Von 1917 bis zum Ausstieg der Fiat aus der Alpine Montangesellschaft (1921) waren Giovanni Agnelli und Camillo Castiglioni einander geschäftlich verbunden. 1945 starb Giovanni Agnelli in Turin. Acht Jahre später folgte ihm sein Enkel Gianni Agnelli (1921–2003) als Vizepräsident und später als langjähriger Präsident der Fiat nach.

BÉKESSY, IMRE, geboren 1887 in Budapest, verließ vorzeitig die Schule, um sich sein Brot als Boulevardjournalist verschiedener Budapester Zeitungen zu verdienen. Békessy überzog, fälschte Nachrichten, erfand Reportagen und flog schließlich auf. 1920 verließ er Ungarn in Richtung Wien, wo er als Emmerich Bekessy an seine bisherige Tätigkeit anknüpfte. 1921 gründete er unter anderem mit finanzieller Beteiligung Camillo Castiglionis und Siegmund Bosels das – Spekulanten gegenüber sehr freundliche – Wirtschaftsblatt *Die Börse*. 1923 folgte mit der Tageszeitung *Die Stunde* eines der ersten Boulevardblätter Österreichs. 1925 schließlich brachte Békessy die illustrierte Wochenzeitung *Die Bühne* heraus. Nach Rufmord-Artikeln über Chefredakteure konkurrierender

Zeitungen und perfiden Angriffen auf Karl Kraus konterte die Wiener Presse mit Klagen und einer Anti-Békessy-Kampagne, die schließlich in der berühmten Karl-Kraus-Forderung »Hinaus aus Wien mit dem Schuft!« gipfelte und zunächst mit der Rückkehr der Familie nach Budapest endete. Nach erneuter Emigration (1938 in die Schweiz und USA) und abermaliger Rückkehr 1947 nach Ungarn nahm sich Békessy 1951 gemeinsam mit seiner Frau Bianca das Leben.

BÉKESSY, JÁNOS (HANS HABE), geboren 1911 in Budapest, war der Sohn von Imre und Bianca Békessy. Nach der Gymnasialzeit in Wien (in diese Zeit fiel die beschriebene Begegnung mit Camillo Castiglioni in Aix-les-Bains) begann er 1930 unter dem Pseudonym Hans Habe (»Hans« für János, und »Habe« für H. B. = Hans Békessy; allerdings verwendete er noch eine ganze Reihe weiterer Pseudonyme) als Schriftsteller und Journalist zu arbeiten. Nach der Annexion 1938 verließ er Österreich und ging zunächst nach Frankreich, um schließlich – nach kurzzeitiger Verhaftung und Flucht – via Spanien und Portugal in die USA zu emigrieren. Ab 1942 im Military Intelligence Training Center der US Army in psychologischer Kriegsführung ausgebildet, kehrte Habe kurz vor Kriegsende als Mitglied der Propagandaabteilung nach Europa zurück. Nach dem Krieg wurde Habe in Deutschland einem breiten Publikum als Schriftsteller (*Off Limits*), Reporter, Kolumnist, Chefredakteur (*Münchner Illustrierte*) und TV-Kommentator bekannt. 1960 ließ er sich mit seiner sechsten und letzten Ehefrau in der Schweiz nieder, wo er 1977 starb.

BOSEL, SIEGMUND, geboren 1893 wahrscheinlich in Wien. Vieles im Leben des Großkaufmanns, Bankiers und Börsenspekulanten liegt nach wie vor im Dunkel. Weder ist sein Geburtsort Wien verbürgt, noch weiß man Näheres über seine Abstammung. Sogar über den Zeitpunkt und die Umstände seines Todes kursieren unterschiedliche Versionen. Fakt ist, dass Bosel bereits mit Anfang zwanzig das Tausch-, Schwarzmarkt- und Schmuggelgeschäft wie kaum ein anderer beherrschte, und dass er gegen Ende des Ersten Weltkriegs zum gesuchten Heereslieferanten von Textilien, Militärunterwäsche, Fußlappen und Rucksäcken wurde. Nach dem Krieg nutzte Bosel – ähnlich wie Castiglioni – die Inflation zum Kauf von Firmen und Beteiligungen auf Kredit und wuchs so binnen weniger Jahre zum Großbankier und Konzernherrn. 1924 beteiligte sich Bosel in ähnlichem Umfang wie Castiglioni an der Franc-Spekulation und erlebte anschließend einen vergleichbaren Niedergang. Nach dem »Anschluss« 1938 verlor Bosel aufgrund der »Arisierung« den Rest seines Vermögens, bevor er schließlich während des Zweiten Weltkrieges von den Nationalsozialisten deportiert und ermordet wurde.

CASSINONE, ALEXANDER, geboren 1866 in Karlsruhe, studierte an den Technischen Hochschulen seiner Geburtsstadt und Hannovers Maschinenbau. Nach langjähriger Auslandstätigkeit, darunter in Konstantinopel, stieg Cassinone 1898 zum Generaldirektor der Wiener Niederlassung der Gebrüder Körting AG auf. In dieser Funktion lernt er zu Beginn des neuen Jahrhunderts Camillo Castiglioni kennen. Beide standen nicht nur im Wiener Telefonbuch unmittelbar nacheinander, sondern entdeckten auch zur gleichen Zeit ihre Leidenschaft fürs Ballonfahren. 1909 traten beide dem Österreichischen Aero-Club bei, machten am selben Tag die Freifahrt-Prüfung und waren auch maßgeblich an der Entwicklung der ersten Lenkluftschiffe für die Habsburgermonarchie beteiligt. Nach dem Absturz des Luftschiffs MIII zog sich Cassinone aus der inzwischen überholten Sparte zurück. Ab 1910 Präsident des Flugtechnischen Vereins und zunächst Vizepräsident des Aero-Clubs, übernahm Cassinone schließlich die Präsidentschaft des von ihm und Camillo Castiglioni jahrzehntelang unterstützten Vereins. Cassinone starb 1931 in Wien.

CASTIGLIONI, ARTURO, geboren 1874 in Triest, war Camillo Castiglionis älterer Bruder. Mit sechzehn Jahren schrieb er sich an der Medizinischen Fakultät Wien ein. 1896/97 kehrte er nach Abschluss und Doktorat in seine Heimatstadt zurück, um dort eine Stellung als Arzt beim Österreichischen Lloyd anzutreten. Den Großteil des Ersten Weltkrieges verbrachte Arturo in Wien. In dieser Zeit fing er an, sich intensiv mit Medizingeschichte zu befassen. Zurück in seiner Heimat, habilitierte sich Arturo Castiglioni 1922 an der Universität von Siena als Professor für Medizingeschichte. Nach mehreren Kongressbesuchen und Gastvorlesungen in der Sowjetunion, Indien, Süd- und Nordamerika blieb Arturo 1937 mit seiner Familie in den USA, lehrte dort bis 1947 an der Yale University Medizingeschichte, publizierte Hunderte medizinhistorische Artikel und eine lange Reihe von Fachbüchern, wurde 1942 zum Präsidenten der New York Society for Medical History ernannt und kehrte 1947 nach Italien zurück, wo er sich wie sein Bruder in Mailand niederließ. Hier starb er 1953.

DIETERLE, WILLIAM (WILHELM), geboren 1893 in Ludwigshafen, verließ 1909 sein Elternhaus, um sich einer Wanderbühne als Bühnenbildner und Darsteller anzuschließen. Ab 1913 trat Dieterle gelegentlich in Stummfilmen auf, bevor er sich 1920 ganz dem Film verschrieb. 1923 drehte er seinen ersten Film (*Der Mensch am Wege*), 1930 wanderte er nach Hollywood aus und nannte sich fortan William. 1933 unterschrieb er einen Sieben-Jahres-Vertrag mit Warner Bros., 1935 entstand gemeinsam mit Max Reinhardt die Verfilmung von Shakespeares *Ein Sommernachtstraum*, anschließend die Filmbiografie *Louis*

Pasteur mit Iphigenie Castiglioni in ihrer ersten Hollywood-Nebenrolle. Ende der 1950er Jahre kehrte Dieterle nach Deutschland zurück, wo er noch bei einigen Fernsehspielen Regie führte. 1972 starb Dieterle in Ottobrunn bei München.

ETRICH, »IGO« IGNAZ, geboren 1879 als ältester Sohn eines wohlhabenden Spinnereien- und Webereienbesitzers im nordböhmischen Trautenau (Trutnov). Mit dem Kauf zweier alter Fluggeräte von Otto Lilienthal motivierte Igos Vater 1898 den Sohn zu eigenen Flugzeugkonstruktionen. Neun Jahre später, am 2. Oktober 1907, absolvierte Etrich den ersten erfolgreichen Motorgleitflug auf dem Wiener Pratergelände. Im Sommer 1909 stellte Camillo Castiglioni Etrich zwei Montagehallen samt Testgelände auf dem Fluggelände der MLG bei Wiener Neustadt zur Verfügung und erhielt daraufhin im Jahr darauf die Österreich-Lizenz für die Etrich-Tauben. 1915 gingen Etrichs Anteile an den Brandenburger Flugzeugwerken über Ludwig Lohner an Camillo Castiglioni. Nach dem Ende des Ersten Weltkrieges kehrte Etrich in seine inzwischen zur Tschechoslowakei gehörige Heimat zurück und übernahm – nach erfolglosen Versuchen, erneut im Flugzeugbau Fuß zu fassen – die elterlichen Spinnereien. Nach dem Zweiten Weltkrieg wurde Etrich als Sudetendeutscher aus seiner Heimat vertrieben und siedelte sich in Salzburg an, wo er 1967 starb.

FISCHER, EDUARD, geboren 1868 in Wiener Neustadt, übernahm 1895 den Wiener Neustädter Familienbetrieb, die k. k. priv. Maschinenfabrik, Eisen- und Metallgießerei Brüder Fischer. Vier Jahre später gründete Fischer auf dem Betriebsgelände gemeinsam mit Eduard Bierenz, einem Freund Gottlieb Daimlers, die Österreichische Daimler Motoren Commanditgesellschaft Bierenz Fischer u. Co. als österreichische Tochtergesellschaft des Cannstatter Daimler-Werkes. 1906 trat Ferdinand Porsche in das Wiener Neustädter Unternehmen ein. 1909 überredete Castiglioni Eduard Fischer, als Direktor in Castiglionis Motor-Luftfahrzeuggesellschaft (MLG) zu wechseln und im Gegenzug seinen Sitz als Daimler-Geschäftsführer für ihn zu räumen. Fischer starb 1951 in Lichtenwörth bei Wiener Neustadt.

HARDMEYER, ENRICO (HEINRICH), geboren 1873 in Winterthur, stieg nach dem Studium in die Mailänder Textilhandelsfirma eines Onkels ein, die er später übernahm. Durch Beteiligungen, Firmenübernahmen und die Gründung eigener Produktionsbetriebe entwickelte sich der Mailänder Betrieb binnen weniger Jahre zum Konzern und begann über ein Beteiligungsnetz in andere Geschäftsfelder zu diversifizieren. Ab Anfang der 1920er Jahre zählte Hardmeyer zu den führenden Schweizer Unternehmerpersönlichkeiten – mit Aufsichtsratssitzen in der Energiewirtschaft, der Aluminium-Industrie, im Textil-, Papier-, Bank-, Versicherungs- und Transportgewerbe. Etwa zu dieser Zeit traten Hardmeyer und Camillo Castiglioni in engere Geschäftsbeziehungen und saßen gemeinsam in diversen Verwaltungsräten. Nach dem Zusammenbruch des Castiglioni-Konzerns stand Hardmeyer Castiglioni mehrmals mit Krediten zur Seite und erwarb schließlich 1937 von Iphigenie Castiglioni die Grundlseer Villa. Hardmeyer und seine Ehefrau kamen am 12. März 1938 bei einem Zugunglück in Sizilien ums Leben.

HEINKEL, ERNST, geboren 1888 in Grumbach nahe Stuttgart, studierte ab 1907 an der Technischen Hochschule Stuttgart Maschinenbau. Nachdem er 1908 ein Luftschiff-Unglück miterlebt hatte, begann er sich intensiv mit dem Flugzeugbau zu befassen. Mit 22 Jahren baute er das erste eigene Flugzeug nach Plänen des französischen Luftfahrtpioniers Henri Farman – und stürzte damit ab. 1911 trat er eine Anfangsstellung als Konstrukteur bei der Berliner Luftverkehrsgesellschaft an. Nach einer Zwischenstation bei den Albatros-Flugzeugwerken landete Heinkel 1914 bei den Hansa und Brandenburgischen Flugzeugwerken, wo ihn Camillo Castiglioni noch im selben Jahr als Chefkonstrukteur unter Vertrag nahm. Nach einer durch den Versailler Friedensvertrag bedingten Zwangspause gründete Heinkel 1922 in Rostock-Warnemünde sein erstes eigenes Flugzeugwerk, in welchem er in den folgenden Jahren eine breite Produktpalette von Post- über Marineflugzeuge bis hin zum damals schnellsten Passagierflugzeug der Welt, der Heinkel He70 (370 km/h), entwickelte. Unmittelbar nach der Machtübernahme der Nationalsozialisten trat Heinkel der NSDAP bei und stieg unter anderem zum Wehrwirtschaftsführer auf. Nach dem Zweiten Weltkrieg weitgehend enteignet, begann sich Heinkel 1950 zunächst mit dem Bau von Kabinenrollern zu befassen, bevor er sich wieder dem Flugzeugbau zuwandte. 1951 suchte und fand Heinkel den Kontakt zu Castiglioni wieder, 1958 starb er in Stuttgart.

HINTERSTOISSER, FRANZ, geboren 1863 in Salzburg, war Offizier und Pionier der österreichischen Luftfahrt. 1890 wurde der Absolvent der Pionierkadettenschule in Hainburg als einer von sieben Offizieren zum ersten »Militär-Aeronautischen Kurs« abkommandiert. Leiter war der zivile Ballonpionier Victor Silberer (geboren 1846 in Wien). 1901 gründeten Hinterstoisser und Silberer gemeinsam den Wiener Aero-Club, der später den Namen Österreichischer Aero-Club trug. 1908 zählte der inzwischen zum Hauptmann und Kommandanten der k.u.k. Militär-Aeronautischen Anstalt ernannte Hinterstoisser zu den Schlüsselfiguren der k. u. k. Luftschiffer und kam dadurch in näheren Kontakt mit Camillo Castiglioni und Alexander Cassinone, die daraufhin dem Aero-Club als fördernde Mitglieder beitraten. 1911 zum Major befördert, ab 1913 im Ruhestand, 1915 reaktiviert und während des Ersten Weltkrieges erneut in den Ruhestand verabschiedet, widmete Hinterstoisser die letzten eineinhalb Jahrzehnte seines Lebens dem Schreiben und Ballonfahren, wurde mehrfach geehrt und starb 1933 in Wien.

KRAUS, KARL, geboren 1874 als jüngster Sohn des Papierfabrikanten Jakob Kraus und seiner Frau Ernestine im böhmischen Gitschin (Jičín), war Publizist, Dramatiker, Lyriker und Satiriker. 1877 zog die Familie nach Wien um. Nach der Matura 1892 studierte Karl Kraus Rechtswissenschaften und begann feuilletonistische Artikel zu publizieren, in denen er sich unter anderem an der Wiener »Kaffeehauskultur« rieb (*Die demolirte Literatur*), während er ihr mehr und mehr selbst zugehörte. 1899 erschien die erste Ausgabe der von ihm herausgegebenen Zeitschrift *Die Fackel*, in der er lustvoll gegen die Kulturgrößen seiner Zeit polemisierte. 1911 konvertierte Karl Kraus zum Christentum – ein Jahr vor Camillo Castiglioni also, den er ab 1922 zur bevorzugten Zielscheibe seines gnadenlosen Spotts auserkor. Nach zahllosen Gedichten, Satiren, Literaturbearbeitungen, nach außergewöhnlichen dramatischen Werken (*Die letzten Tage der Menschheit*), seinen legendären Vorlesungen und einem von zahllosen Auseinandersetzungen geprägten Leben starb Karl Kraus im Juni 1936 zwei Tage nach einem im Wiener Café Imperial erlittenen Herzinfarkt.

MEYER, LUDWIG FRIEDRICH, geboren 1872 in Luzern als Sohn einer Bauerntochter und eines Telegrafenbeamten, begann seine berufliche Tätigkeit nach dem Jurastudium in der Luzerner Anwaltskanzlei des Schweizer Nationalrats Josef Leon Weibel. Nach weiteren Studien in Paris und London eröffnete Meyer 1900 in seiner Geburtsstadt eine eigene Anwaltskanzlei. Seine politische Karriere begann Meyer 1907 im Amt eines Großstadtrats von Luzern, bevor er 1931 zum Nationalrat und Fraktionschef der Freisinnigen Partei gewählt wurde. 1941 musste Meyer als Nationalrat zurücktreten, nachdem er sich gegen ein Vermittlungshonorar (und mit der Aussicht auf weitere Vorteile) für Camillo Castiglionis Aufenthaltsgenehmigung und das von diesem initiierte Ölraffinerieprojekt starkgemacht hatte. Meyer starb 1959 in seiner Heimatstadt Luzern.

MORGAN, JOHN PIERPONT, JR., geboren 1867 als ältester Sohn des Bankiers und Unternehmers John Pierpont Morgan und dessen Ehefrau Frances Louisa in New York City. Nach dem Studium in Harvard trat Morgan im Alter von neunzehn Jahren in den Konzern seines Vaters ein und übernahm nach dessen Tod im Jahr 1913 die Geschäftsführung. Bankwesen, Eisenbahn- und Elektroindustrie bildeten die wesentlichsten Geschäftsfelder. Daneben bemühte sich Morgan ab 1914 um Einfluss auf politische Entscheidungen, vergab Staatsanleihen an Russland und Frankreich und beteiligte sich schließlich federführend auf der Seite der Alliierten an der Finanzierung des Ersten Weltkrieges. Im März 1924 setzte Morgan der Franc-Spekulation durch eine Staatsanleihe von 100 Millionen Dollar an Frankreich ein abruptes Ende und leitete damit indirekt den wirtschaftlichen Niedergang Camillo Castiglionis ein. Wenige Jahre später wirkten beide bei Staats- und Kommunalanleihen zugunsten Italiens zusammen. Daneben war Morgan zwischen 1922 und 1929 mehrmals in die Verhandlungen um die deutschen Weltkriegs-Reparationszahlungen eingebunden. Morgan starb 1943 in Florida an den Folgen eines Schlaganfalls.

NEUBAUER, ALFRED, geboren 1891 im mährischen Neutitschein (Nový Jičín) als Sohn eines Schreiners, wurde als Rennleiter des Mercedes-Benz-Grand-Prix-Teams (1926–1955) zur Legende. Nach dem Kriegsdienst in der k.u.k. Armee trat er 1919 in die Daimler-Motorenwerke in Wiener Neustadt ein und avancierte dort vom Konstrukteur zum Chef der Einfahrabteilung, bevor ihn sein Vorgesetzter Ferdinand Porsche ab 1922 am Renngeschehen teilnehmen ließ. 1923 folgte Neubauer seinem Chef und Freund zur Daimler-Motorengesellschaft nach Stuttgart, wo er – im Gegensatz zu Porsche – sein Berufsleben lang blieb. Als Rennleiter begleitete Neubauer unter anderem die Laufbahn von Rudolf Caracciola, war für die Erfolgsserie der »Silberpfeile« maßgeblich mitverantwortlich und erlebte seinen Höhepunkt mit den beiden Weltmeistertiteln (1954 und 1955) Juan Manuel Fangios. Als 1955 bei der Katastrophe von Le Mans mehr als achtzig Menschen den Tod fanden, zog sich Neubauer ins Privatleben zurück. 1980 starb er in Stuttgart.

POPP, FRANZ JOSEF, geboren 1886 in Wien, trat nach der Matura (1904) und dem Ingenieurstudium in Brünn (bis 1909) als Ingenieur für Maschinenbau und Elektrotechnik in die AEG ein. Nach einjährigem Militärdienst bei der k.u.k. Marine wechselte er 1916 als Bauaufsicht zu den von Camillo Castiglioni geleiteten Austro-Daimler-Werken nach Wiener Neustadt. 1917 war Popp in die Übernahmeverhandlungen der Rapp-Motorenwerke eingebunden und wechselte schließlich im selben Jahr nach München. 1918 machte ihn Camillo Castiglioni zum Generaldirektor des zu den Bayerischen Motorenwerken umbenannten Unternehmens. 1929 spielte Popp, nachdem er zuvor beim Erwerb der Fahrzeugfabrik Eisenach und der Pratt-&-Whitney-Flugmotorenlizenzen

maßgeblich beteiligt war, beim Sturz Camillo Castiglionis eine mittelbare Rolle. Trotzdem er an der Castiglioni angelasteten Provisionspraxis teilhatte, durfte Popp im Unternehmen bleiben. Von den Nationalsozialisten 1937 zum Wehrwirtschaftsführer ernannt, wurde Popp nach Kriegsende von den Alliierten verhaftet und musste sich einem Entnazifizierungsverfahren stellen, bei dem er schließlich als »unbelastet« eingestuft wurde. Nach mehreren vergeblichen Versuchen, erneut bei BMW einzusteigen, starb er 1954 in Stuttgart.

PORSCHE, FERDINAND, geboren 1875 im böhmischen Maffersdorf als drittes Kind eines Spenglers, trat nach der achtjährigen Volksschule als Lehrling in den väterlichen Betrieb ein. Da er sich schon als Kind für Elektrotechnik begeisterte, besuchte er Abendkurse in der Reichenberger Staatsgewerbeschule und hörte Vorlesungen an der TH Wien. 1893 trat er in Béla Eggers Vereinigte Elektrizitäts-AG ein, wo er mit 21 Jahren einen Radnabenelektromotor konstruierte. Nach seinem Wechsel zu den Wiener Lohner-Werken gelang Porsche 1899 mit der Entwicklung des ersten hybrid- und allradgetriebenen Fahrzeugs der Durchbruch zu internationaler Beachtung. 1906 wechselte Porsche zu Austro-Daimler, wo er Entwicklungs- und Produktionschef wurde. Mit der Übernahme der Geschäftsführung durch Camillo Castiglioni begann 1909 eine dreizehn Jahre währende, äußerst fruchtbare Zusammenarbeit zwischen dem Technik- und dem Finanzgenie, bevor es nach dem tödlichen Rennunfall des Daimler-Spitzenfahrers Fritz Kuhn 1923 zum Bruch kam. Nach Stationen in Stuttgart und Steyr (1929) machte sich Porsche 1930 mit einem Konstruktionsbüro in Stuttgart selbständig. Dort entwarf er 1934 im Auftrag der Reichsregierung den deutschen Volkswagen. Seit 1937 Mitglied der NSDAP und ausgezeichnet mit zahllosen Ehrungen, avancierte Porsche 1939 zum Wehrwirtschaftsführer. Nach 22-monatiger Haft in französischen Gefängnissen kümmerte sich Porsche ab 1947 gemeinsam mit seinem Sohn Ferry um den Aufbau einer eigenen Marke, bevor er 1951 in Stuttgart starb.

REINHARDT, MAX, wurde 1873 als Maximilian Goldmann in Baden bei Wien geboren. 1890 wechselte der Siebzehnjährige von der Banklehre zur Schauspielerei und nahm dabei den Künstlernamen Reinhardt an. 1904 folgte der Rest der Familie seinem Beispiel. Um die Jahrhundertwende ging Reinhardt nach Berlin, war 1901 Mitbegründer des Berliner Kabaretts Schall und Rauch, übernahm 1902 die Leitung des Neuen Theaters (des späteren Theaters am Schiffbauerdamm), gründete 1905 eine Schauspielschule und wurde im selben Jahr Intendant des Deutschen Theaters – insgesamt das Fundament des später aus elf Berliner Theatern bestehenden privatwirtschaftlich geführten Unternehmens

Reinhardt-Bühnen, wo er als Regisseur bahnbrechende Produktionen verwirklichte. 1923 übernahm er das Theater in der Josefstadt – finanziert von Camillo Castiglioni mit einem von ihm initiierten Finanzierungskonsortium –, und 1928 das Schönbrunner Schlosstheater. Neben zahllosen weiteren Engagements, die ihn immer wieder in die USA führten, und den von ihm mitbegründeten Salzburger Festspielen verlor er bald das Interesse am Josefstädter Theater, sodass er die Leitung 1933 in die Hände Otto Premingers gab. Die Leitung der Berliner Bühnen hatte er bereits 1932 abgegeben, mit der Machtergreifung der Nationalsozialisten wurden die Reinhardt-Bühnen aufgelöst. Seine letzte Inszenierung in Europa war 1935 Franz Werfels *In einer Nacht* am Theater in der Josefstadt. 1937 emigrierten Max Reinhardt und seine Frau Helene Thimig in die USA, wo Reinhardt 1943 starb.

RINTELEN, ANTON, geboren 1876 in Graz, war an verschiedenen Universitäten der Habsburgermonarchie tätig, bevor er 1911 als Professor für Zivilrecht an die Universität Graz berufen wurde. 1918 als Vertreter der Christlichsozialen Partei zum stellvertretenden Landeshauptmann der Steiermark gewählt, übernahm er ein Jahr später das Amt des Landeshauptmanns (bis 1926). In dieser Funktion lernte er bereits 1919 Camillo Castiglioni kennen und war in den folgenden Jahren häufiger Gast in Castiglionis Villa am steirischen Grundlsee. Rintelen, der als skrupelloser Machtpolitiker galt, war Bundesrat (1920–1923), Abgeordneter zum Nationalrat (1927–1930 und 1931–1934), Bundesminister für Unterricht (1926 und 1932/33) und – mit Unterbrechungen aufgrund seiner anderen politischen Ämter – nochmals Landeshauptmann (1928–1933). 1931 scheiterte sein Versuch, Bundeskanzler zu werden, 1933 entließ ihn Dollfuß als Minister und schob ihn auf den Posten eines Gesandten in Rom ab. Von dort aus begann Rintelen mit den Nationalsozialisten zu konspirieren und wurde von diesen am 25. Juli 1934 beim Juliputsch kurzerhand zum Nachfolger des ermordeten Bundeskanzlers Engelbert Dollfuß erklärt. Nach Misslingen des Putsches und einem gescheiterten Selbstmordversuch wurde Rintelen 1935 zu lebenslänglicher Haft verurteilt, bevor ihn die Nationalsozialisten 1938 – nach dem »Anschluss« Österreichs – amnestierten. Politisch hatte er danach keine Funktion mehr. Er starb 1946 in Graz.

SEIPEL, IGNAZ, geboren 1876 in Wien, war katholischer Theologe, Prälat und christlichsozialer Politiker. Nach dem Theologiestudium und der Priesterweihe habilitierte sich Seipel 1908 mit der Schrift *Die wirtschaftsethischen Lehren der Kirchenväter*. Nach acht Jahren als Professor für Moraltheologie an der Universität Salzburg ging Seipel 1917 nach Wien, wo er im Oktober 1918 als Minister für öffentliche Arbeit und soziale Fürsorge dem letzten Regierungskabinett der Monarchie angehörte. Seit 1921 Obmann der Christlichsozialen Partei, wurde Ignaz Seipel im Mai 1922 erstmals zum Bundeskanzler gewählt. In dieser Funktion traf er sowohl auf diplomatischer Ebene als auch bei dessen Aufstieg und Fall mehrfach mit Camillo Castiglioni zusammen und griff schließlich im Herbst 1924 persönlich in die Justizermittlungen zur Depositenbank-Affäre ein. Nach seinem Rücktritt als Bundeskanzler wurde Seipel 1926 zum zweiten Mal zum Bundeskanzler gewählt. In seine Amtszeit fielen unter anderem die Völkerbundanleihe (Genfer Protokolle) sowie die Vorbereitung der Währungsreform (Schilling-Währung). 1932 starb Seipel an den Folgen einer Tuberkulose-Erkrankung.

ŠKODA, KARL (FREIHERR VON), geboren 1878 in Pilsen als Sohn des Stahl- und Waffenproduzenten Emil von Škoda. Nach dem frühen Tod des Vaters stieg Karl von Škoda zwischen 1900 und 1908 zum Generaldirektor des Unternehmens auf und machte den Konzern bis 1914 unter anderem zu einem der größten Waffenlieferanten der Habsburgermonarchie. Als Daimler-Aufsichtsrat (ab 1911) zählte Škoda neben Castiglioni und Porsche zu denjenigen, die die kommerzielle und technische Reorganisation des einstigen Personenunternehmens maßgeblich begleiteten. 1914 wurde Škoda in den österreichischen erblichen Freiherrenstand erhoben. Nach seiner Ausweisung aus der neu konstituierten Tschechoslowakei und der Teilenteignung seines riesigen Grundbesitzes zog sich Škoda 1918 in sein niederösterreichisches Jagdschloss zurück. 1929 kam er bei einem Autounfall ums Leben.

STAUSS, EMIL GEORG VON, geboren 1877 im württembergischen Friedrichsthal, war Bankmanager und langjähriger Vorstand der Deutschen Bank. Nach der Banklehre trat von Stauss 1898 in die Deutsche Bank ein und avancierte in den folgenden Jahren schrittweise zum Leiter verschiedener Ressorts, bevor er 1915 in den Vorstand berufen wurde. Kurz vor Weltkriegsende in den Adelsstand erhoben, war Emil Georg von Stauss als Aufsichtsrat unter anderem an der Fusion der Daimler-Motoren-Gesellschaft mit Benz & Cie. beteiligt. Obwohl zunächst freundschaftlich mit Camillo und Iphigenie Castiglioni verbunden, oblag von Stauss ab 1926 in seiner Funktion als Hauptgläubiger und BMW-Aufsichtsrat der von den Reichsministerien geforderte Hinauswurf Castiglionis aus den Bayerischen Motorenwerken. Von Stauss war Mitglied der Deutschen Volkspartei (DVP), zählte aber schon lange vor Hitlers Machtübernahme zu den Unterstützern der NSDAP. Bis zu seinem Tod im Dezember 1942 hatte von Stauss rund dreißig Aufsichtsratsmandate inne.

STINNES, HUGO, geboren 1870 als Sohn einer wohlhabenden Unternehmerfamilie in Mülheim an der Ruhr, koppelte er sich mit 23 Jahren vom Familienunternehmen ab und gründete mit finanzieller Unterstützung seiner Mutter einen eigenen Handelsbetrieb, der sich binnen weniger Jahre zum Konzern entwickelte. Im Zentrum standen unter anderem eine Reederei, weltweiter Kohlehandel, Import und Export von Eisen- und Stahlprodukten sowie der Energiesektor. Unter den von Stinnes (mit-)begründeten Unternehmen ragen insbesondere die Rheinisch-Westfälischen Elektrizitätswerke, die Deutsch-Luxemburgische Bergwerks- und Hütten-AG sowie – als Muttergesellschaft – die Hugo Stinnes GmbH heraus. Die 1917 begonnene Geschäftsbeziehung mit Camillo Castiglioni intensivierte sich 1918 mit der Stinnes-Beteiligung an den Hansa und Brandenburgischen Flugzeugwerken und gipfelte 1921 in der von Castiglioni vermittelten Übernahme des größten österreichischen Unternehmens, der Österreichisch-Alpinen Montangesellschaft. Als Nutznießer der Inflation, der sich mehr und mehr auch als Politiker der Deutschen Volkspartei (DVP) hervortat, baute Stinnes die Zahl seiner Unternehmensbeteiligungen auf über 4500 aus, bevor er im April 1924 starb.

TAMARO, ATTILIO, geboren 1884 in Triest, war Diplomat, Historiker, Journalist und Anhänger der Irredenta. Aufgrund der Teilnahme an der Studentenrevolte 1905/06 inhaftiert. Berufseinstieg als Bibliothekar in Graz (bis 1908) und Zeitungsjournalist in Mailand (bis 1914), ab 1918 der faschistischen Partei Italiens zugehörig, ab 1922 zunehmend in die italienische Diplomatie eingebunden. Kam als italienischer Gesandter in Wien (ab 1923) mit Camillo Castiglioni in Kontakt. Ab 1928 war er italienischer Generalkonsul in Hamburg, ab 1929 Botschafter in Helsinki (1929), 1935–1943 Botschafter in Bern. 1938 fädelte Tamaro die Verbindung Camillo Castiglionis zum Schweizer Nationalrat Ludwig Friedrich Meyer ein. 1943 fiel Tamaro bei Mussolini in Ungnade, musste die Schweiz gleichzeitig mit Castiglioni verlassen und siedelte sich zunächst in Triest und schließlich in Rom an, wo er 1956 starb.

THIMIG-REINHARDT, HELENE, geboren 1889 in Wien als Tochter des späteren Burgtheaterdirektors Hugo Thimig, war Burgschauspielerin und Schwester der ebenfalls legendären Schauspieler Hermann und Hans Thimig. Nach ihrem Bühnendebüt 1907 in Baden bei Wien und Engagements in Düsseldorf und Meiningen trat sie ab 1911 in Berlin auf, heiratete 1916 den Regisseur Paul Kalbeck und lernte 1917 am Deutschen Theater Max Reinhardt kennen und lieben. Während Max Reinhardt mit der Schauspielerin Else Heims verheiratet blieb (Heims verweigerte die Scheidung), ließ Helene Thimig sich 1918 scheiden. Erst 1935 konnten Thimig und Reinhardt heiraten. Als umjubelter Publikumsliebling am Theater in der Josefstadt und bei den Salzburger Festspielen folgte Thimig-Reinhardt ihrem Mann 1937 ins US-amerikanische Exil, wo sie auch Iphigenie Castiglioni wiederbegegnete. Nach dem Krieg kehrte die 1943 verwitwete Schauspielerin nach Österreich zurück, spielte wieder an der Josefstadt, inszenierte in Salzburg mehrere Male den *Jedermann* und starb 1974 hochgeehrt in Wien.

TOEPLITZ, GIUSEPPE (EIGENTLICH JÓZEF LEOPOLD), wurde 1866 in Warschau als Sohn polnischer Großgrundbesitzer geboren. Nach dem Studium und anschließender Hochzeit mit der niederländischen Adeligen Anne de Grand Ry übersiedelte Toeplitz nach Genua, um dort in die von seinem Cousin Otto Joel geleitete Filiale der Banca Generale einzutreten. 1894 gründete Joel gemeinsam mit dem ehemaligen Rothschild-Bankier Federico Weil in Mailand die Banca Commerciale Italiana und machte Giuseppe Toeplitz kurz darauf zum Prokuristen. Nach Joels Tod im Jahr 1916 rückte Toeplitz gemeinsam mit dem Architekten Pietro Fenoglio an die Spitze der Bank. Im selben Jahr starb Toeplitz' Frau. 1918 in Triest kreuzten sich erstmals Toeplitz' und Castiglionis Wege. Es war der Beginn einer mehrjährigen, intensiven Zusammenarbeit. Als Giuseppe Toeplitz 1938 in seiner Villa in Varese starb, hatte sich der Kontakt zwischen beiden wieder aufgelöst.

Dank

Mein besonderer Dank gilt den folgenden Personen und Archiven: Dott.ssa Elena Molaroni Berguido, Botschafterin der Republik San Marino in Wien; Dott.ssa Laura Rossi, Direktorin des Archivio di Stato di San Marino; Giuseppe Marzi; Dott.ssa Claudia Salmini und Liliana Bagalà vom Archivio di Stato di Trieste; Marlinde Schwarzenau vom Archiv des Deutschen Museums, München; Professore Guido Montanari, Coordinatore patrimonio archivistico della Banca Commerciale Italiana, Intesa Sanpaolo, Mailand; Dr. Manfred Agethen, Konrad-Adenauer-Stiftung, Köln; Wolfgang Rabus, Daimler AG, Stuttgart; Reinhard Frost, Deutsche Bank AG, Frankfurt/Main; Carmen Lorenz, Bundesarchiv, Berlin; Dott. Luca Giovanni Segato, Varese; Jean L. Green, Binghamton University, New York. Mein herzlicher Dank gilt nicht zuletzt auch Dr. Barbara Sternthal für ihr ebenso sorgfältiges wie textschonendes Lektorat.

Bibliografie

Adler, Gusti: *… aber vergessen Sie nicht die chinesischen Nachtigallen. Erinnerungen an Max Reinhardt.* München/Wien, 1980

Agstner, Rudolf/Samsinger, Elmar (Hg.): *Österreicher in Istanbul. K. (u.) K. Präsenz im Osmanischen Reich.* Wien/Berlin, 2010

Attlmayr, Claudia: *Die Verwandlung des Bankiers Camillo Castiglioni in eine satirische Figur von Karl Kraus.* Dipl.-Arb., Universität Innsbruck, 1990

Ausch, Karl: *Als die Banken fielen. Zur Soziologie der politischen Korruption.* Wien, 1968

Berhorst, Ralf: *Hyperinflation, 1923. Die Stunde der Spekulanten.* In: *Die Weimarer Republik. Drama und Magie der ersten deutschen Demokratie. GEO Epoche,* Nr. 27. Hamburg, 2007

Castronovo, Valerio: *Giovanni Agnelli.* Turin, 1971

Castronovo, Valerio: *La Fiat dal 1899 al 1945.* Turin, 1977

Castronovo, Valerio: *Arturo Castiglioni.* In: *Dizionario Biografico degli Italiani,* Vol. 22. Rom, 1979

Castronovo, Valerio: *Camillo Castiglioni.* In: *Dizionario Biografico degli Italiani,* Vol. 22. Rom, 1979

Castronovo, Valerio: *Vittorio Castiglioni (Itzhak, Haim).* In: *Dizionario Biografico degli Italiani,* Vol. 22. Rom, 1979

Cavallaro, Gaetano V.: *Futility Ending in Disaster: Diplomatic, Military, Aviation and Social Events in The First World War On The Austro-Italian Front,* Vol. 2. Bloomington, 2009

Czeike, Felix: *Historisches Lexikon Wien.* 6 Bde. Wien, 1992–1997

Efler, Erich: *Ursachen und Verlauf der Inflation in Österreich nach dem Ersten Weltkrieg.* Abschlussarbeit, Hochschule für Welthandel. Wien, 1973

Fabbro, René del: *Internationaler Markt und nationale Interessen. Die BMW AG in der Ära Castiglioni 1917–1930.* In: *Sozial.Geschichte,* Heft 2. Bremen, 2003

Feiler, Arthur: *Das neue Österreich. Tatsachen und Probleme in und nach der Sanierungs-Aktion.* Frankfurt/Main, 1924

Feldman, Gerald D.: *Hugo Stinnes. Biographie eines Industriellen 1870–1924.* München, 1998

Frischauer, Willi: *Behind the scenes of Otto Preminger. An unauthorized Biography*. London, 1973

Fröbel, Friedrich: *Die Menschenerziehung. Die Erziehungs-, Unterrichts- und Lehrkunst, angestrebt in der Allgemeinen Deutschen Erziehungsanstalt zu Keilhau*. Bd. 1. Keilhau, 1826

Fuhrich, Edda/Prossnitz, Gisela: *Max Reinhardt in Amerika*. Publ. Nr. V d. Max Reinhardt-Forschungsstätte. Salzburg 1976

Fuhrich, Edda/Prossnitz, Gisela (Hg.): *Die Salzburger Festspiele. Ihre Geschichte in Daten, Zeitzeugnissen und Bildern*. Bd I.: *1920–1945*. Salzburg, 1990

Görlich, Ernst Joseph/Romanik, Felix: *Geschichte Österreichs*. 2. erw. Auflage. Innsbruck/Wien, 1966

Greis, Ferdinand: *Eine Zeitschrift gegen Dummheit und Lüge. Der Fall Békessy*. Nr. 1–5. *Békessy's Panoptikum*. Wien, 1928

Habe, Hans: *Ich stelle mich. Meine Lebensgeschichte*. München/Berlin, 1986

Haeussermann, Ernst: *Das Wiener Burgtheater*. Wien, 1975

Haider, Edgard: *Verlorenes Wien. Adelspaläste vergangener Tage*. Wien/Köln/Graz, 1984

Heinkel, Ernst: *Stürmisches Leben*. Hg. v. Jürgen Thorwald. Stuttgart, 1953

Hinterstoisser, Franz: *Aus meinem Luftschiffertagebuche*. Rzeszów, 1904

Iaselli, Lorenzo: *L'espansione economico-finanziaria italiana nei Balcani durante il fascismo*. Diss., Università degli Studi di Napoli Federico II, 2006

Jaenecke, Heinrich: *Kriegsbeginn 1914: Das Attentat von Sarajewo*. In: *Der Erste Weltkrieg. Von Sarajewo bis Versailles: die Zeitenwende 1914–1918. GEO Epoche*, Nr. 14. Hamburg, 2004

Jakobs, Fred: *Motorräder aus München 1923–1969*. BMW Profile, Bd. 1. München, 1997

Keimel, Reinhard: *Österreichs Luftfahrzeuge. Geschichte der Luftfahrt von den Anfängen bis Ende 1918*. Graz, 1981

Kerkhof, Stefanie van de/Ziegler, Dieter (Hg.): *Unternehmenskrisen und ihre Bewältigung im 19. und 20. Jahrhundert*. Jahrbuch für Wirtschaftsgeschichte 2/2006. Berlin, 2006

Korngold, Luzie: *Erich Wolfgang Korngold. Ein Lebensbild*. Wien, 1967

Kostolany, André: *Mehr als Geld und Gier. Kostolanys Notizbuch*. München, 2006

Kunstler, Margaret: *A Tribute to Dr. Arturo Castiglioni on the Occasion of His 70th Birthday*. In: *Canadian Medical Association Journal*, Vol. 50, No. 4. Toronto, April 1944

Lewinsohn, Richard: *Die Umschichtung der europäischen Vermögen*. Berlin, 1925

Lorenzen, Till: *BMW als Flugmotorenhersteller 1926–1940. Staatliche Lenkungsmaßnahmen und unternehmerische Handlungsspielräume. Im Auftrag von MTU Aero Engines und BMW Group.* In: *Perspektiven. Schriftenreihe der BMW Group – Konzernarchiv.* Bd. 2. München, 2008

Löwenthal-Chlumecky, Max: *Doppeladler und Hakenkreuz. Erlebnisse eines österreichischen Diplomaten.* Innsbruck, 1985

Luger, Josef Friedrich: *Camillo Castiglioni und Imre Békessy. Ihr Leben, die Zusammenhänge in einer Krisenzeit und die Darstellung in der Presse.* Wien, 1983

März, Eduard: *Österreichische Bankpolitik in der Zeit der großen Wende 1913–1923. Am Beispiel der Creditanstalt für Handel und Gewerbe.* München, 1981

Marzi, Giuseppe: *Il viale delle rose. Storie di ebrei rifugiati nella Repubblica di San Marino durante la Seconda Guerra Mondiale.* Florenz, 2012

Mathis, Franz: *Big Business in Österreich. Österreichische Großunternehmen in Kurzdarstellungen.* Wien, 1987

Mathis, Franz: *Camillo Castiglioni und sein Einfluss auf die österreichische Industrie.* In: Weiss, Sabine (Hg.): *Historische Blickpunkte. Festschrift für Johann Rainer zum 65. Geburtstag.* Innsbruck, 1988

Mathis, Franz: *»… weil Herr Castiglioni in Österreich eben nicht verfolgt werden darf.« Ein Justizskandal und seine mediale Rezeption.* In: Gehler, Michael/Sickinger, Hubert (Hg.): *Politische Affären und Skandale in Österreich. Von Mayerling bis Waldheim.* Thaur/Wien/München, 1996

Mengozzi, Augusto (Hg.): *San Marino Terra di Giusti. Una storia rimasta negli archivi della memoria locale.* Valori Tattili, Fondazione Asset Banca. Repubblica di San Marino, 2013

Müller, Peter: *Ferdinand Porsche. Ein Genie unserer Zeit.* Graz/Stuttgart, 1973

Nautz, Jürgen P. (Hg.): *Unterhändler des Vertrauens. Aus den nachgelassenen Schriften von Sektionschef Dr. Richard Schüller.* Studien und Quellen zur österr. Zeitgeschichte. Wien/München, 1990

Pfundner, Martin: *Austro-Daimler und Steyr: Rivalen bis zur Fusion; die frühen Jahre des Ferdinand Porsche.* Wien, 2007

Pierer, Christian: *Die Bayerischen Motoren Werke bis 1933. Eine Unternehmensgründung im Krieg, Inflation und Weltwirtschaftskrise.* In: *Perspektiven. Schriftenreihe der BMW Group – Konzernarchiv.* Bd. 4. München, 2011

Pinner, Felix (= Frank Fassland): *Deutsche Wirtschaftsführer.* Berlin, 1924

Pöcher, Harald: *Die Rüstungswirtschaft Ungarns.* In: Mezey, Gyula/Strunz, Herbert (Hg.): *Führung von Einsatzkräften.* Frankfurt/Main, 2011

Pollner, Martin: *Camillo Castiglioni. Ein Lebensbild*. In: *Wiener Geschichtsblätter*, 66. Jg., Heft 2/2011

Reinhardt, Gottfried: *Der Liebhaber. Erinnerungen seines Sohnes Gottfried Reinhardt an Max Reinhardt*. München, 1973

Rickards, James: *Currency Wars. The making of the next global crisis*. New York, 2011

Rübelt, Lothar: *Österreich zwischen den Kriegen. Zeitdokumente eines Photopioniers der 20er und 30er Jahre*. Wien/München/Zürich, 1979

Schwarz, Fritz: *Morgan, der ungekrönte König der Welt*. Bern, 1933

Segato, Luca: *L'espansione multinazionale della finanza italiana nell'Europa centro-orientale. La banca commerciale e Camillo Castiglioni (1919–1924)*. In: *Società e storia*, Jg. 89, 2000

Staudacher, Anna L: *»… meldet den Austritt aus dem mosaischen Glauben«. 18 000 Austritte aus dem Judentum in Wien, 1868–1914: Namen – Quellen – Daten*. Frankfurt/Main, 2009

Steinböck, Erwin: *Lohner zu Land, zu Wasser und in der Luft. Die Geschichte eines industriellen Familienunternehmens von 1823–1970*. Graz, 1982

Stiefel, Dieter: *Camillo Castiglioni oder Die Metaphysik der Haifische*. Wien/Köln/Weimar, 2012

Thimig, Hans: *Neugierig wie ich bin. Erinnerungen*. Wien/München, 1983

Thimig-Reinhardt, Helene: *Wie Max Reinhardt lebte*. Percha, 1973

Toeplitz, Ludovico: *Il banchiere al tempo in cui nacque, crebbe e fiorì la Banca Commerciale Italiana*. Mailand, 1963

Tsivian, Yuri: *Leonid Kinskey, the Hollywood foreigner*. In: *Film History*, Vol. 11. Bloomington, 1999

Ufermann, Paul: *Könige der Inflation*. Berlin, 1924

Ulrich, Rudolf: *Österreicher in Hollywood. Ihr Beitrag zur Entwicklung des amerikanischen Films*. Wien, 1999

Veigl, Hans/Derman, Sabine: *Die wilden 20er-Jahre. Alltagskulturen zwischen zwei Kriegen*. Wien, 1999

Weisgal, Meyer: *… So Far. An Autobiography*. New York/London/Jerusalem, 1972

Weiß, Klaus: *Das Südtirol-Problem in der Ersten Republik. Dargestellt an Österreichs Innen- und Außenpolitik im Jahre 1928*. Wien, 1989

Zischka, Anton: *Auch das ist Europa. Moskaus Alptraum*. Gütersloh, 1960

Zorn, Wolfgang: *Unternehmer und Unternehmensverflechtung in Bayern im 20. Jahrhundert*. In: *Zeitschrift für Unternehmensgeschichte*, Jg. 24, Heft 3. Wiesbaden, 1979

Archive

Archiv des Deutschen Museums, München
Ernst Heinkel Archiv: Briefwechsel Ernst Heinkel–Camillo Castiglioni
Archiv für Christlich-Demokratische Politik (Konrad-Adenauer-Stiftung), St. Augustin
01-220 (Nachlass Hugo Stinnes): 191/5: Castiglioni an Vögler, 11. März 1918 | 093/2: Castiglioni an Stinnes, 8. Oktober 1922; Stinnes an Castiglioni, 11. Oktober 1922 | 026/2, 046/1: Castiglioni an Stinnes, 23. März 1923 | 099/3: Castiglioni an Stinnes, 23. April 1923
Archives Économiques et Financières, Paris
F30622: 19 janvier 1924 | F30622: 4 février 1924 | F30622: 17 mars 1924
Archivio di Stato di Trieste, Triest
Catasto franceschino Accademia di commercio e nautica (1816–1923) Tribunale di cambio mercantile e consolato del mare in Trieste Almanacco e guida scematica di Trieste per l'anno 1872 | *Almanacco e guida scematica di Trieste per l'anno 1881* | *Guida di Trieste e della Venezia Giulia per l'anno 1898* | *Prefettura di Trieste (1922–2012)*
BMW Konzernarchiv, München
UA 3 (Unterlagen zur Werksgeschichte): Kaufvertrag zwischen BMW AG und Camillo Castiglioni vom 24. 5. 1922
UA 768 (Teilnachlass Rapp): Castiglioni an Karl Rapp am 6. 4. 1917
Bundesarchiv Berlin
R8119F Deutsche Bank
P3102: Deutsche Bank und Disconto-Gesellschaft/Generalsekretariat/Dr. v. Stauss/Bayer. Motorenwerke A.G., 1926–1929
P3112 (wie 3102): Personalia 1929–1931 | P3125 (wie 3102): »Russenprozess« 1929–1930 | P3130 (wie 3102): Bayer. Motorenwerke 1926–1929 | P3072 (wie 3102): Allgemeines, 1931–1932 | P3073 (wie 3102): Allgemeines, 1932–1934 | P3080 (wie 3102): Aufsichtsratsakte, 1929 | P5037: Bayer. Motorenwerke AG | P3173: Bayer. Motorenwerke, 1926–1935
Daimler Konzernarchiv, Stuttgart
3530009–3530027: Daimler-Benz-Aufsichtsrats-, Ausschuss- und Vorstandssitzungsprotokolle 1926 und 1931

ETH – Archiv für Zeitgeschichte der Eidgenössischen Technischen Hochschule Zürich NL
Attilio Tamaro 12–16: Korrespondenz mit Camillo Castiglioni 1927, 1935–1946
Firmenarchiv der Knorr-Bremse AG, München
AH1888: Protokoll der Generalversammlung der BMW AG bzw. Süddeutsche Bremsen AG vom 6. Juli 1922
Freies Deutsches Hochstift
Nachlass Herbert Steiner (Kiste 14, Mappe 2; Brief an Hugo von Hofmannsthal)
Historisches Archiv der Deutschen Bank, Frankfurt am Main
S0140 und S0852: Camillo Castiglioni, 1926–1934
Intesa Sanpaolo, Turin
Archivio Storico della Banca Commerciale Italiana
Briefe Giuseppe Toeplitz an Camillo Castiglioni: CpT 1919–1920, fogli: 7/6, 26, 51, 132, 231, 296 | CpT 1924–1925, fogli: 44/135, 196, 205, 367, 453 | CpT 1930–1932, fogli: 73/169, 76/12, 77/36
Max Reinhardt Archives, Binghampton University, New York
Series III (Correspondence) – Subseries Letters: Box 20, Folder 15: Max Reinhardt – Camillo Castiglioni | Box 22, Folder 9: Helene Thimig – Iphigenie Castiglioni
Ministero degli Affari Esteri, Rom
9.3.1.1. Affari Politici: Pacco 844 (1924) Austria, Fasc. »Banca Castiglioni«, 1924 | 9.3.1.2. Archivio del Commercio: Austria, Classe 28, Fasc. »Azioni dell'Alpine Montangesellschaft«, 1920–1922 | 9.3.1.3. Rappresentanze diplomatiche italiane in Vienna (1922): Busta 269, Fasc. 4 »Vertenza tra il finanziere italiano Camillo Castiglioni ed il fisco austriaco«, 1922
Österreichisches Staatsarchiv
Diverse Quellen
Wienbibliothek im Rathaus, Wien
Handschriftensammlung: Teilnachlass Max Reinhardt
Archivbox 2 (Korrespondenzen): 2.1.1.50.: Brief, o. O., 30. Juni 1936 | 2.1.1.57.: Telegramm, Genf, 11. Juli 1936 | 2.2.1.131.: Brief, RMS Aquitania, 10. November 1923 | 2.2.1.267.: Telegramm, Berlin, 17. März 1928 | 2.2.2.17.34.: Brief, o. O. | 2.2.2.17.47.: Brief, o. O. | 2.3.1.3.69.: Brief, Hollywood, 5./6. Februar 1950 | 2.3.1.20.: Brief, Wien, 12. November 1953
Zeitungsarchive
Bundesarchiv Berlin: F/P passim.: Zeitungsartikel-Ablage von Stauss
Kammerhofmuseum Bad Aussee: Archiv der *Steirischen Alpenpost*

Online-Archive von (u. a.) *La Stampa, New York Times, Los Angeles Times, Der Spiegel, ABC, Le Figaro*
Stadtarchiv München: u. a. *Münchner Neueste Nachrichten*
ZEFYS, Zeitungsinformationssystem der Staatsbibliothek zu Berlin
Zeitungs- und Zeitschriften-Archiv der Österreichischen Nationalbibliothek, Wien
Zentrales Staatsarchiv Potsdam: u. a. *Berliner Zeitung am Mittag*

Bildnachweis

Seite 30: © Fototeca dei Civici Musei di Storia ed Arte di Trieste, CMSA_F_013558
Seite 38: Quelle: Porsche Media Archives
Seiten 51, 158: Allgemeine Automobilzeitung vom 05.12.1909 / Quelle: ÖNB
Seite 58: Allgemeine Automobilzeitung vom 15.10.1911 / Quelle: ÖNB
Seite 67: © Foto: Stadtarchiv Stuttgart, F 3297/4
Seite 79: © IMAGNO/Theatermuseum
Seite 91: © BMW Group Archiv
Seite 113: Quelle: Edgard Haider: Verlorenes Wien. Adelspaläste vergangener Tage. Böhlau 1984
Seite 120: © Reinhard Schlüter
Seite 141: Druck nach Zeichnung von Gedő / Quelle: ÖNB
Seite 153: © ÖNB
Seite 169: © IMAGNO/Austrian Archives
Seite 179: Quelle: Wikipedia
Seite 214: © Bundesarchiv, Bild 102-08458
Seite 270: Quelle: Max Reinhardt Archive, Binghamton University Libraries' Special Collections and University Archives, Binghamton University
Seite 278: Quelle: Archiv für Zeitgeschichte, ETH Zürich

Register

Kursiv gesetzte Ziffern verweisen auf Abbildungen.